高等院校数字化建设精品教材
大学数学基础教材

概率论与数理统计

郝志峰　编著

内 容 简 介

本教材根据最新的高等学校概率论与数理统计课程的教学基本要求，并结合考研大纲编写而成.本教材共8章，主要内容包括：概率论的基本概念、概率论的基本定理、离散型随机变量、连续型随机变量、多维随机变量、数理统计的基本概念、参数估计、假设检验.本教材在每章末均配有习题，书末附有习题参考答案.

本教材主要适用于应用型本科院校的人才培养，可作为教材或教学参考书，也可作为需要学习概率论与数理统计的科技工作者、准备考研的非数学专业学生及其他读者的参考资料.

总　序

数学是人一生中学得最多的一门功课. 中小学里就已开设了很多数学课程，涉及算术、平面几何、三角、代数、立体几何、解析几何等众多科目，看起来洋洋大观、琳琅满目，但均属于初等数学的范畴，实际上只能用来解决一些相对简单的问题，面对现实世界中一些复杂的情况则往往无能为力. 正因为如此，在大学学习阶段，专攻数学专业的学生不必说了，就是广大非数学专业的大学生，也都必须选学一些数学基础课程，花相当多的时间和精力学习高等数学，这就对非数学专业的大学数学基础教材提出了迫切的需求.

这些年来，各种大学数学基础教材已经林林总总地出版了许多，但平心而论，除少数精品以外，大多均偏于雷同，难以使人满意. 而学习数学这门学科，关键又在理解与熟练，同一类型的教材只需精读一本好的就足够了. 这样，精选并推出一些优秀的大学数学基础教材，就理所当然地成为编辑出版这套教材的宗旨.

大学数学基础课程的名目并不多，所涵盖的内容又大体上相似，但教材的编写不仅仅是材料的堆积和梳理，更体现编写者的教学思想和理念. 同一门课程，应该鼓励有不同风格的教材来诠释和体现；针对不同程度的教学对象，也应该有不同层次的教材来使用和适应. 特别是，大学非数学专业是一个相当广泛的概念，对分属工程类、财经管理类、医药类、农林类、社科类，甚至文史类的众多大学生，不分青红皂白，一刀切地采用统一的数学教材进行教学，很难密切联系有关专业的实际，很难充分针对有关专业的迫切需要和特殊要求，是不值得提倡的. 相反，通过教材编写者和相应专业工作者的密切结合和协作，针对该专业的特点编写出来的教材，才能特色鲜明、有血有肉，才能深受欢迎，并产生重要而深远的影响. 这是专业类大学数学基础教材应有的定位和标准，也是大家的迫切期望，但却是当前明显的短板，因而使我们对这套教材可以大有作为有了足够的信心和依据.

说得更远一些，我们一些教师往往把数学看成定义、公式、定理及证明的堆积，千方百计地要把这些知识灌输到学生头脑中去，但却忘记了有关数学最根本的三件事. 一是数学知识的来龙去脉 —— 从哪儿来，又可以到哪儿去. 割断数学与生动活泼的现实世界的血肉联系，学生就不会有学习数学持续的积极性. 二是数学的精神实质和思想方法. 只讲知识，不讲精神，只讲技巧，不讲思想，学生就不可能学到数学的精髓，也就不能对数学有真正的领悟. 三是数学的人文内涵. 数学在人类认识世界和改造世界的过程中起着关键的、不可代替的作用，是人类文明的坚实基础和重要支柱. 不自觉地接受数学文化的熏陶，是不可能真正走近数学、了解数学、领悟数学并热爱数学的. 在数学教学中抓住了上面这三点，就抓住了数学的灵魂，学生对数学的学习就一定会更有成效. 但客观地说，现有的大学数学基础教材，能够真正体现这三方面要求的，恐怕为数不多. 这一现实为大学数学基础教材的编写提供了广阔的发展空间，很多探索有待进行，很多经验有待总结，可以说是任重而道远. 从这个意义上说，由北京大学出版社推出的这套大学数学教材实际上已经为一批有特色、高品质的大学数学基础教材的面世搭建了一个很好的平台，特别值得称道，也相信一定会得到各方面广泛而有力的支持.

特为之序.

李大潜

前　　言

“概率论与数理统计”是我国高等学校非数学专业学生的一门重要数学基础课程.数字经济时代,新工科等“四新”让概率论与数理统计备受关注.作为大数据时代、“智能＋”时代重要的数学分支,概率论与数理统计是数据科学的先驱,充满了新的活力和生机.

“数商”已悄然而至,数据意识、数据思维、数据习惯和数据分析能力成了大数据时代从“数智化”走向“数治化”的基本功.从赌博开始的统计学,在第一次工业革命开始之后,焕然一新地进入概率论与数理统计新阶段,许多自己独特的概念和方法,展现出“统计味道”.而概率论的数学桥梁则构建了数理统计的基石,微积分融入连续变量的分布、数字特征之后,经常为其他学科“脑洞大开”,展示出随机性的迷人魅力,成为连续、离散、随机、优化四大支柱中不可或缺的一根.作为许多新发展的前沿学科(如控制论、信息论、可靠性理论、人工智能等)的基础,且进一步延伸至经济统计、卫生统计的大统计学以及诸多将至已至的广泛应用,统计学已发展成为一门独立的一级学科.第四次工业革命时代,“数据”与土地、劳动力、资本、技术等生产要素放在一起,并称为五大生产要素,作为直面数据科学的一门基础课,“概率论与数理统计”更加需要一本合适的教材,符合学生需求和教学需求,学起来容易,教起来轻松.

本书涉及内容的深广度符合最新的高等学校理工科、经管类各专业对该课程的教学基本要求(2014),也能达到全国硕士研究生入学统一考试数学考试大纲的相应要求.一方面,本书综合考虑了地方应用型本科院校的实际情况,并结合了编著者自身多年的教学实践与改革成果.由编著者负责的“大学数学网络教育的研究与实践”获2005年国家优秀教学成果二等奖,“大学数学立体化教育资源与集成系统的研究和实践”获2009年国家优秀教学成果二等奖.本书正是这些项目的研究成果的总结.另一方面,本书积极适应教育部等三部委发布的《关于引导部分地方普通本科高校向应用型转变的指导意见》,针对地方院校创新创业应用型、技术技能型人才培养模式改革的需要,通过“概率论与数理统计”教育来落实人才培养方案和课程体系的综合改革.在编写这一版教材的过程中,编著者着重听取并采纳了一批以地方应用型本科高校为代表的师生的使用意见和建议,其中不少是有新意的改革、改进建议.教育部2018年发布的《普通高等学校本科专业类教学质量国家标准》,对编著者完成的系列教材,包括本教材在内的《高等数学》《线性代数》和《复变函数与积分变换》等,从教学改革的思路,到适应各专业,也包括最近谈论较多的交叉学科专业的人才培养方案,都提出了新的要求.注意到在理工科、经管类各专业国内外专业认证中,“概率论与数理统计”是培养目标、毕业要求和课程体系中基础的一个环节,同时也是iSTREAM(intelligent,science,technology,reading,engineering,arts,mathematics)教育、创客教育中重要的一门主干课程.因此,本书特别关注教学内容的精练和专业改革后的大学数学基础课教学时数的新变化,同时还主动满足翻转课堂、微课和慕课等新时期的教学需要.2020年底在北京召开的世界慕课大会提到,我国教育部共计遴选认定了包括 1875 门线上课程、728 门虚拟仿真实验教学课程和 868 门线上线下混合式课程在内的国家级一流课程，其中就有 19 门“概率论与数理统计”一流课程，并列全国各类课程的第一位，也说明这门课程能够提高学生的综合能力，帮助他们更好地适应百年乃至千年未有之大变局中创新创业型人才和卓越计划对工程师教育、经管类教育的旺盛需求和新的机遇.

向课堂教学要质量、向课程教学要质量，其中一个基础的环节，就是向课程的教材要质量. 这也是首届全国教材建设奖获奖教材的示范引领作用. 在茆诗松、唐年胜、贾俊平等人的一批概率统计类优秀教材的带动下，我们的这一版教材，继续突出了系列教材中“以学生为本、突出重点、内容简洁”的特点，坚持“以本为本”. 编著者在编写本系列教材的起始阶段，恰好参加了“我国大学数学课程建设与教学改革六十年”课题组的工作，深深体会到目前要使用本教材的学生，其学习背景、主动性都有了不少新变化. 包括国内外概率统计教学界的回归初心，思考面向学习过程的新一代概率论与数理统计学习的新教材，如 Murray R. Spiegel 和 Larry J. Stephens 等人的新版教材. 因此这一版新编教材融合了国内外先进教材的优点，将创新创业教育的需求融入概率统计教材，不断细化深入，全面探索面向个性化和可容错的学习、基于大数据和人工智能的学习、团队化和社交化的学习、生师合作及可互相帮促的学习等新学习形态，及时研判学习者学习效率的评估和反馈.

关于教育部最新倡导的课程思政和劳动教育，本书也进行了一些探索. 尽管囿于篇幅，教材中未能举出具体的基于专业知识的例子，但有经验的教师可以根据学生的情况尽情发挥一下，包括对基于概率统计的数学建模和数学实验教学做延伸(可以涉及大数据与人工智能、博弈论等)，比如在疫情防控中，我国采取的核酸检测混检筛查策略，再比如获 2021 年诺贝尔经济学奖的三位经济学家 David Card，Joshua D. Angrist 和 Guido W. Imbens，所做的如何从自然实验中得出关于因果关系的精确结论的工作，都是一些可以探索和研究的尝试.

全书共分八章：概率论的基本概念、概率论的基本定理、离散型随机变量、连续型随机变量、多维随机变量、数理统计的基本概念、参数估计、假设检验.

本书有如下特点：

一是可读性强. 本书力求做到内容丰富、通俗易懂，突出每章教学重点，注重基本概念、基本理论、基本运算的讲解，着重介绍基本内容和基本方法，在省略较难证明的同时，简化较为繁杂的运算，便于学生理解和掌握. 在内容安排上，本书详略得当、循序渐进，逻辑严谨清晰，及时将一些性质(或结论、定理等)进行适当的归纳集中，并对部分性质加以证明，以便在教学过程中生动活泼地详细讲解.

二是以学生为本. 本书以学生的学习为中心，力求做到语言简明、深入浅出、清楚易懂、叙述准确、条理清晰，激发学生的学习兴趣，注重定义、定理、性质、例题的说明解释，及时归纳总结诸多理解、分析概率统计的步骤和学习方法，在渗透数学思想和方法的同时，着力培养学生应用数学方法解决问题的能力，强化应用意识和数学建模能力的引导.

三是突出重点. 本书适合本科生学习，并适合其他需要学习概率统计课程的各类人员. 书中例题比较多，对于难懂的概念、定理及运算方法，通过大量的例题来加以证明，使之深入浅出. 不少例题都经过严格挑选，具有典型性、代表性、灵活性. 例题解答注重分析思路、拓宽思维，以帮助学生更好地掌握解题要领和规律. 本书对解题做了适当说明和引申，注重理论联系实际，激发学生深入思考. 例题和练习题的设计增强了层次感，鼓励学生通过跨越进步的台阶，勇于挑战. 在习题的选择上，本书尽量使难度和题量都比较适中，将习题与内容、例题加以搭配，书末附有习题参考答案或解题提示，以方便教学.

本书由郝志峰编著，苏文华、袁晓辉、谷任盟、蔡晓龙、苏梓涵参与了审校和设计. 笔者衷心感谢教育部原数学与统计学教学指导委员会主任委员李大潜院士为本系列教材欣然题序，并对内容的组织和编排做了详细的指导，尤其是对数学知识、能力和素养相互统一的期盼，都为本套教材的编写明确了方向.

尽管笔者有力求把此书编好的愿望，但限于客观条件与自身学识和能力的不足，书中难免有不妥之处，恳请同行专家和读者们批评指正. 若奉献给广大读者的这本概率论与数理统计教材能让读者有所受益，笔者将感到莫大的荣幸.

郝志峰
2021 年 10 月
于汕头桑浦山下
汕头大学

目　　录

第一章

概率论的基本概念

§1.1 随机试验

人们对某种现象的观察或实验称为**试验**. 例如,观察如下类型的试验:

E_1:在标准大气压(约 101 kPa) 下,将水加热到 100 ℃;

E_2:在地面上随手垂直向上抛一个石块.

当分别反复进行上述试验时,它们的结果都呈现不变性质,即 E_1 的结果是水沸腾,E_2 的结果是石块落回到地面. 这类在一定条件下必然发生的现象称为**确定性现象**. 观察确定性现象的试验,无论重复多少次,只要条件一旦实现,就会发生相应的唯一确定的结果.

但有一类试验在反复进行时,每一次的结果不是唯一确定的. 例如,观察以下试验:

D_1:某手球队在主场进行一场比赛;

D_2:记录某出租车公司电话订车中心一天内接到订车电话的次数;

D_3:从一批灯泡中任取一只,测定这只灯泡的使用寿命.

当分别反复进行上述试验时,它们的结果均不是确定不变的. 例如,D_1 的结果有 3 种可能:主队胜,主队败,主、客队为平局;D_2 的结果为自然数集中的任意一个数字;D_3 的结果为任意非负数. 这类在一定条件下可以有多种可能的结果,而试验之前无法确定会出现哪种结果的试验称为**随机试验**.

随机试验具有如下的基本特点:

(1) 在相同条件下可重复进行;

(2) 可能出现的结果不止一个,但明确知道所有可能会出现的结果;

(3) 每次试验前无法确定这次试验的结果,但一定是(2) 中明确知道的所有可能结果中的某一个.

显然,上面举例的试验 D_1,D_2,D_3 均满足这些基本特点,因此它们都是随机试验.

随机试验所观察到的现象称为**随机现象**,即在相同条件下有(明确知道的) 多种可能结果发生,但事先无法确切预测哪一种结果发生的现象.

随机现象既具有随机性,又具有概率规律性. 所谓**概率规律性**,指的是现象的结果在多次重复出现时所表现出来的一种规律性. 随机现象的结果在多次重复出现时,其频率的稳定性或平均水平的稳定性都是概率规律性的典型表现. 例如,对于一名射手而言,一两次射击的结果不足以反映其射击水平,而多次射击的结果才能反映其真实的射击水平. 概率论的任务就是要透过随机现象的随机性来揭示其概率规律性;而数理统计的任务是通过分析这些带有随机性的统计数据来推断所研究的事物或现象的规律性.

§1.2　随 机 事 件

1. 样本空间

定义 1.1　随机试验中所有可能结果组成的集合称为该随机试验的样本空间,记作 Ω(或 S). 样本空间中的元素,即随机试验的每个可能结果,称为样本点,记作 ω.

例如,前面提到的随机试验 D_1,D_2,D_3 的样本空间可分别表示为

$$\Omega_1=\{胜,负,平\};$$
$$\Omega_2=\mathbf{N}=\{0,1,2,\cdots\};$$
$$\Omega_3=[0,+\infty)=\{x\in\mathbf{R}\,|\,0\leqslant x<+\infty\}.$$

例 1.1　抛一枚硬币,观察其落地时哪一面朝上(假定抛落的硬币不可能直立). 记带有数字的那面为正面,另一面为反面,则该随机试验的样本空间为

$$\Omega=\{正面,反面\}.$$

例 1.2　一个口袋中装有大小相同的 5 个小球,其中 1,2,3 号球为白球,4,5 号球为黑球. 现从中任意抽取一球,用 $\omega_i(i=1,2,3,4,5)$ 表示取到第 i 号球的结果,则该随机试验的样本空间为

$$\Omega=\{\omega_1,\omega_2,\omega_3,\omega_4,\omega_5\}.$$

定义 1.2　若样本空间 Ω 中样本点为有限个,则称 Ω 为有限样本空间. 若样本空间 Ω 中样本点为无限多个,则称 Ω 为无限样本空间.

例如,在前面给出的样本空间 $\Omega_1,\Omega_2,\Omega_3$ 中,Ω_1 是有限样本空间,Ω_2,Ω_3 是无限样本空间.

2. 随机事件

在实际问题中,对于一个随机试验,我们可能会更关心某些特定的事情在重复试验下是否会发生. 例如,在随机试验 D_2 中,该出租车公司

可能关心的是"电话订车中心一天内接到订车电话的次数不超过200"这件事情是否经常发生,如果是,就应采取措施以提高经济效益."电话订车中心一天内接到订车电话的次数不超过200"可表示为样本空间Ω_2的一个子集$\{0,1,2,\cdots,200\}$.像这样满足某一条件的样本点所组成的子集称为随机事件.一般地,用集合论的语言,样本空间的每个子集都称为一个**随机事件**,简称**事件**,通常用大写的拉丁字母A,B,C等表示.

当一次随机试验的结果ω出现在事件A的集合中,即$\omega\in A$时,称这次随机试验中事件A**发生**;当一次随机试验的结果ω没有出现在事件A的集合中,即$\omega\notin A$时,称这次随机试验中事件A**不发生**.例如,在随机试验D_2中,设A表示"电话订车中心一天内接到订车电话的次数不超过200"这一事件,若经统计知某一天内接到订车电话的次数为205,则这一天事件A不发生.

定义 1.3 每次随机试验中都必然发生的事件称为**必然事件**;每次随机试验中都不可能发生的事件称为**不可能事件**;单个样本点ω组成的单点集称为**基本事件**.

显然,必然事件包含所有的样本点,即为样本空间,故记作Ω.不可能事件是不包含任何样本点的空集,故记作$\varnothing$.

例 1.3 在例1.2摸球的随机试验中,试用样本空间的子集表示下列事件:

(1)"摸出的球为白球";

(2)"摸出的球为黑球或白球";

(3)"摸出的球为黑球";

(4)"摸出的球为红球".

解 (1)"摸出的球为白球"$=\{\omega_1,\omega_2,\omega_3\}$.

(2)"摸出的球为黑球或白球"$=\{\omega_1,\omega_2,\omega_3,\omega_4,\omega_5\}=\Omega$.

(3)"摸出的球为黑球"$=\{\omega_4,\omega_5\}$.

(4)"摸出的球为红球"$=\varnothing$.

3. 事件的关系

1) 事件的蕴含及包含

定义 1.4 如果事件A发生必然导致事件B发生,则称事件A**蕴含**事件B或事件B**包含**事件A,记作$A\subset B$.

用集合论的语言,事件A蕴含事件B等价于集合A为集合B的一个子集.

显然,任一事件A都蕴含必然事件Ω.

为了直观描述事件的关系及运算,这里引入文氏(Venn)图这一工具. 在文氏图中，总将随机试验设想成向一矩形方框内投点，规定此方框表示样本空间 Ω，即所投点必然落入此方框内，而每个事件设想成所投点落入此方框内标示的某一圆形闭曲线内部. 例如，"事件 A 蕴含事件 B"这一关系可以用如图 1-1 所示的文氏图来描述，由图 1-1 可以看出，若点落在 A 内，则该点必然也落在 B 内，即事件 A 蕴含事件 B.

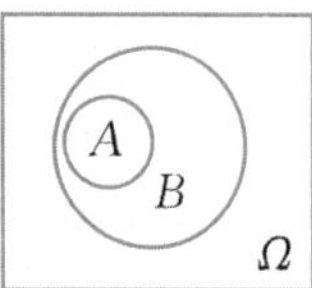

图 1-1

2）事件的相等

定义 1.5 如果事件 A 与 B 互相蕴含，即

$$A \subset B \quad 且 \quad B \subset A,$$

则称事件 A 与 B 相等，记作 $A = B$.

两事件 A 与 B 相等，即它们应是样本空间的同一个子集，只不过是代表着同一事件的不同说法而已.

3）事件的互不相容（或互斥）

定义 1.6 如果事件 A 与 B 不能在同一次随机试验中同时发生（但可以都不发生），则称事件 A 与 B 互不相容（或互斥）.

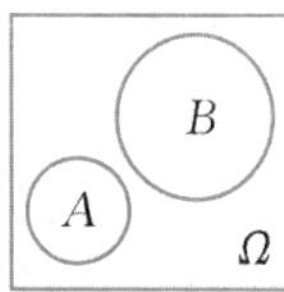

图 1-2

用集合论的语言，事件 A 与 B 互不相容等价于集合 A 与 B 的交集为空集，如图 1-2 所示.

定义 1.7 如果多个事件中任意两个事件都互不相容，则称该多个事件两两互不相容，也简称互不相容.

4）事件的对立（或互逆）

互不相容的一个重要特例是"对立".

定义 1.8 若事件 B 包含所有不属于事件 A 的样本点，则称事件 B 为事件 A 的对立事件（或逆事件），记作 $\overline{A}$，即 $B=\overline{A}$. 此时，也称事件 A 与 B 对立（或互逆），且有 $A = \overline{B} = \overline{\overline{A}}$.

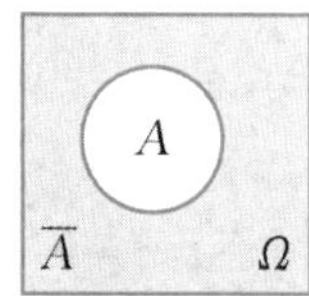

图 1-3

用集合论的语言，事件 $\overline{A}$ 是事件 A 的对立事件等价于集合 $\overline{A}$ 是集合 A（相对于全集 Ω）的余集（或补集），如图 1-3 所示.

4. 事件的运算

1）事件的并（或和）

定义 1.9 "事件 A 与 B 中至少有一个发生"的事件称为事件 A 与 B 的并（或和），记作 $A \cup B$（或 $A+B$），即

$$A \cup B = \{A 发生或 B 发生\} = \{A, B 中至少有一个发生\}.$$

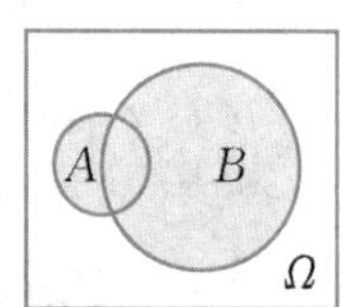

图 1-4

用集合论的语言，事件 A 与 B 的并 $A \cup B$ 就是集合 A 与 B 的并集，如图 1-4 所示. 显然，若 $A \subset B$，则

$$A \cup B = B.$$

一般地，多个事件 $A_1, A_2, \cdots, A_n$ 的并记作

$$A_1 \cup A_2 \cup \cdots \cup A_n \quad 或 \quad \bigcup_{i=1}^{n} A_i,$$

即

$$\bigcup_{i=1}^{n} A_i = \{A_1 \text{ 发生或 } A_2 \text{ 发生} \cdots\cdots \text{ 或 } A_n \text{ 发生}\}$$
$$= \{A_1, A_2, \cdots, A_n \text{ 中至少有一个发生}\}.$$

更一般地，$\bigcup_{i=1}^{\infty} A_i$ 表示"事件 $A_1, A_2, \cdots, A_n \cdots$ 中至少有一个发生"的事件.

2）事件的交（或积）

定义 1.10 "事件 A 与 B 同时发生"的事件称为事件 A 与 B 的交(或积)，记作 AB(或 $A \cap B$)，即

$$AB = \{A \text{ 发生且 } B \text{ 发生}\} = \{A, B \text{ 同时发生}\}.$$

用集合论的语言，事件 A 与 B 的交 AB 就是集合 A 与 B 的交集，如图 1-5 所示. 显然

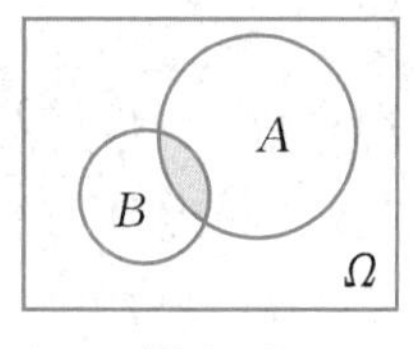

图 1-5

$$AB \subset A, \quad AB \subset B.$$

由定义 1.10 可知，如果事件 $A_1, A_2, \cdots, A_n$ 互不相容，则有

$$A_i A_j = \varnothing \quad (i, j = 1, 2, \cdots, n; i \neq j);$$

若

$$A \cup B = \Omega \quad \text{且} \quad A \cap B = \varnothing,$$

则事件 A 与 B 互为对立事件.

一般地，多个事件 $A_1, A_2, \cdots, A_n$ 的交记作

$$A_1 \cap A_2 \cap \cdots \cap A_n \quad \text{或} \quad \bigcap_{i=1}^{n} A_i,$$

即

$$\bigcap_{i=1}^{n} A_i = \{A_1 \text{ 发生且 } A_2 \text{ 发生} \cdots\cdots \text{ 且 } A_n \text{ 发生}\}$$
$$= \{A_1, A_2, \cdots, A_n \text{ 同时发生}\}.$$

更一般地，$\bigcap_{i=1}^{\infty} A_i$ 表示"事件 $A_1, A_2, \cdots, A_n, \cdots$ 同时发生"的事件.

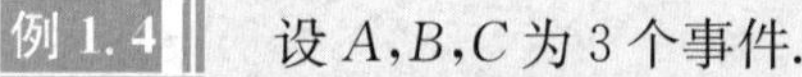

例 1.4 设 A, B, C 为 3 个事件.

(1) "A, B 都发生而 C 不发生"的事件可表示为 $AB\overline{C}$；

(2) "A, B, C 恰有 2 个事件发生"的事件可表示为

$$AB\overline{C} + A\overline{B}C + \overline{A}BC;$$

(3) "A, B, C 有不多于 1 个事件发生"的事件可表示为

$$\overline{A}\,\overline{B}\,\overline{C} + A\overline{B}\,\overline{C} + \overline{A}B\overline{C} + \overline{A}\,\overline{B}C;$$

(4) "A, B, C 至少有 2 个发生"的事件可表示为

$$AB \cup BC \cup AC \quad \text{或} \quad ABC + AB\overline{C} + A\overline{B}C + \overline{A}BC;$$

(5) "C 发生但 A, B 均不发生"的事件可表示为 $\overline{A}\,\overline{B}C$.

3）事件的差

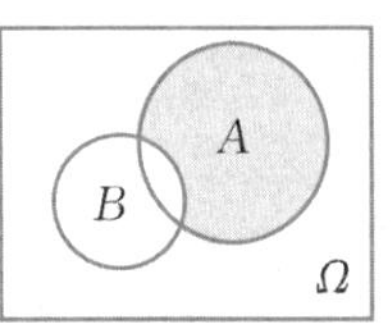

图 1-6

定义 1.11　“事件A发生而事件B不发生”的事件称为事件A与B的差，记作$A-B$，即

$$A-B=\{A\text{ 发生但 }B\text{ 不发生}\}=\{A\text{ 发生且 }\overline{B}\text{ 发生}\}.$$

用集合论的语言，事件A与B的差$A-B$就是集合A与B的差集，如图1-6所示. 易见，

$$A-B=A-AB.$$

5. 事件的运算法则

前面介绍了事件的并(和)、交(积)与差的运算. 要注意的是，虽然这里借用了算术运算的名称，但算术运算的法则在此不再全部成立，例如，对于任一事件A，有$A+A=A$(不是没有意义的$2A$)，$AA=A$(不是没有意义的A^2)等. 实际上，事件的运算具有集合的运算特征，例如，事件的并、交满足如下运算规律：

(1) 交换律　$A\cup B=B\cup A, AB=BA$；

(2) 结合律　$(A\cup B)\cup C=A\cup(B\cup C)$，
$(AB)C=A(BC)$；

(3) 分配律　$A(B\cup C)=AB\cup AC$，
$A\cup(BC)=(A\cup B)(A\cup C)$；

(4) 对偶律　$\overline{A\cup B}=\overline{A}\,\overline{B}$，
$\overline{AB}=\overline{A}\cup\overline{B}$.

以上运算规律均可推广到多个事件的情形.

§1.3 事件的概率

1. 频率与概率

定义 1.12　在相同条件下进行n次重复的随机试验，若随机事件A在n次随机试验中发生的次数为ν_A，则称ν_A为事件A在这n次随机试验中发生的**频数**，并称比值$\frac{\nu_A}{n}$为事件A在这n次随机试验中发生的**频率**，记作$f_n(A)$，即

$$f_n(A)=\frac{\nu_A}{n}.$$

由定义1.12易知，频率具有以下性质：

(1) 非负性　对于任一事件 A, $f_n(A) \geqslant 0$.

(2) 规范性　$f_n(\Omega) = 1$.

(3) 可加性　若事件 A 与 B 互不相容,则

$$f_n(A \cup B) = f_n(A) + f_n(B).$$

证　(1) 因为 $\nu_A \geqslant 0$,所以

$$f_n(A) = \frac{\nu_A}{n} \geqslant 0.$$

(2) 因为 Ω 为必然事件,所以 $\nu_\Omega = n$,则

$$f_n(\Omega) = \frac{\nu_\Omega}{n} = \frac{n}{n} = 1.$$

(3) 由条件知,事件 A 与 B 不能同时发生,则 $\nu_{A\cup B} = \nu_A + \nu_B$,因此

$$f_n(A \cup B) = \frac{\nu_{A\cup B}}{n} = \frac{\nu_A}{n} + \frac{\nu_B}{n} = f_n(A) + f_n(B).$$

性质(3) 可以推广到有限个互不相容的事件 $A_1, A_2, \cdots, A_k$,即有

$$f_n(A_1 \cup A_2 \cup \cdots \cup A_k) = f_n(A_1) + f_n(A_2) + \cdots + f_n(A_k).$$

由上述 3 条性质容易推出:

(1) $f_n(\varnothing) = 0$;

(2) 若事件 A 蕴含事件 B,即 $A \subset B$,则

$$f_n(A) \leqslant f_n(B).$$

不难发现,如果用频率来描述随机事件在多次重复随机试验中所表现出来的规律性,则得到的数据具有很大的波动性. 但实验证明,当重复随机试验的次数逐渐增大时,频率逐渐呈现出一定的稳定性. 例如,历史上许多数学家做过大量掷硬币的随机试验,在大量随机试验中,硬币出现正面的频率总接近于 0.5,如表 1-1 所示.

表 1-1

试验者	掷硬币的次数	出现正面的次数	频率
蒲丰(Buffon)	4 040	2 048	0.506 9
皮尔逊(Pearson)	12 000	6 019	0.501 6
皮尔逊	24 000	12 012	0.500 5

类似的例子还可以举出很多,这些都说明在大量重复随机试验中,随机事件 A 会显露其规律性的一面. 通常将频率的这个稳定值称为事件 A 的概率.

定义 1.13　在相同条件下进行大量重复的随机试验,当重复随机试验的次数充分大时,事件 A 发生的频率在某一确定值 p 附近微小摆动,则称 p 为事件 A 发生的概率,记作 $P(A)$,即

$$P(A) = p.$$

定义 1.13 称为概率的统计定义.

2. 概率的性质

事件的概率具有以下性质：

(1) 非负性　对于任一事件 A，有 $P(A) \geqslant 0$.

(2) 规范性　对于必然事件 Ω，有 $P(\Omega) = 1$.

(3) 可加性　若事件 A 与 B 互不相容，则有

$$P(A \cup B) = P(A) + P(B).$$

若 n 个事件 $A_1, A_2, \cdots, A_n$ 两两互不相容，则有

$$P\left(\bigcup_{i=1}^{n} A_i\right) = P(A_1) + P(A_2) + \cdots + P(A_n).$$

若一列事件 $A_1, A_2, \cdots, A_n, \cdots$ 两两互不相容，则有

$$P\left(\bigcup_{i=1}^{\infty} A_i\right) = \sum_{i=1}^{\infty} P(A_i).$$

实际上，由概率的上述性质可得到下面的概率的公理化定义.

定义 1.14　设 Ω 为样本空间，现对每一个事件 A 赋予一个实数，记作 $P(A)$. 如果 $P(A)$ 满足：

(1) 非负性　对于任一事件 A，有 $P(A) \geqslant 0$；

(2) 规范性　对于必然事件 Ω，有 $P(\Omega) = 1$；

(3) 可加性　对于任意两两互不相容的事件 $A_1, A_2, \cdots, A_n, \cdots$，均有

$$P\left(\bigcup_{i=1}^{\infty} A_i\right) = \sum_{i=1}^{\infty} P(A_i),$$

则称实数 $P(A)$ 为事件 A 的概率.

定理 1.1　对于不可能事件 $\varnothing$，有 $P(\varnothing) = 0$.

证　对于任一事件 A，$\varnothing$ 与 A 互不相容，且 $A = A \cup \varnothing$，故由概率的性质得

$$P(A) = P(A \cup \varnothing) = P(A) + P(\varnothing),$$

即 $P(\varnothing) = 0$.

定理 1.2　设 A, B 为两个事件. 若 $A \subset B$，则

$$P(A) \leqslant P(B).$$

证　由 $A \subset B$ 得

$$B = A \cup (B - A).$$

而 A 与 $B - A$ 互不相容，故由概率的性质得

$$P(B) = P(A \cup (B - A)) = P(A) + P(B - A).$$

因 $P(B - A) \geqslant 0$，故

$$P(B) \geqslant P(A).$$

特别地，对于任一事件 A，因 $\varnothing \subset A \subset \Omega$，故有

$$0 \leqslant P(A) \leqslant 1,$$

即事件 A 的概率是一个介于 0 与 1 之间的数.

3. 古典概型

如果随机试验具有以下特征：

(1) 有限性　随机试验的样本空间 Ω 是有限样本空间；

(2) 等可能性　每个样本点，即基本事件发生的概率是相同的，则称这样的随机试验为古典概型.

在古典概型中，事件 A 的概率计算公式为

$$P(A)=\frac{A\text{ 中的样本点数}}{\Omega\text{ 中的样本点总数}}.$$

古典概型中事件的概率称为古典概率，它是事件所含样本点数与样本点总数之比.

例 1.5　掷一枚均匀硬币，求该硬币正面向上的概率.

解　记 A 表示"掷一枚均匀硬币，正面向上"这一事件. 由例 1.1 易知，该古典概型的样本空间为 $\Omega=\{\text{正面},\text{反面}\}$. 显然，$A=\{\text{正面}\}$，故由古典概率的计算公式得

$$P(A)=\frac{1}{2}.$$

4. 基本计数方法

由上述讨论可以看出，在古典概型中求事件 A 的概率，只需求出样本空间 Ω 和 A 中所含的样本点数即可. 一般地，可利用加法原理、乘法原理、排列与组合的知识来计算样本点数，这里给出简单介绍.

1）加法原理

设完成一件事有 m 种方式，且第 $i(i=1,2,\cdots,m)$ 种方式有 n_i 种方法，则完成这件事的方法总数为

$$n_1+n_2+\cdots+n_m.$$

2）乘法原理

设完成一件事有 m 个步骤（必须通过全部步骤才能完成这件事），且第 $i(i=1,2,\cdots,m)$ 个步骤有 n_i 种方法，则完成这件事的方法总数为

$$n_1\times n_2\times\cdots\times n_m.$$

3）排列与组合

定义 1.15　从一堆元素中有放回地取元素（取出元素后随即放回，参与下一次抽取，即每次抽取都在全体元素中进行），称为重复抽样（或有放回取样）；从一堆元素中不放回地取元素（元素一旦取出就不参与以后的抽取，即每个元素至多选中一次），称为非重复抽样（或不放回抽样）.

例 1.6 在 n 个不同元素中依次进行 k 次重复抽样，则每次抽取都有 n 种可能结果，故能够得到不同的排列总数为

$$\underbrace{n\cdot n\cdot\cdots\cdot n}_{k\text{个}}=n^k.$$

在 n 个不同元素中依次进行 k 次非重复抽样，则第 1 次抽取有 n 种可能结果，第 2 次抽取有 $n-1$ 种可能结果……第 k 次抽取有 $n-k+1$ 种可能结果，故根据乘法原理，能够得到不同的排列总数为

$$n(n-1)(n-2)\cdots(n-k+1)=\frac{n!}{(n-k)!}.$$

(1) **排列公式** 从 n 个不同元素中任意抽取 $k(1\leqslant k\leqslant n)$ 个元素，则能够得到不同的排列总数(记作 A_n^k) 为

$$\mathrm{A}_n^k=n(n-1)(n-2)\cdots(n-k+1)=\frac{n!}{(n-k)!}.$$

特别地，当 $k=n$ 时，称所得的排列为**全排列**，且由 n 个不同元素得到的全排列总数为

$$\mathrm{A}_n^n=n(n-1)(n-2)\cdot\cdots\cdot 2\cdot 1=n!.$$

(2) **组合公式** 从 n 个不同元素中任意抽取 $k(1\leqslant k\leqslant n)$ 个元素，则能够得到不同的组合总数(记作 C_n^k) 为

$$\mathrm{C}_n^k=\frac{n(n-1)(n-2)\cdots(n-k+1)}{k!}=\frac{n!}{(n-k)!k!}.$$

不难看出，排列与组合有以下关系式成立：

$$\mathrm{A}_n^k=\mathrm{C}_n^k\cdot k!.$$

下面举例说明用上述基本计数方法在古典概型中计算古典概率.

例 1.7 设有 4 卷分别标有序号 1,2,3,4 的文集，现将它们按任意顺序排列放在一级书架上. 问：这 4 卷文集自右向左或自左向右恰好排成 1,2,3,4 顺序的概率为多少？

解 易知，这个随机试验的样本空间的样本点是 1,2,3,4 这 4 个数字的全排列，故样本点总数为

$$4\times3\times2\times1=4!.$$

而所求事件中的样本点只有 1234 和 4321，即它的样本点数为 2，则所求概率为 $\frac{2}{4!}=\frac{1}{12}$.

例 1.8 设有 100 件产品，其中有 5 件次品. 现从这 100 件产品中任意抽取 3 件，求其中恰有 2 件次品的概率.

解 用 A 表示"抽取的 3 件产品中恰有 2 件次品"的事件.

解法一 用排列公式. 易知，这个试验可看作从 100 件不同产品中抽出 3 件进行排列，则由排列公式得到这个试验的样本空间的样本点总数为

$$\mathrm{A}_{100}^3=\frac{100!}{97!}.$$

显然，事件 A 发生有 3 种方式：(1) 抽取的 3 件产品依次为正品、次品、次品；(2) 抽取的 3 件产品依次为次品、正品、次品；(3) 抽取的 3 件产品依次为次品、次品、正品. 而由乘法原理知，这 3 种方式均有 $95\times5\times4$ 种取法，故由加法原理即可得到事件 A 的样本点数为 $3\times95\times5\times4$. 因此，所求概率为

$$P(A)=\frac{3\times95\times5\times4}{\mathrm{A}_{100}^{3}}=\frac{3\times95\times5\times4\times97!}{100!}=\frac{19}{3\,234}.$$

解法二　用组合公式. 易知，这个试验可看作从 100 件不同产品中抽出 3 件进行组合，则由组合公式得到这个试验的样本空间的样本点总数为

$$\mathrm{C}_{100}^{3}=\frac{100!}{97!\times3!}.$$

显然，事件 A 发生有 2 个步骤：(1) 从 95 件正品中抽取 1 件；(2) 从 5 件次品中抽取 2 件. 而由组合公式知，这 2 个步骤分别有 C_{95}^{1}，C_{5}^{2} 种取法，故由乘法原理即可得到事件 A 的样本点数为 $\mathrm{C}_{95}^{1}\cdot\mathrm{C}_{5}^{2}$. 因此，所求概率为

$$P(A)=\frac{\mathrm{C}_{95}^{1}\cdot\mathrm{C}_{5}^{2}}{\mathrm{C}_{100}^{3}}=\frac{95\times5!\times97!\times3!}{3!\times2!\times100!}=\frac{19}{3\,234}.$$

注　例 1.8 中解法二最后得到的公式可推广到一般情况. 设有 N 件产品，其中有 N_1 件次品，N_2 件正品($N=N_1+N_2$)，现从中任意抽取 n 件，则“抽取的 n 件产品中恰有 k 件次品”这一事件 A 的概率为

$$P(A)=\frac{\mathrm{C}_{N_1}^{k}\cdot\mathrm{C}_{N_2}^{n-k}}{\mathrm{C}_{N}^{n}}.$$

这样的概率分布称为超几何分布.

5. 几何概率

上述关于古典概率的计算，只适用于古典概型，即具有等可能性的有限样本空间. 为了克服古典概型的局限性，可将古典概率的计算加以推广.

设随机试验具有以下特点：

(1) 可度量性　随机试验的样本空间 Ω 可看作一个几何区域，且这个几何区域的大小(如长度、面积、体积等) 是可度量的，并把 Ω 的度量记作 $m(\Omega)$；

(2) 等可能性　向样本空间 Ω 内随机投点，该点落在 Ω 内任一点处的概率都是相等的.

在这样的随机试验中，事件 A 的概率显然只与该事件所含的样本点区域 A 的度量 $m(A)$ 成正比，而与区域 A 的位置、形状无关. 于是，根据古典概率的计算公式，事件 A 的概率计算公式为

$$P(A)=\frac{m(A)}{m(\Omega)}.$$

这样的概率称为几何概率.

由几何概率的计算公式就可以得到具有可度量性和等可能性的无限样本空间上的概率分布，下面用实例说明如何通过几何概率来具体实现.

例 1.9 （会面问题）已知甲、乙两船将在同一天的 0 点到 24 点之间随机地到达码头，且该码头只有一个泊位. 如果甲先到，则它需停靠 6 小时后才能离开码头；如果乙先到，则它需停靠 8 小时后才能离开码头. 求甲、乙两船中有船需等候码头泊位空出的概率.

解　设甲船到达码头的时刻为 x，乙船到达码头的时刻为 y $(0\leqslant x,y\leqslant 24)$，则考察甲、乙两船到达码头的时刻，相当于向如图 1－7 所示的正方形区域（样本空间）

$$\Omega=\{(x,y)\mid 0\leqslant x,y\leqslant 24\}$$

内随机地投点.

用 A 表示“有船需要等候码头泊位空出才能停靠”的事件，那么事件 A 发生相当于下面两种情况有一种发生：一是甲比乙先到，且到达时刻相差不足 6 小时；二是乙比甲先到，且到达时刻相差不足 8 小时. 故事件 A 所含样本点的区域可表示为

$$A=\{(x,y)\mid 0\leqslant y-x\leqslant 6 \text{ 或 } 0\leqslant x-y\leqslant 8\},$$

如图 1－7 中阴影部分所示. 经计算知，区域 A 的面积为 $m(A)=24^2-\frac{1}{2}(18^2+16^2)$. 因此，由几何概率的计算公式得所求概率为

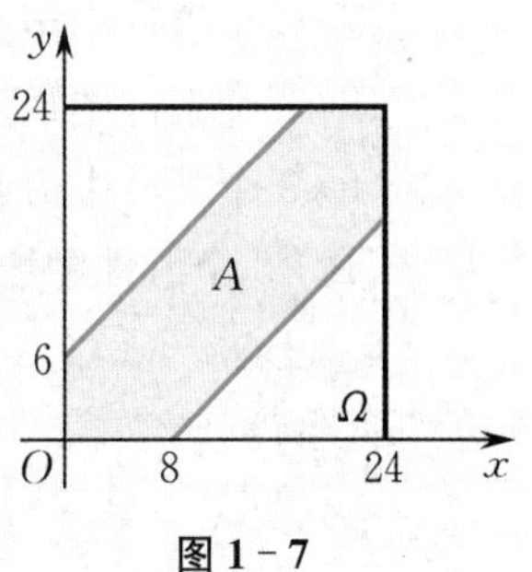

图 1－7

$$P(A)=\frac{m(A)}{m(\Omega)}=\frac{24^2-\frac{1}{2}(18^2+16^2)}{24^2}\approx 0.4965.$$

习　题　一

1. 写出下列随机试验的样本空间：

(1) 掷一颗均匀骰子，记录所掷的点数；

(2) 从一个装有 5 个外形相同的且分别标有编号 1,2,3,4,5 的小球的口袋中随机抽取 3 个小球，记录所取 3 个小球的编号；

(3) 设 10 件产品中有 3 件次品，现从中每次任取一件（抽取后不放回），直至将 3 件次品全部取出为止，记录所取产品的总件数；

(4) 某工厂对其所生产的产品进行检查，合格的为正品，不合格的为次品，若查出 2 件次品，则停止检查，此外查满 4 件就停止检查，记录所检查的结果.

2. 某厂对一批产品做出厂前检查,用抽样方法,从这批产品中任意取出 4 件产品做检查. 若这 4 件产品全合格,则允许这批产品正常出厂;若有 1 件产品不合格,则再做进一步检查;若有 2 件产品不合格,则将这批产品降级出厂;若有 2 件以上产品不合格,则不予出厂. 试写出此随机试验的样本空间,并将“正常出厂”“再做检查”“降级出厂”“不予出厂”这四个事件用样本空间的子集表示.

3. 设 A,B,C 为 3 个事件,用 A,B,C 的运算关系表示下列事件:

(1) A,B 均发生,但 C 不发生;

(2) A 发生,但 B,C 可能发生,也可能不发生;

(3) 3 个事件均发生;

(4) 3 个事件均不发生;

(5) 3 个事件中至少有 1 个发生;

(6) 3 个事件中最多有 1 个发生;

(7) 3 个事件中至少有 2 个发生;

(8) 3 个事件中最多有 2 个发生;

(9) 3 个事件中恰有 1 个发生;

(10) 3 个事件中恰有 2 个发生.

4. 设 $\Omega=\{1,2,3,4,5,6\}$, $A=\{1,2,3\}$, $B=\{2,3,4\}$, $C=\{4,5,6\}$,用 Ω 的子集表示下列事件:

(1) $\overline{A}B$; (2) $A\cup B$; (3) $\overline{B-A}$; (4) $\overline{A\overline{BC}}$;

(5) $\overline{A(B\cup C)}$.

5. 对于 3 个任意给定的事件 A,B,C:

(1) 化简 $(A\cup B)(B\cup C)$;

(2) 将 $A\cup B\cup C$ 表示为一系列互不相容事件之和.

6. 指出下面各题是否正确(提示:可借助文氏图):

(1) $A\cup B=A\overline{B}\cup B$;

(2) $\overline{A}B=A\cup B$;

(3) $\overline{A}\cup\overline{B}\,\overline{C}=\overline{A}\,\overline{B}\,\overline{C}$;

(4) $AB(A\overline{B})=\varnothing$;

(5) 若 $A\subset B$,则 $A=AB$;

(6) 若 $AB=\varnothing$, $C\subset A$,则 $BC=\varnothing$;

(7) 若 $A\subset B$,则 $\overline{B}\subset\overline{A}$;

(8) 若 $B\subset A$,则 $A\cup B=B$.

7. 掷一对均匀骰子,给出两个样本空间 Ω 和 Ω_1,其中 Ω 是由第一颗骰子与第二颗骰子掷得的点数所组成,即 $\Omega=\{(1,1),(1,2),(1,3),(1,4),(1,5),(1,6),(2,1),(2,2),(2,3),(2,4),(2,5),(2,6),(3,1),(3,2),(3,3),(3,4),(3,5),(3,6),(4,1),(4,2),(4,3),(4,4),(4,5),(4,6),(5,1),(5,2),(5,3),(5,4),(5,5),(5,6),(6,1),(6,2),$

(6,3),(6,4),(6,5),(6,6)},而 Ω_1 是由这两颗骰子掷得的点数之和所组成,即 $\Omega_1=\{2,3,4,5,6,7,8,9,10,11,12\}$. 现有一学生在求事件"点数之和等于 7"的概率 p 时,依 Ω 计算得 $p=\frac{6}{36}=\frac{1}{6}$;依 Ω_1 计算得 $p=\frac{1}{11}$. 试分别解释这两个结果的依据,讨论哪一个结果是正确的. 怎样理解这一正确结果?

8. 设一颗不均匀的骰子在进行掷一对骰子的试验时,出现"两点数之和为偶数"的次数比出现"两点数之和为奇数"的次数多一倍. 求下列事件的概率:

(1)"两点数之和小于 6";

(2)"两点数之和等于 8";

(3)"两点数之和为偶数".

9. 某人忘记了一个电话号码的最后一位数字,因此只能试着随意地拨出这位数,求他拨号不超过 3 次就能正确接通电话的概率. 若记得最后一位为奇数,那么此概率又是多少?

10. 现有 4 个人,问:没有 2 个人的生日在同一个月份的概率为多少?

11. 从 1,2,3,4,5 这 5 个数字中等可能地、有放回地依次抽取 3 个数字,求下列事件的概率:

(1)"抽取的 3 个数字全不相同";

(2)"抽取的 3 个数字中不含 1 或 5";

(3)"抽取的 3 个数字中 5 出现了两次".

12. 将 10 本不同的书放置到一级空书架上,求其中指定的某 3 本书恰好放在一起的概率.

13. 将 3 个不同的球放置到 4 个不同的盒子中去,求下列事件的概率:

(1)"没有一个盒子里有 2 个球";

(2)"3 个球全在一个盒子里".

14. 设有 10 个人分别佩戴着编号从 1 号到 10 号的校徽. 现从中任选 3 人并记录他们的校徽号码,试求下列事件的概率:

(1)"最小号码为 5";

(2)"最大号码为 5".

15. 设某盒中有 6 只灯泡,其中 2 只为次品,4 只为正品. 现从中有放回地抽取 2 次(每次取出 1 只),求下列事件的概率:

(1)"抽到的 2 只灯泡均是次品";

(2)"抽到的 2 只灯泡中一只是正品,另一只是次品".

16. 将第 15 题中的"有放回"改为"无放回"后(相当于一次抽取出 2 只灯泡),再计算这些事件的概率.

17. 设一公司批发出售服装,每批 100 套. 公司估计某客商欲购的那批 100 套服装中有 4 套是次品,12 套是等级品,其余均是优质品. 已知该客商在进货时要从中依次抽出 2 套作为样品进行检查,如果在样品中发现有次品,或者 2 套都是等级品,则该客商就要退货.

求下列事件的概率：

(1)“样品中一套是优质品，一套是次品”；

(2)“样品中一套是等级品，一套是次品”；

(3)“该批货被退货”；

(4)“该批货没有被退货”；

(5)“样品中有一套优质品”.

18. 在桥牌比赛中，将 52 张牌任意地分给东、南、西、北 4 家，求在北家的 13 张牌中，

(1) 恰有 5 张黑桃、4 张红心、3 张方块、1 张梅花的概率；

(2) 恰有大牌 A，K，Q，J 各一张的概率.

19. 甲、乙两人相约 9 点到 10 点之间在某地点会面，约定先到者等候 20 分钟后就可离去. 求两人能成功会面的概率.

第二章

概率论的基本定理

§2.1 加法定理

定理 2.1（加法定理） 任意两事件 A 与 B 的并 $A\cup B$ 的概率等于这两事件概率的和减去这两事件的交 AB 的概率，即

$$P(A\cup B)=P(A)+P(B)-P(AB).$$

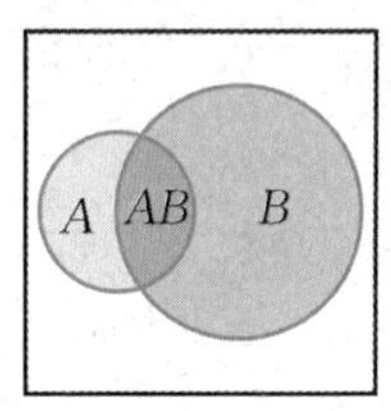

图 2-1

证　将事件 $A\cup B$ 表示为互不相容事件之和（见图 2-1），即

$$A\cup B=(A-AB)\cup AB\cup(B-AB),$$

故由概率的可加性有

$$P(A\cup B)=P(A-AB)+P(AB)+P(B-AB).$$

又

$$A=(A-AB)\cup AB,$$

于是有

$$P(A)=P(A-AB)+P(AB),$$

即

$$P(A-AB)=P(A)-P(AB).$$

同理，有

$$P(B-AB)=P(B)-P(AB).$$

将结果代入得

$$P(A\cup B)=P(A)+P(B)-P(AB).$$

注　概率的可加性实际上就是加法定理中当事件 A 与 B 互不相容时的特殊情形.

推论 2.1（对立事件法则） 对于任一事件 A，均有

$$P(A)=1-P(\overline{A}).$$

推论 2.2 若 $A\subset B$，则

$$P(B-A)=P(B)-P(A).$$

推论 2.3 对于任意 3 个事件 A,B,C，均有

$$P(A\cup B\cup C)=P(A)+P(B)+P(C)-P(AB)-P(AC)-P(BC)+P(ABC).$$

推论 2.4 对于任意 n 个事件 $A_1,A_2,\cdots,A_n$，均有

$$P\left(\bigcup_{i=1}^{n}A_i\right)=\sum_{i=1}^{n}P(A_i)-\sum_{1\leqslant i<j\leqslant n}P(A_iA_j)+\sum_{1\leqslant i<j<k\leqslant n}P(A_iA_jA_k)-\cdots+(-1)^{n-1}P(A_1A_2\cdots A_n).$$

例 2.1　已知 $P(A)=0.4, P(B)=0.3, P(A\cup B)=0.6$，求 $P(A\overline{B})$.

解　解法一　由事件运算关系得

$$A\overline{B}=A-B=A-AB,$$

因 $AB\subset A$，故有

$$P(A-AB)=P(A)-P(AB).$$

又由加法定理得

$$P(A\cup B)=P(A)+P(B)-P(AB),$$

将题设条件代入，得

$$0.6=0.4+0.3-P(AB),\quad 即\quad P(AB)=0.1.$$

因此，有

$$P(A\overline{B})=P(A-AB)=P(A)-P(AB)=0.4-0.1=0.3.$$

解法二　由事件运算关系得

$$A\overline{B}\cup AB=A,$$

而 $A\overline{B}$ 与 AB 互不相容，故有

$$P(A\overline{B})+P(AB)=P(A),$$

即

$$P(A\overline{B})=P(A)-P(AB)=0.4-0.1=0.3.$$

§2.2 乘法定理

1. 条件概率

定义 2.1　设 A,B 为两个事件. 若 $P(A)>0$，则称

$$\frac{P(AB)}{P(A)}$$

为在事件 A 已经发生的条件下事件 B 发生的条件概率，记作 $P(B\mid A)$.

注　利用文氏图对条件概率做如下解释：条件概率 $P(B\mid A)$ 是在所投点已经落在区域 A 内的条件下，该点也落在区域 B 内，即落在 A 与 B 的交集 AB 内的概率.

定理 2.2　条件概率具有如下概率性质：

(1) 非负性　对于任一事件 B，有

$$P(B\mid A)\geqslant 0.$$

(2) 规范性　若 $A\subset B$，则

$$P(B\mid A)=1.$$

特别地,有

$$P(\Omega \mid A)=P(A \mid A)=1.$$

(3) 可加性　若 $B_1,B_2,\cdots,B_n,\cdots$ 为一列两两互不相容事件,则

$$P\left(\bigcup_{k=1}^{\infty} B_k \mid A\right)=\sum_{k=1}^{\infty} P(B_k \mid A).$$

特别地,有

$$P(\overline{B} \mid A)=1-P(B \mid A).$$

2. 乘法定理

当条件概率的值为已知时,就可利用它得到事件的积的概率,这就是如下的乘法定理.

定理 2.3(乘法定理)　若事件 A 满足 $P(A)>0$,则对于任一事件 B,均有

$$P(AB)=P(A)P(B \mid A).$$

类似地,若事件 B 满足 $P(B)>0$,则对于任一事件 A,均有

$$P(AB)=P(B)P(A \mid B).$$

推论 2.5　若事件 $A_1,A_2,\cdots,A_{n-1}$ 满足 $P(A_1A_2\cdots A_{n-1})>0$,则对于任一事件 A_n,均有

$$\begin{aligned}P(A_1A_2\cdots A_n)&=P(A_1A_2\cdots A_{n-1})P(A_n \mid A_1A_2\cdots A_{n-1})=\cdots\\&=P(A_1)P(A_2 \mid A_1)P(A_3 \mid A_1A_2)\cdots\\&\quad P(A_n \mid A_1A_2\cdots A_{n-1}).\end{aligned}$$

例 2.2　设一批零件共 100 件,其中有 10 件次品. 现从中依次抽取一个零件(取出后不放回),问:第三次才取到正品的概率是多少?

解　记 $A_i\ (i=1,2)$ 表示"第 i 次取到的零件为次品"的事件,A_3 表示"第三次取到的零件为正品"的事件,则所求概率为 $P(A_1A_2A_3)$(注意不是 $P(A_3)$). 由乘法定理得

$$P(A_1A_2A_3)=P(A_1)P(A_2 \mid A_1)P(A_3 \mid A_1A_2),$$

又由题意计算出

$$P(A_1)=\frac{10}{100},\quad P(A_2 \mid A_1)=\frac{9}{99},\quad P(A_3 \mid A_1A_2)=\frac{90}{98},$$

故有

$$P(A_1A_2A_3)=\frac{10}{100}\times\frac{9}{99}\times\frac{90}{98}\approx 0.0083.$$

例 2.3　对某一产品依次进行 3 项破坏性试验,已知产品不能通过第一项试验的概率为 0.3,产品通过第一项试验而不能通过第二项试验的概率为 0.2,产品通过前两项试验而不能通过第三项试验的概率为 0.1. 求产品不能通过破坏性试验的概率.

解　记 A 表示"产品不能通过所有 3 项破坏性试验"的事件,$A_i\ (i=1,2,3)$ 表示"产品不能通过第 i 项破坏性试验"的事件,则

$$P(A_1)=0.3,\quad P(A_2\mid\overline{A}_1)=0.2,\quad P(A_3\mid\overline{A}_1\overline{A}_2)=0.1.$$

解法一　将 A 表示为互不相容事件之和：

$$A=A_1\cup\overline{A}_1A_2\cup\overline{A}_1\overline{A}_2A_3,$$

则

$$P(A)=P(A_1)+P(\overline{A}_1A_2)+P(\overline{A}_1\overline{A}_2A_3).$$

由乘法定理得

$$P(\overline{A}_1A_2)=P(\overline{A}_1)P(A_2\mid\overline{A}_1),$$
$$P(\overline{A}_1\overline{A}_2A_3)=P(\overline{A}_1)P(\overline{A}_2\mid\overline{A}_1)P(A_3\mid\overline{A}_1\overline{A}_2),$$

又经计算可得

$$P(\overline{A}_1)=1-P(A_1)=1-0.3=0.7,$$
$$P(\overline{A}_2\mid\overline{A}_1)=1-P(A_2\mid\overline{A}_1)=1-0.2=0.8,$$

将其代入上式，即得

$$P(A)=0.3+0.7\times0.2+0.7\times0.8\times0.1=0.496.$$

解法二　注意到事件 A 发生，相当于 3 个事件 A_1,A_2,A_3 中至少有一个发生，即

$$A=A_1\cup A_2\cup A_3.$$

由对立事件法则及乘法定理得

$$\begin{aligned}P(A)&=1-P(\overline{A})=1-P(\overline{A}_1\overline{A}_2\overline{A}_3)\\&=1-P(\overline{A}_1)P(\overline{A}_2\mid\overline{A}_1)P(\overline{A}_3\mid\overline{A}_1\overline{A}_2)\\&=1-0.7\times0.8\times0.9=0.496.\end{aligned}$$

3. 事件的独立性

定义 2.2　设 A,B 为两个事件. 若

$$P(AB)=P(A)P(B),$$

则称事件 A,B 是相互独立的.

显然，根据定义 2.2，必然事件 Ω(或不可能事件 $\varnothing$) 与任何事件都相互独立.

定理 2.4　若 $P(A)>0$，则事件 A,B 相互独立的充要条件为

$$P(B\mid A)=P(B).$$

证　必要性　由乘法定理有

$$P(AB)=P(A)P(B\mid A).$$

又由 A,B 相互独立有

$$P(AB)=P(A)P(B),$$

故

$$P(B\mid A)=P(B).$$

充分性　由乘法定理有

$$P(AB)=P(A)P(B\mid A)=P(A)P(B),$$

故 A,B 相互独立.

类似地,若 $P(B)>0$,则事件 A,B 相互独立的充要条件为

$$P(A\mid B)=P(A).$$

由此可以看出,如果事件 A,B 相互独立,则在事件 A,B 中,任一事件发生与否,都不影响另一事件发生的概率.

定义 2.3 设 A,B,C 为 3 个事件.若它们满足

$$P(AB)=P(A)P(B),$$
$$P(BC)=P(B)P(C),$$
$$P(AC)=P(A)P(C),$$
$$P(ABC)=P(A)P(B)P(C),$$

则称 3 个事件 A,B,C 是**相互独立**的.若它们仅满足上述前 3 个等式,则称 3 个事件 A,B,C 是**两两独立**的.

从定义 2.3 可见,若 3 个事件 A,B,C 相互独立,则它们必然两两独立;反之不然.

定义 2.4 设有限个事件 $A_1,A_2,\cdots,A_n(n\geqslant 2)$.如果这 n 个事件中的任意 $k(2\leqslant k\leqslant n)$ 个事件

$$A_{i_1},A_{i_2},\cdots,A_{i_k}\quad(1\leqslant i_1<i_2<\cdots<i_k\leqslant n)$$

都满足

$$P(A_{i_1}A_{i_2}\cdots A_{i_k})=P(A_{i_1})P(A_{i_2})\cdots P(A_{i_k}),$$

则称这 n 个事件 $A_1,A_2,\cdots,A_n$ 是**相互独立**的.如果这 n 个事件中的任意两个事件均相互独立,则称这 n 个事件是**两两独立**的.

从定义 2.4 可见,若有限个事件 $A_1,A_2,\cdots,A_n(n\geqslant 2)$ 相互独立,则它们中任意 $k(2\leqslant k\leqslant n)$ 个事件也都相互独立.

定理 2.5 **若事件 A,B 相互独立,则下列各对事件也相互独立:**

$$\overline{A}\text{ 与 }B,\quad A\text{ 与 }\overline{B},\quad \overline{A}\text{ 与 }\overline{B}.$$

证 这里只给出第二对事件结论的证明过程,另两对事件可类似证得.

$$\begin{aligned}P(A\overline{B})&=P(A-B)=P(A-AB)=P(A)-P(AB)\\&=P(A)-P(A)P(B)\\&=P(A)[1-P(B)]\\&=P(A)P(\overline{B}).\end{aligned}$$

由定理 2.5 可以不加证明地指出,对于多个相互独立的事件,类似地有如下定理成立.

定理 2.6 **若有限个事件 $A_1,A_2,\cdots,A_n(n\geqslant 2)$ 相互独立,则将它们中任意 $k(1\leqslant k\leqslant n)$ 个事件替换成其相应的对立事件后,所得的 n 个事件也都相互独立.**

例 2.4 设一商店经销的商品有 100 件,该店经理称其中有 5 件商品存在影响效果的小缺陷,其余商品均无缺陷. 工商部门对此商品进行抽检,采用每次抽检一件商品的重复抽样检查法(有放回). 现接连抽检两件商品,试问:"抽取的第一件商品查出有缺陷"与"抽取的第二件商品查出有缺陷" 这两个事件是否相互独立? 这两个事件都发生的概率为多少?

解　记 $A_i(i=1,2)$ 表示"抽取的第 i 件商品查出有缺陷" 的事件,由古典概率的计算公式得

$$P(A_1)=\frac{5}{100},\quad P(A_2)=\frac{5}{100},\quad P(A_1A_2)=\frac{5^2}{100^2}.$$

由此可见

$$P(A_1A_2)=P(A_1)P(A_2),$$

故事件 A_1,A_2 相互独立,所求概率为 0.002 5.

注　例 2.4 中所求事件 A_1A_2 的概率是一个很小的概率,所以可将 A_1A_2 看成在一次实践中几乎不可能发生的事件. 这就是人们在长期实践中总结出的小概率原理,其中事件 A_1A_2 称为小概率事件. 那么,如何利用这种小概率事件呢? 例如,在例 2.4 中,如果工商部门在进行商品抽检时,恰遇事件 A_1A_2 发生,那么工商部门有理由怀疑该商店经理虚报情况,即这 100 件商品中有缺陷的可能远不止 5 件. 此外,由题设条件也容易看出,事件 A_1,A_2 是相互独立的. 因此,一般是由实际情况来分析判断事件的独立性,而不是根据定义 2.2.

例 2.5 现有甲、乙、丙 3 台机床需要工人看管,已知在 1 小时内这 3 台机床需要看管的概率分别是 0.2,0.1,0.4,这 3 台机床需要看管是相互独立的,且每台机床需要看管的时间不超过 1 小时. 问:在 1 小时内机床因得不到看管而被迫停机的概率是多少?

解　记 $A(B$ 或 $C)$ 表示"在 1 小时内甲(乙或丙) 机床需要看管" 的事件,则

$$P(A)=0.2,\quad P(B)=0.1,\quad P(C)=0.4,$$

且 A,B,C 相互独立.

实际上,机床在 1 小时内因得不到看管而被迫停机,相当于至少有两台机床在 1 小时内都需要看管,这个事件可用

$$AB\cup BC\cup AC$$

来表示. 因此,所求概率为

$$\begin{aligned}
&P(AB\cup BC\cup AC)\\
&\quad=P(AB)+P(BC)+P(AC)-P(ABBC)-P(ABAC)-P(BCAC)+P(ABBCAC)\\
&\quad=P(AB)+P(BC)+P(AC)-2P(ABC)\\
&\quad=P(A)P(B)+P(B)P(C)+P(A)P(C)-2P(A)P(B)P(C)\\
&\quad=0.2\times0.1+0.1\times0.4+0.2\times0.4-2\times0.2\times0.1\times0.4\\
&\quad=0.124.
\end{aligned}$$

§2.3 全概率公式与贝叶斯公式

使用条件概率计算事件的概率，涉及3个定理：乘法定理、全概率公式、贝叶斯(Bayes)公式. 下面介绍后面两个公式.

1. 全概率公式

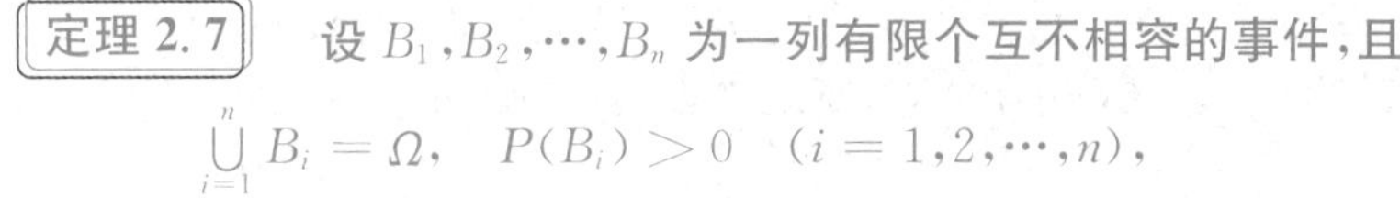

定理 2.7 设 $B_1, B_2, \cdots, B_n$ 为一列有限个互不相容的事件，且

$$\bigcup_{i=1}^{n} B_i = \Omega, \quad P(B_i) > 0 \quad (i = 1, 2, \cdots, n),$$

则对于任一事件 A，均有

$$P(A) = \sum_{i=1}^{n} P(B_i) P(A \mid B_i).$$

这个公式称为全概率公式.

证 因为

$$A = A\Omega = A\left(\bigcup_{i=1}^{n} B_i\right) = \bigcup_{i=1}^{n} (AB_i),$$

且 $AB_i (i = 1, 2, \cdots, n)$ 互不相容，所以由概率的可加性与乘法定理得

$$P(A) = P\left(\bigcup_{i=1}^{n} AB_i\right) = \sum_{i=1}^{n} P(AB_i) = \sum_{i=1}^{n} P(B_i) P(A \mid B_i).$$

注 从定理2.7的证明过程可以看出，不一定需要条件"$\bigcup_{i=1}^{n} B_i = \Omega$"成立，而只需要条件"$\bigcup_{i=1}^{n} B_i \supset A$"成立，就能使得 $A = A\left(\bigcup_{i=1}^{n} B_i\right)$，故此时同样有全概率公式成立.

例 2.6 某工厂有4条流水线生产同一产品，已知这4条流水线的产量分别占总产量15%，20%，30%，35%，又知这4条流水线产品的不合格率依次为0.05，0.04，0.03，0.02. 现从该工厂的这一产品中任取一件，问：取到不合格品的概率是多少？

解 记 $B_i (i = 1, 2, 3, 4)$ 表示事件"抽检的产品是从第 i 条流水线上出来的"，A 表示事件"抽检的产品是不合格品"，则

$$P(B_1) = 0.15, \quad P(B_2) = 0.2, \quad P(B_3) = 0.3, \quad P(B_4) = 0.35,$$

$$P(A|B_1) = 0.05, \quad P(A|B_2) = 0.04, \quad P(A|B_3) = 0.03, \quad P(A|B_4) = 0.02.$$

由全概率公式得所求概率为

$$\begin{aligned} P(A) &= \sum_{i=1}^{4} P(B_i) P(A \mid B_i) \\ &= 0.15 \times 0.05 + 0.2 \times 0.04 + 0.3 \times 0.03 + 0.35 \times 0.02 = 0.0315. \end{aligned}$$

2. 贝叶斯公式

定理 2.8　设 $B_1, B_2, \cdots, B_n$ 为一列有限个互不相容的事件，且

$$\bigcup_{i=1}^{n} B_i = \Omega, \quad P(B_i) > 0 \quad (i = 1, 2, \cdots, n),$$

则对于任一事件 A，均有

$$P(B_i \mid A) = \frac{P(B_i)P(A \mid B_i)}{\sum_{k=1}^{n} P(B_k)P(A \mid B_k)} \quad (i = 1, 2, \cdots, n).$$

这个公式称为贝叶斯公式.

证　根据条件概率的定义、乘法定理及全概率公式，对于 $i = 1, 2, \cdots, n$，有

$$P(B_i \mid A) = \frac{P(AB_i)}{P(A)} = \frac{P(B_i)P(A \mid B_i)}{\sum_{k=1}^{n} P(B_k)P(A \mid B_k)}.$$

注　贝叶斯公式由英国数学家贝叶斯首先提出，它是概率论中一个很著名的公式.

例 2.6(续)　若工厂还规定，抽检时一旦发现不合格品，就要追究有关流水线的责任. 现假设对该产品做抽样检查时确实检查出了不合格品，但这件不合格品属于哪一条流水线生产的标记已经看不清楚了. 问：工厂如何处理这件不合格品的责任会比较合理?

解　从概率角度看，根据条件概率 $P(B_i \mid A)(i = 1, 2, 3, 4)$ 的大小来确定流水线的责任较为合理. 按贝叶斯公式

$$P(B_i \mid A) = \frac{P(B_i)P(A \mid B_i)}{\sum_{k=1}^{4} P(B_k)P(A \mid B_k)},$$

有

$$P(B_1 \mid A) = \frac{0.15 \times 0.05}{0.0315} \approx 0.2381,$$

$$P(B_2 \mid A) = \frac{0.2 \times 0.04}{0.0315} \approx 0.2540,$$

$$P(B_3 \mid A) = \frac{0.3 \times 0.03}{0.0315} \approx 0.2857,$$

$$P(B_4 \mid A) = \frac{0.35 \times 0.02}{0.0315} \approx 0.2222.$$

因此，较为合理的分摊责任方案，既不是由不合格率最高的第一条流水线，也不是由产品份额最高的第四条流水线承担最多的责任，而是由第三条流水线承担最多的责任.

注　在例 2.6 中，若将“抽检一件产品”看成一次随机试验，那么概

率 $P(B_i)(i=1,2,3,4)$ 就是在此随机试验之前就已知的概率，称为先验概率；而条件概率 $P(B_i \mid A)(i=1,2,3,4)$ 是在随机试验之后，对"结果"(事件 A 发生) 的各种"原因"(不合格品的来源) 的可能性做定量描述，称为后验概率. 贝叶斯公式就是由先验概率来推算后验概率的公式. 在统计学中，常利用贝叶斯公式来研究"由结果找原因" 这类问题，统计学者们根据贝叶斯公式的思想发展了一整套统计推断的理论，称为贝叶斯统计.

习 题 二

1. 已知 $P(A)=0.5, P(B)=0.4, P(AB)=0.1$，求：

(1) $P(A \cup B)$； (2) $P(A \mid B)$； (3) $P(B \mid A)$； (4) $P(A \mid \overline{B})$.

2. 已知 A, B 为两个相互独立事件，$P(A)=0.3, P(B)=0.6$，求：

(1) $P(A \mid B)$； (2) $P(A \cup B)$； (3) $P(\overline{B} \mid A)$； (4) $P(\overline{A} \mid B)$.

3. 设 $P(A)>0, P(B)>0$，将下面4个概率按由小到大的顺序用不等号"$\leqslant$"连接起来，并分别指明这些不等号何时成为等号：

$$P(A), \quad P(AB), \quad P(A)+P(B), \quad P(A \cup B).$$

4. 设3个事件 A, B, C 相互独立. 试证：3个事件 $A \cup B, AB, A-B$ 也都与事件 C 相互独立.

5. 射手在相距100米处对目标进行射击，击中的概率为0.6. 若第一次未击中，则进行第二次射击，但目标将被移远到相距150米处；若第二次仍未击中，则进行第三次射击，但目标将被移远到相距200米处. 已知射手击中目标的概率与距离成反比，求射手击中目标的概率.

6. 投掷两颗均匀的骰子，求：

(1) 已知点数和是偶数时，点数和等于8的概率；

(2) 已知点数和是奇数时，点数和大于6的概率；

(3) 已知点数和大于6时，点数和是奇数的概率.

7. 设有3个人独立地同时破译一密码. 若这3人能破译出密码的概率分别是 $\frac{1}{5}, \frac{1}{3}, \frac{1}{4}$，求此密码能被他们破译出的概率.

8. 盒中装有编号从1到10的10张卡片，现从中任意抽看两张卡片的编号，第一次看一张，看后放回，混合后再抽看一张. 记第一张卡片的编号为 ξ_1，第二张卡片的编号为 ξ_2，令 $A=\{\xi_1=4\}, B=\{\xi_1+\xi_2=7\}$，试求 $P(B \mid A)$ 及 $P(A \mid B)$.

9. 袋中装有10个白球和20个黄球，现从中任意取出5个球(不放回)，接着再任意取出 10 个球.求第一次取出全是黄球且第二次取出黄、白球数量各半的概率.

10. 袋中装有 a 个白球,b 个黄球,现从袋中任意取出一个球,观察其颜色后放回袋中,并另外再加入 c 个与其同色的球.如此观察了 3 次,求前两次取得黄球、第三次取得白球的概率.

11. 设 3 台机器相互独立地运转着,第一台、第二台、第三台机器不发生故障的概率依次为 0.9,0.8,0.7,求:

(1) 3 台机器全不发生故障的概率;

(2) 3 台机器中至少有一台发生故障的概率.

12. 设某公司在甲、乙两个工厂生产电视机显像管,每周共生产 3 000 个,甲工厂生产 1 800 个,其中有 1% 为次品;乙工厂生产 1 200 个,其中有 2% 为次品.现从每周生产的产品中任选一个,求:

(1) 选出的产品是次品的概率;

(2) 已知选出的产品是次品时,它是由甲工厂生产的概率;

(3) 已知选出的产品是正品时,它是由甲工厂生产的概率.

13. 用某种方法检验产品,它对次品的检验准确率为 90%,它对正品的检验准确率为 99%.现从含 5% 次品的一批产品中任取一件用这种方法进行检验,求下列事件的概率:

(1)"检验的结果是次品";

(2)"检验的结果是次品而实际为正品".

14. 某大学一个年级的学生有 5 000 名,其中男、女比例为 2∶3.已知在这个年级中,男生有 10% 选修会计学,女生有 6% 选修会计学.现从这 5 000 名学生中任选一人,求下列事件的概率:

(1)"这位学生是选修会计学的女生";

(2)"这位学生是未选修会计学的男生";

(3)"这位学生是选修会计学的学生".

15. 将两种信息分别编码成 0 或 1 后再传送出去,而传送信道存在着干扰,这可能导致收到的信息与发送的信息不一致.已知 0 被误传为 1 的概率是 0.02,1 被误传为 0 的概率是 0.01,整个传送过程中 0 与 1 的传送次数比例为 7∶3,试求当收到信息 0 时,原发送信息也是 0 的概率.

16. 某公司准备向市场推出一批廉价的计算机,公司营销部预估,畅销的概率是 0.5,销路一般的概率是 0.3,滞销的概率是 0.2.现决定先行试销,以检验销路情况,营销部估计,若计算机畅销,则它在试销期内卖出 200 台以上的概率是 0.9;若销路一般,则它在试销期内卖出 200 台以上的概率是 0.5;若销路不佳,则它在试销期内卖出 200 台以上的概率仅为 0.1.现已知试销期结束后实际卖出的数量达 200 台以上,试求下列事件的概率:

(1)"这批计算机畅销";

(2)"这批计算机的销路一般";

(3)"这批计算机的销路不佳";

(4)"这批计算机畅销或销路一般".

17. 设盒中有 5 枚外形一样但均匀性不同的硬币,这 5 枚硬币经抛掷后出现字面的概

率分别为 $p_1=0,p_2=0.25,p_3=0.5,p_4=0.75,p_5=1$，试求下列事件的概率：

(1)“任取一枚硬币抛掷出现字面”；

(2)“任取一枚硬币抛掷后已知出现字面时，这枚硬币是第 $i(i=1,2,3,4,5)$ 枚硬币”；

(3)“将(2)中的这枚硬币再抛掷一次后又出现字面”.

18. 已知甲、乙、丙 3 人向同一目标射击，击中的概率分别是 0.4,0.5,0.7. 若有一人击中，则目标被击落的概率是 0.2；若有两人击中，则目标被击落的概率是 0.6；若三人全击中，则目标肯定被击落. 试求目标被击落的概率.

19. 用某种仪器检验电子元件，若元件是正品，则经检验被定为正品的概率是 0.99；若元件是次品，则经检验被定为正品的概率是 0.05. 当有大批元件送检时，检验员只能从一批元件抽取样本来检验，无放回地抽取 3 件，对每一件独立地进行检验，若 3 件都经检验被定为正品，则这批元件就可出厂. 现送来 100 件元件，已知其中有 4 件次品，求这批元件能出厂的概率.

20. 有 3 箱同型号产品，分别装有合格品 20 件、12 件、17 件，不合格品 5 件、4 件、5 件. 现任意打开一箱，并从箱内取出一件进行检验. 由于检验误差，每件合格品经检验被误定为不合格品的概率是 0.04，每件不合格品经检验被误定为合格品的概率是 0.06，试求下列事件的概率：

(1)“取出的这件产品经检验被定为合格品”；

(2)“经检验被定为合格品的产品确实是合格品”.

第三章

离散型随机变量

§3.1 基本概念

1. 随机变量

关于(一维或多维)随机变量的讨论是概率论的中心内容.对于一个随机试验,人们往往关心的是其中的某个或某些量的值,而这些量的值在随机试验的结果中具有随机性,因此称为随机变量.例如,在研究确定个人所得税起征点时,可能要关心"年收入超过5万元"和"年收入不超过1万元"的人数占比,也就是说,在从特定人群中随机抽查一个人并观察其年收入的随机试验中,需要关心"年收入超过5万元"和"年收入不超过1万元"这两个事件发生的可能性.显然,这两个事件是相互独立的,但如果引进一个随机变量ξ来表示从该特定人群中随机抽查出的这个人的年收入(单位:元),则上述两个事件就可分别表示为

$$\{\xi > 50\,000\}, \quad \{\xi \leqslant 10\,000\}.$$

这就可以看出,随机事件的概念是可以包容在随机变量这个更广的概念之内的.也可看成,随机事件是从静态的观点来研究随机现象,而随机变量则是从动态的观点来研究随机现象.这样,概率论就从计算一些事件的概率发展成为一个更高的理论体系,其最基本的概念就是随机变量,下面给出它的一般定义.

定义 3.1 设随机试验的样本空间为Ω,则任一定义在Ω上的实值单值函数都可称为一个**随机变量**.也就是说,如果对于Ω中的每一个样本点ω,都有唯一一个实数与之对应,则此对应关系就是一个随机变量.常用希腊字母$\xi,\eta,\zeta,\cdots$或大写拉丁字母$X,Y,Z,\cdots$表示随机变量,即

$$\xi = \xi(\omega) \quad (\omega \in \Omega),$$
$$\eta = \eta(\omega) \quad (\omega \in \Omega),$$
$$\zeta = \zeta(\omega) \quad (\omega \in \Omega),$$
$$\cdots\cdots$$

随机事件一般用随机变量的解析式来表示.以掷两颗骰子的随机试验为例,该随机试验的样本空间为

$$\Omega = \{(1,1),(1,2),\cdots,(6,6)\} = \{\omega_1,\omega_2,\cdots,\omega_{36}\}.$$

设ξ表示两颗骰子出现的点数之和,则显然有

$$\xi(\omega_1) = 2, \quad \xi(\omega_2) = 3, \quad \cdots, \quad \xi(\omega_{36}) = 12.$$

可见,ξ是定义在样本空间Ω上的实值单值函数,故ξ是一个随机变量,

此时就可用随机变量 ξ 来描述 Ω 上的随机事件. 例如，

$$\{\xi=3\}=\{\omega_2,\omega_7\},$$

$$\{\xi\leqslant 5\}=\{\omega_1,\omega_2,\omega_3,\omega_4,\omega_7,\omega_8,\omega_9,\omega_{13},\omega_{14},\omega_{19}\}$$

就是 Ω 上的两个随机事件，特别地，有

$$\{\xi\leqslant 12\}=\Omega,\quad \{\xi\leqslant 1\}=\varnothing.$$

关于随机变量，除了需要弄清楚随机变量的全部可能取值以外，还需要了解它以多大的概率取这些值. 在各种各样的随机变量中，我们主要讨论离散型随机变量和连续型随机变量这两种类型. 本章仅介绍离散型随机变量及其概率分布，在第四章中将介绍连续型随机变量及其概率分布.

2. 离散型随机变量及其概率分布

定义 3.2　若随机变量的全部可能取值为有限个或可列无限个（这些值能排成数列，即为**可列的**），则称其为**离散型随机变量**.

例如，在上面举例的掷两颗骰子的随机试验中，随机变量 ξ 的全部可能取值为 2,3,…,12（总共 11 个值），即 ξ 是一个离散型随机变量. 又如，在观察某射手对活动靶进行射击（直到击中为止）的随机试验中，设他的总射击次数为 η，则 η 是一个随机变量，且 η 的全部可能取值为 1，2，…（可列无限个值），即 η 也是一个离散型随机变量.

定义 3.3　设随机变量 ξ 的全部可能取值为 $x_1,x_2,\cdots,x_n,\cdots$，且 ξ 取值为 $x_i(i=1,2,\cdots)$ 的概率为 p_i，即

$$P\{\xi=x_i\}=p_i\quad(i=1,2,\cdots),$$

则称上式或 $\{p_1,p_2,\cdots,p_n,\cdots\}$ 为 ξ 的**概率分布**，简称**分布律**.

常用如表 3-1 所示的表格形式来表示离散型随机变量 ξ 的分布律.

表 3-1

ξ	x_1	x_2	…	x_n	…
P	p_1	p_2	…	p_n	…

显然，离散型随机变量的分布律 $\{p_1,p_2,\cdots,p_n,\cdots\}$ 满足以下两个性质：

(1) $p_i\geqslant 0(i=1,2,\cdots)$；

(2) $\sum\limits_{i=1}^{\infty}p_i=1$.

注　分布律只能用来描述离散型随机变量的概率分布.

例 3.1　设离散型随机变量 ξ 的分布律如表 3-2 所示，求常数 a 的值.

表 3-2

ξ	-1	0	1	2	3
P	0.16	$\frac{a}{10}$	a^2	$\frac{a}{5}$	0.3

解 根据分布律的性质，这时有 $a \geqslant 0$，且

$$0.16 + \frac{a}{10} + a^2 + \frac{a}{5} + 0.3 = 1,$$

即

$$a^2 + 0.3a - 0.54 = 0,$$

解得 $a_1 = 0.6, a_2 = -0.9$（舍去）. 故 $a = 0.6$.

3. n 重伯努利试验

由于随机现象的概率规律性只有在相同条件下进行大量重复的随机试验中才能表现出来，因此常要考察在相同条件下独立重复进行的随机试验序列，并将它作为一个单独的复合试验来对待，称为独立重复试验序列概型，它是一种非常重要的概率模型.

考虑一个简单的随机试验，它仅有两个可能的结果：A 和 $\overline{A}$，称这样的随机试验为伯努利(Bernoulli) 试验. 在相同条件下独立地重复进行 n 次伯努利试验，称为 n 重伯努利试验，它是最常用的一种独立重复试验序列概型.

例 3.2 某学校的电话总机设有 99 个分机，已知每个分机平均每小时有 3 分钟要使用外线. 此时，考虑该总机应设置多少条外线才合适的问题，就可归结为一个 n 重伯努利试验. 事实上，考察一个分机在某一时刻是否占用外线时，其可能出现的结果只有两个："占用"（记为事件 A）和"不占用"（记为事件 $\overline{A}$），且由题设知

$$P(A) = \frac{3}{60} = 0.05, \quad P(\overline{A}) = 1 - P(A) = 0.95.$$

而各分机是否占用外线可以合理地认为是相互独立的，故所提问题可看成一个 99 重伯努利试验.

例 3.3 某数字传输器以每秒发送 512×10^3 个数（这些数是 0 或 1）的速度传送信息，由于受到干扰，在传送过程中可能发生将 0 误发送成 1 或将 1 误发送成 0 的误码情况，发生误码情况的概率是 10^{-7}. 此时，经 10 秒传送后出现误码的个数估计问题就是一个 n 重伯努利试验. 事实上，每传送一个数字，都可看成一个伯努利试验，其可能出现的结果只有两个："误码"（记为事件 A）和"非误码"（记为事件 $\overline{A}$），且由题设知

$$P(A) = 10^{-7}, \quad P(\overline{A}) = 1 - P(A) = 1 - 10^{-7}.$$

该数字传输器在 10 秒内共传送了 512×10^4 个数字，而每个数字在传送时是否出现误码可以合理地认为是相互独立的，故所提问题可看成一个 512×10^4 重伯努利试验.

对于例 3.2 和例 3.3，通常人们更关心的是，某一事件 A 在 n 重伯努利试验中恰好出现 $k(0 \leqslant k \leqslant n)$ 次的概率，记作 $P_n(k)$.

不失一般性，设 $P(A)=p$，则 $P(\overline{A})=1-P(A)=1-p$. 因为"事件 A 在 n 重伯努利试验中恰好出现 k 次"这一事件发生共有 C_n^k 种不同的方式，即它可以表示成 C_n^k 个互不相容的基本事件之和，且每一个基本事件发生的概率都为 $p^k(1-p)^{n-k}$，故由概率的可加性得

$$P_n(k)=C_n^k p^k(1-p)^{n-k} \quad (k=0,1,2,\cdots,n).$$

这就是事件 A 在 n 重伯努利试验中恰好出现 k 次的概率计算公式.

§3.2 重要的离散型随机变量

1. 两点分布和(0-1)分布

定义 3.4 若随机变量 ξ 只有两个可能的取值：x_1 和 x_2，其分布律为

$$P\{\xi=x_1\}=1-p, \quad P\{\xi=x_2\}=p \quad (0<p<1),$$

则称随机变量 ξ 服从参数为 p 的两点分布.

特别地，在定义 3.4 中，若 $x_1=0, x_2=1$，则称随机变量 ξ 服从参数为 p 的(0-1)分布，记作 $\xi \sim (0-1)$ 分布. 此时，ξ 的分布律如表 3-3 所示.

表 3-3

ξ	0	1
P	$1-p$	p

显然，对于任意一个伯努利试验，我们都能在其上定义一个服从两点分布或(0-1)分布的随机变量.

2. 二项分布

前面已经介绍，在 n 重伯努利试验中，事件 A 恰好发生 k 次的概率为

$$P_n(k)=C_n^k p^k(1-p)^{n-k} \quad (k=0,1,2,\cdots,n).$$

如果引进一个随机变量 ξ 来表示事件 A 在这个 n 重伯努利试验中发生的次数，则 ξ 的分布律为

$$P\{\xi=k\}=C_n^k p^k(1-p)^{n-k} \quad (k=0,1,2,\cdots,n),$$

此时称随机变量 ξ 服从参数为 n,p 的二项分布，记作 $\xi\sim B(n,p)$. 特别地，当 $n=1$ 时，二项分布 $B(1,p)$ 即为(0-1)分布.

我们知道，$P\{\xi=k\}=C_n^k p^k(1-p)^{n-k}$ 恰好是 $[p+(1-p)]^n$ 的二项展开式中出现 p^k 的那一项，即

$$\sum_{k=0}^{n}P\{\xi=k\}=\sum_{k=0}^{n}C_n^k p^k(1-p)^{n-k}=[p+(1-p)]^n=1.$$

这就是“二项分布”名称的由来.

注　若随机变量 $\xi\sim B(n,p)$，则显然有以下结论成立(设事件 A 在一次伯努利试验中发生的概率为 p)：

(1) 在 n 重伯努利试验中，事件 A 发生的次数处于 k_1 与 k_2 之间的概率为

$$P\{k_1\leqslant\xi\leqslant k_2\}=\sum_{k=k_1}^{k_2}C_n^k p^k(1-p)^{n-k};$$

(2) 在 n 重伯努利试验中，事件 A 至少发生 r 次的概率为

$$P\{\xi\geqslant r\}=1-\sum_{k=0}^{r-1}C_n^k p^k(1-p)^{n-k};$$

(3) 在 n 重伯努利试验中，事件 A 至少发生一次的概率为

$$P\{\xi\geqslant 1\}=1-C_n^0 p^0(1-p)^n=1-(1-p)^n.$$

例 3.3(续)　求在 10 秒传送后该数字传输器出现的误码不超过一个的概率.

解　用随机变量 ξ 表示该数字传输器在 10 秒传送后所出现的误码个数，则 $\xi\sim B(512\times10^4,10^{-7})$，且所求概率为

$$\begin{aligned}P\{\xi=0\}+P\{\xi=1\}&=C_n^0p^0(1-p)^n+C_n^1p^1(1-p)^{n-1}=(1-p)^n+np(1-p)^{n-1}\\&=(1-10^{-7})^{512\times10^4}+512\times10^{-3}\times(1-10^{-7})^{512\times10^4-1}.\end{aligned}$$

注　例 3.3(续) 中所求的概率用二项分布的概率计算公式是很难计算得出的. 通常，对于这种参数 n 很大而参数 p 很小的二项分布的概率计算，可以用下面将要介绍的泊松(Poisson)分布来方便地近似求出.

3. 泊松分布

定义 3.5　设随机变量 ξ 的全部可能取值为全体自然数，它的分布律为

$$P\{\xi=k\}=\frac{\lambda^k}{k!}e^{-\lambda}\quad(k=0,1,2,\cdots),\tag{3-1}$$

其中参数 $\lambda>0$，则称随机变量 ξ 服从参数为 λ 的泊松分布，记作 $\xi\sim P(\lambda)$.

注　事实上，将(3-1)式对$k=0,1,2,\cdots$求和，所得结果为1.这可从微积分中的已知公式$e^{\lambda}=\sum_{k=0}^{\infty}\frac{\lambda^k}{k!}$得出．此外，书末的附表2给出了一些$\lambda$取不同值的泊松分布的概率分布．

泊松分布是离散型随机变量服从的最常见的概率分布之一．一方面，许多实际问题中会出现服从泊松分布的随机变量；另一方面，泊松分布作为二项分布的极限，对于参数n很大而参数p很小的二项分布，就可以用以$\lambda=np$为参数的泊松分布来近似代替(这个结论就是如下的泊松定理)．

定理 3.1(泊松定理)　设随机变量ξ服从二项分布$B(n,p)$，其中$p\in(0,1)$，且p与n有关．如果$\lim\limits_{n\to\infty}np=\lambda$，则有

$$\lim_{n\to\infty}P\{\xi=k\}=\lim_{n\to\infty}C_n^kp^k(1-p)^{n-k}=\frac{\lambda^k}{k!}e^{-\lambda}\quad(k=0,1,2,\cdots).$$

证　先做如下变形：

$$\begin{aligned}P\{\xi=k\}&=C_n^kp^k(1-p)^{n-k}=\frac{n!}{k!(n-k)!}p^k(1-p)^{n-k}\\&=\frac{1}{k!}\frac{n(n-1)\cdots(n-k+1)}{n^k}(np)^k\frac{(1-p)^n}{(1-p)^k}.\end{aligned}$$

因为$\lim\limits_{n\to\infty}np=\lambda$，所以$\lim\limits_{n\to\infty}p=0$，从而$\lim\limits_{n\to\infty}(1-p)^k=1$.而$k$是定值，则

$$\lim_{n\to\infty}\frac{n(n-1)\cdots(n-k+1)}{n^k}=1.$$

又由极限$\lim\limits_{x\to 0}(1+x)^{\frac{1}{x}}=e$得

$$\lim_{n\to\infty}(1-p)^n=\lim_{n\to\infty}(1-p)^{\frac{1}{p}np}=e^{-\lambda}.$$

综上，得

$$\lim_{n\to\infty}P\{\xi=k\}=\frac{\lambda^k}{k!}e^{-\lambda}\quad(k=0,1,2,\cdots).$$

注　根据泊松定理，若随机变量ξ服从参数n很大而参数p很小的二项分布$B(n,p)$，则ξ的分布律就可按参数为$\lambda=np$的泊松分布$P(\lambda)$来近似求出，即得到如下的近似公式：

$$P\{\xi=k\}\approx\frac{\lambda^k}{k!}e^{-\lambda}=\frac{(np)^k}{k!}e^{-np}\quad(k=0,1,2,\cdots,n).\tag{3-2}$$

例如，在例3.3(续)中，由于$n=512\times10^4$较大，$p=10^{-7}$较小，所以随机变量ξ可按参数为

$$\lambda=np=512\times10^4\times10^{-7}=0.512$$

的泊松分布来计算概率，即例3.3(续)的所求概率为

$$\sum_{k=0}^{1}P\{\xi=k\}\approx e^{-0.512}\left(1+\frac{0.512}{1!}\right)=1.512e^{-0.512}\approx0.9061.$$

例 3.4 某商品月销售量ξ服从$\lambda=10$的泊松分布，为了按 95% 以上的概率保证该商品不脱销，问：无库存情况下月底至少进货多少？

解　设月底进货量为Q单位，则题设条件为

$$P\{\xi \leqslant Q\} \geqslant 0.95.$$

由ξ服从$\lambda=10$的泊松分布得

$$P\{\xi \leqslant Q\}=\sum_{k=0}^{Q} \frac{10^k}{k!} \mathrm{e}^{-10},$$

查附表 2 知

$$P\{\xi \leqslant 14\}=0.9165, \quad P\{\xi \leqslant 15\}=0.9513,$$

故月底进货量至少为 15 单位，才有 95% 以上的概率保证该商品不脱销.

§3.3 其他重要的离散型随机变量

对于离散型随机变量，除 §3.2 中介绍的 3 种重要的概率分布外，还有超几何分布、几何分布、负二项分布等.

1. 超几何分布

先看下面的例题.

例 3.5 设一箱产品有N件，其中有M件次品. 现从中一次性任意抽取$n(n \leqslant M)$件，求从这n件中查出的次品件数ξ的概率分布.

解　由题意得

$$P\{\xi=k\}=\frac{\mathrm{C}_M^k \mathrm{C}_{N-M}^{n-k}}{\mathrm{C}_N^n} \quad (k=0,1,2,\cdots,l),$$

其中$l=\min\{n,M\}$. 此外，

$$\sum_{k=0}^{l} P\{\xi=k\}=\frac{\sum_{k=0}^{l} \mathrm{C}_M^k \mathrm{C}_{N-M}^{n-k}}{\mathrm{C}_N^n}=\frac{\mathrm{C}_N^n}{\mathrm{C}_N^n}=1.$$

在例 3.5 中，ξ是一个离散型随机变量，其所服从的概率分布就称为超几何分布.

2. 几何分布

设事件 A 在一次伯努利试验中发生的概率为 p，以 ξ 来表示事件 A 在大量独立重复的伯努利试验中首次发生时的试验次数，则 ξ 的所有可能取值为 1，2，⋯（ξ 是一个离散型随机变量），且事件 $\{\xi=k\}$ 表示事件 A 在前 $k-1$ 次伯努利试验中都没有发生（记作 $\overline{A}_1\overline{A}_2\cdots\overline{A}_{k-1}$），只在第 k 次伯努利试验中才发生（记作 A_k），即

$$\{\xi=k\}=\overline{A}_1\overline{A}_2\cdots\overline{A}_{k-1}A_k.$$

于是有

$$\begin{aligned}P\{\xi=k\}&=P(\overline{A}_1\overline{A}_2\cdots\overline{A}_{k-1}A_k)\\&=P(\overline{A}_1)P(\overline{A}_2)\cdots P(\overline{A}_{k-1})P(A_k)\\&=(1-p)^{k-1}p\quad(k=1,2,\cdots).\end{aligned}$$

上述随机变量 ξ 所服从的概率分布就称为几何分布. 显然，

$$\sum_{k=1}^{\infty}P\{\xi=k\}=\sum_{k=1}^{\infty}(1-p)^{k-1}p=p\sum_{k=0}^{\infty}(1-p)^k=p\cdot\frac{1}{p}=1.$$

几何分布有许多实际应用，比如以下例题.

例 3.6 一个人要开门，他共有 n 把钥匙备选，其中仅有一把能开此门. 现在他有放回地依次从中随机取出一把钥匙来试开此门，每一把钥匙均以 $\frac{1}{n}$ 的概率被取用. 问：此人直到第 3 次才试开成功的概率为多少？

解　用 A 表示"试开门成功"，则每次试开门就是一次概率为

$$P(A)=p=\frac{1}{n}$$

的伯努利试验. 设 ξ 表示此人首次试开成功的次数，则 ξ 服从几何分布，于是所求概率是

$$P\{\xi=3\}=\left(\frac{n-1}{n}\right)^2\frac{1}{n}.$$

注　对于服从几何分布的随机变量 ξ，它有一个有趣的性质：对于任意两个正整数 s,t，均有

$$P\{\xi>s+t\mid\xi>s\}=P\{\xi>t\}.$$

若将 ξ 看作事件 A 在大量独立重复的伯努利试验中首次发生时的试验次数，则几何分布的上述性质有如下解释：假设事件 A 在前 s 次伯努利试验中都没有发生（$\xi>s$），那么 A 在随后的 t 次伯努利试验中也没有发生（$\xi>s+t$）的概率和它在最初的前 t 次伯努利试验中都没有发生（$\xi>t$）的概率是相等的. 也就是说，对于随后的试验来说，前面不成功的信息被"忘记"了. 在这个意义上，我们称几何分布具有"无记忆"性.

3. 负二项分布

记事件 A 在独立重复的伯努利试验中第 r 次发生时的试验次数为 ξ，则 ξ 是一个离散型随机变量，它的全部可能取值为 $r, r+1, \cdots$. 此时，ξ 所服从的概率分布就称为负二项分布.

在上述独立重复的伯努利试验中，设事件 A 在第 k ($k=r, r+1, \cdots$) 次试验中恰好第 r 次发生，则 $\xi=k$，即事件 A 在前 $k-1$ 次试验中有 $r-1$ 次发生，$k-r$ 次没有发生，且在第 k 次试验中是发生的. 如果事件 A 在一次伯努利试验中发生的概率为 p，则

$$P\{\xi=k\}=\mathrm{C}_{k-1}^{r-1}p^{r-1}(1-p)^{k-r}p=\mathrm{C}_{k-1}^{r-1}p^{r}(1-p)^{k-r}\quad(k=r, r+1, \cdots).$$

不难看出，上述各式依次为负指数二项式

$$\left(\frac{1}{p}-\frac{1-p}{p}\right)^{-r}$$

的展开式中的项(这也是"负二项分布"这个名称的由来).

事实上，先将 $\left(\frac{1}{p}-\frac{1-p}{p}\right)^{-r}$ 变形为 $p^{r}[1-(1-p)]^{-r}$，然后根据微积分中的二项式级数展开：对于一切非零数 α，当 $x\in(-1,1)$ 时，均有

$$(1+x)^{\alpha}=1+\alpha x+\frac{\alpha(\alpha-1)}{2!}x^{2}+\cdots+\frac{\alpha(\alpha-1)\cdots(\alpha-n+1)}{n!}x^{n}+\cdots$$

成立，由此可得

$$\sum_{k=r}^{\infty}P\{\xi=k\}=\sum_{k=r}^{\infty}\mathrm{C}_{k-1}^{r-1}p^{r}(1-p)^{k-r}=\left(\frac{1}{p}-\frac{1-p}{p}\right)^{-r}=1.$$

注　负二项分布是法国数学家帕斯卡(Pascal)于17世纪解决某一问题时引进的，因此，负二项分布又称为帕斯卡分布. 特别地，当 $r=1$ 时，负二项分布就是几何分布.

例 3.7　设两个同类型的系统各有 N 个备件，它们一旦出现故障，就要更换一个备件. 假定两个系统的运行条件相同，即这两个系统既不会同时运行，也不会同时出现故障. 求当其中一个系统需用备件而发现备件已用光时，另一系统尚有 r 个备件的概率 U_r ($r=0,1,2,\cdots,N$).

解　设"第一个系统出现故障" 为事件 A，则"第二个系统出现故障" 为事件 $\overline{A}$，且 $P(A)=P(\overline{A})=\frac{1}{2}$. 故考察两个系统是否出现故障就是一次伯努利试验.

如果第一个系统需用备件时发现备件已用光，而第二个系统还剩 r 个备件，则事件 A 此时应该是第 $N+1$ 次发生，而事件 $\overline{A}$ 在此前已发生过 $N-r$ 次. 这种情况发生的概率为 $\mathrm{C}_{2N-r}^{N}\left(\frac{1}{2}\right)^{2N-r+1}$.

同理，如果第二个系统需用备件时发现备件已用光，而第一个系统还剩 r 个备件，则事件 $\overline{A}$ 此时应该是第 $N+1$ 次发生，而事件 A 在此前已发生过 $N-r$ 次. 这种情况发生的概率同样为 $C_{2N-r}^{N}\left(\frac{1}{2}\right)^{2N-r+1}$.

综上，所求概率为

$$U_r = 2C_{2N-r}^{N}\left(\frac{1}{2}\right)^{2N-r+1} = C_{2N-r}^{N}\left(\frac{1}{2}\right)^{2N-r}.$$

注　二项分布、负二项分布（含几何分布）均涉及独立重复试验序列概型，不同之处在于试验序列的停止规则. 二项分布对应于 n 重伯努利试验，即试验独立重复地进行确定的 n 次后就停止，其中事件 A 发生的次数是随机的；而负二项分布则相反，它是在事件 A 第 r 次发生时才停止，即 A 发生的次数 r 是确定的，而独立重复进行的试验次数才是随机的（在此意义上，称这个分布为负二项分布也是有道理的）.

§3.4 离散型随机变量的数学期望与方差

随机变量的概率分布是随机变量的全部可能取值及其取各个可能值时的概率的总称，它全面描述了一个随机变量的特性. 但在实践中，人们常更关心随机变量的一些重要特征. 例如，在多次试验中，随机变量取值的均值是多少？各个取值对该均值的偏离情况又是如何？这些重要特征都可以用某个数字来描述，这些数字就称为随机变量的数字特征. 上面举例的两个问题就可分别用数学期望与方差来描述，它们是随机变量最重要的两个数字特征. 本章仅介绍离散型随机变量的数学期望与方差，在第四章中将介绍连续型随机变量的数学期望与方差.

1. 离散型随机变量的数学期望

定义 3.6　设离散型随机变量 ξ 的分布律为

$$P\{\xi = x_k\} = p_k \quad (k = 1,2,\cdots).$$

如果级数 $\sum_{k=1}^{\infty} x_k p_k$ 绝对收敛，则称该级数的和为 ξ 的数学期望（也称为期望值或均值），记作 $E(\xi)$，即

$$E(\xi) = \sum_{k=1}^{\infty} x_k p_k = \sum_{k=1}^{\infty} x_k P\{\xi = x_k\}. \tag{3-3}$$

例 3.8 （二项分布的数学期望）设随机变量 $\xi \sim B(n,p)$，求数学期望 $E(\xi)$.

解 已知 ξ 的全部可能取值为 $0,1,2,\cdots,n$，共 $n+1$ 个. 令 $q=1-p$，则由(3-3)式得

$$E(\xi) = \sum_{k=0}^{n} kP\{\xi = x_k\} = \sum_{k=1}^{n} k \frac{n!}{k!(n-k)!} p^k q^{n-k} = \sum_{k=1}^{n} \frac{n!}{(k-1)!(n-k)!} p^k q^{n-k}$$

$$= np \sum_{k=1}^{n} \frac{(n-1)!}{(k-1)!(n-k)!} p^{k-1} q^{n-k} = np(p+q)^{n-1} = np.$$

特别地，当 $n=1$ 时，二项分布 $B(1,p)$ 即为(0-1)分布，因此由例3.8的结果可知，若随机变量 ξ 服从参数为 p 的(0-1)分布，则 $E(\xi)=p$.

例 3.9 （泊松分布的数学期望）设随机变量 $\xi \sim P(\lambda)$，求数学期望 $E(\xi)$.

解 已知 ξ 的全部可能取值为 $0,1,2,\cdots$. 由(3-3)式得

$$E(\xi) = \sum_{k=0}^{\infty} kP\{\xi = k\} = \sum_{k=1}^{\infty} k \frac{\lambda^k}{k!} \mathrm{e}^{-\lambda} = \lambda \mathrm{e}^{-\lambda} \sum_{k=1}^{\infty} \frac{\lambda^{k-1}}{(k-1)!} = \lambda.$$

2. 离散型随机变量的函数的数学期望

这里先介绍离散型随机变量的函数的概率分布.

设 f 为已知函数，ξ 为一个离散型随机变量，则

$$\eta = f(\xi)$$

为 ξ 的函数. 显然，η 也是一个离散型随机变量. 由函数关系 $y=f(x)$ 可以确定 η 的全部可能取值 $y_1,y_2,\cdots$（也有可能是有限个），即

$$y_i = f(x_i) \quad (i=1,2,\cdots),$$

其中 $x_1,x_2,\cdots$（也有可能是有限个）为 ξ 的全部可能取值. 需要注意的是，$y_1,y_2,\cdots$ 这些值中可能存在重复出现的值，此时应剔除掉那些重复出现的值，然后重新排序，把它们仍记作 $y_1,y_2,\cdots$. 对于 η 的任一可能取值 $y_i(i=1,2,\cdots)$，均有

$$P\{\eta = y_i\} = \sum_{k=1}^{r} P\{\xi = x_{i_k}\},$$

其中 $\{x_{i_1},x_{i_2},\cdots,x_{i_r}\} = \{x_i \mid f(x_i) = y_i, i \in \mathbf{N}_+\}$.

例 3.10 设随机变量 ξ 的分布律如表 3-4 所示，求随机变量 $\eta_1=-2\xi$，$\eta_2=\xi^2$ 的分布律.

表 3-4

ξ	-2	-1	0	1	2	3
P	0.1	0.2	0.25	0.2	0.15	0.1

解　先确定随机变量 η_1 和 η_2 的全部可能取值. 如表 3-5 所示, η_1 的全部可能取值为 $-6,-4,-2,0,2,4$, η_2 的全部可能取值为 $0,1,4,9$.

表 3-5

ξ	-2	-1	0	1	2	3
η_1	4	2	0	-2	-4	-6
η_2	4	1	0	1	4	9

然后由 ξ 的分布律即可求得 η_1 和 η_2 的分布律, 分别如表 3-6 和表 3-7 所示.

表 3-6

η_1	-6	-4	-2	0	2	4
P	0.1	0.15	0.2	0.25	0.2	0.1

表 3-7

η_2	0	1	4	9
P	0.25	0.4	0.25	0.1

下面再研究离散型随机变量的函数的数学期望.

定理 3.2　设 ξ 为离散型随机变量, 其分布律为

$$P\{\xi = x_i\} = p_i \quad (i = 1,2,\cdots),$$

$\eta = f(\xi)$ 为 ξ 的函数. 如果级数 $\sum\limits_{i=1}^{\infty} f(x_i) p_i$ 绝对收敛, 则 η 的数学期望为

$$E(\eta) = E[f(\xi)] = \sum_{i=1}^{\infty} f(x_i) p_i. \tag{3-4}$$

证　$$E(\eta) = \sum_{i=1}^{\infty} y_i P\{\eta = y_i\} = \sum_{i=1}^{\infty} \sum_{k=1}^{r} f(x_{i_k}) P\{\xi = x_{i_k}\}$$
$$= \sum_{i=1}^{\infty} f(x_i) P\{\xi = x_i\} = \sum_{i=1}^{\infty} f(x_i) p_i.$$

(3-4) 式的意义在于, 可以避开求 $\eta = f(\xi)$ 的分布律, 直接由 ξ 的分布律和函数关系 $y = f(x)$ 求得 η 的数学期望.

例 3.10(续)　求数学期望 $E(\xi), E(\eta_1), E(\eta_2)$.

解　$$E(\xi) = (-2)\times 0.1 + (-1)\times 0.2 + 0\times 0.25 + 1\times 0.2 + 2\times 0.15 + 3\times 0.1$$
$$= 0.4.$$

解法一　由 η_1 和 η_2 的分布律按定义求出它们的数学期望, 即

$$E(\eta_1)=(-6)\times0.1+(-4)\times0.15+(-2)\times0.2+0\times0.25+2\times0.2+4\times0.1 \\ =-0.8,$$

$$E(\eta_2)=0\times0.25+1\times0.4+4\times0.25+9\times0.1=2.3.$$

解法二　直接由ξ的分布律和函数关系$f(x)=-2x,g(x)=x^2$按(3-4)式分别求出η_1和η_2的分布律,即

$$E(\eta_1)=E[f(\xi)]=f(-2)\times0.1+f(-1)\times0.2+f(0)\times0.25+f(1)\times0.2 \\ +f(2)\times0.15+f(3)\times0.1=-0.8,$$

$$E(\eta_2)=E[g(\xi)]=g(-2)\times0.1+g(-1)\times0.2+g(0)\times0.25+g(1)\times0.2 \\ +g(2)\times0.15+g(3)\times0.1=2.3.$$

3. 数学期望的性质

下面不加证明地给出离散型随机变量的数学期望所满足的几个重要性质. 在此之前,先给出一条默认的约定:概率论中常把分布律为$P\{\xi=C\}=1$的离散型随机变量ξ(此时称ξ服从参数为C的退化分布)直接用常数C来简单表示.

定理 3.3　设ξ为离散型随机变量,C,a均为常数,f,g均为函数,则有(假定以下出现的数学期望均存在)

(1) $E(C)=C$,

即常数的数学期望就是它本身;

(2) $E(a\xi)=aE(\xi)$,

即常数因子可以提到数学期望符号外面;

(3) $E[f(\xi)+g(\xi)]=E[f(\xi)]+E[g(\xi)]$,

即$f(\xi)$与$g(\xi)$之和的数学期望等于它们的数学期望之和. 特别地,有

$$E(\xi+C)=E(\xi)+C.$$

4. 离散型随机变量的方差

定义 3.7　设离散型随机变量ξ的分布律为

$$P\{\xi=x_k\}=p_k\quad(k=1,2,\cdots).$$

如果随机变量$[\xi-E(\xi)]^2$的数学期望$E\{[\xi-E(\xi)]^2\}$存在,则称其为ξ的方差,记作$D(\xi)$,即

$$D(\xi)=E\{[\xi-E(\xi)]^2\}=\sum_{k=1}^{\infty}[x_k-E(\xi)]^2p_k,\qquad(3-5)$$

并称$\sqrt{D(\xi)}$为ξ的标准差(或均方差).

方差和标准差是刻画随机变量取值对其数学期望的偏离程度的重要数字特征. 由定义 3.7 可见,若ξ取值较为集中,则ξ的方差较小;若ξ取值较为分散,则ξ的方差较大. 通常,按(3-5)式计算方差是比较烦琐

的.由数学期望的性质可以推得方差的如下简便计算公式:

$$\begin{aligned} D(\xi) &= E\{[\xi - E(\xi)]^2\} = E\{\xi^2 - 2\xi E(\xi) + [E(\xi)]^2\} \\ &= E(\xi^2) - 2E(\xi)E(\xi) + [E(\xi)]^2 \\ &= E(\xi^2) - [E(\xi)]^2. \end{aligned} \tag{3-6}$$

注　$E(\xi^2)$ 称为二阶原点矩(注意 $E(\xi^2)$ 与 $[E(\xi)]^2$ 的区别),数学期望 $E(\xi)$ 也称为一阶原点矩;$E[\xi - E(\xi)]$ 称为一阶中心矩,方差 $D(\xi) = E\{[\xi - E(\xi)]^2\}$ 也称为二阶中心矩.

例 3.11 (二项分布的方差)设随机变量 $\xi \sim B(n,p)$,求方差 $D(\xi)$.

解　由例 3.8 知,$E(\xi) = np$.下面计算 $E(\xi^2)$.因为

$$\begin{aligned} E(\xi^2) &= \sum_{k=1}^{n} k^2 P\{\xi = k\} = \sum_{k=1}^{n} (k^2 - k + k) P\{\xi = k\} \\ &= \sum_{k=1}^{n} k(k-1) P\{\xi = k\} + \sum_{k=1}^{n} k P\{\xi = k\}, \end{aligned}$$

而 $\sum\limits_{k=1}^{n} kP\{\xi = k\} = E(\xi) = np$,所以有

$$\begin{aligned} E(\xi^2) &= \sum_{k=1}^{n} k(k-1) \frac{n!}{k!(n-k)!} p^k (1-p)^{n-k} + np \\ &= n(n-1)p^2 \sum_{k=2}^{n} \frac{(n-2)!}{(k-2)!(n-k)!} p^{k-2} (1-p)^{n-k} + np \\ &= n(n-1)p^2 [p + (1-p)]^{n-2} + np \\ &= n(n-1)p^2 + np = n^2 p^2 - np^2 + np. \end{aligned}$$

因此,由(3-6)式得

$$D(\xi) = E(\xi^2) - [E(\xi)]^2 = n^2 p^2 - np^2 + np - (np)^2 = np - np^2 = np(1-p).$$

例 3.12 (泊松分布的方差)设随机变量 $\xi \sim P(\lambda)$,求方差 $D(\xi)$.

解　由例 3.9 知,$E(\xi) = \lambda$.下面计算 $E(\xi^2)$.因为

$$E(\xi^2) = \sum_{k=0}^{\infty} k^2 \frac{\lambda^k}{k!} e^{-\lambda} = e^{-\lambda} \sum_{k=1}^{\infty} (k^2 - k + k) \frac{\lambda^k}{k!} = e^{-\lambda} \sum_{k=2}^{\infty} k(k-1) \frac{\lambda^k}{k!} + e^{-\lambda} \sum_{k=1}^{\infty} k \frac{\lambda^k}{k!},$$

而 $\sum\limits_{k=1}^{\infty} k \frac{\lambda^k}{k!} e^{-\lambda} = E(\xi) = \lambda$,所以有

$$E(\xi^2) = e^{-\lambda} \sum_{k=2}^{\infty} k(k-1) \frac{\lambda^k}{k!} + \lambda = \lambda^2 e^{-\lambda} \sum_{k=2}^{\infty} \frac{\lambda^{k-2}}{(k-2)!} + \lambda = \lambda^2 + \lambda.$$

因此,由(3-6)式得

$$D(\xi) = E(\xi^2) - [E(\xi)]^2 = \lambda^2 + \lambda - \lambda^2 = \lambda.$$

5. 方差的性质

下面介绍离散型随机变量的方差所满足的几个重要性质.

定理 3.4　设 ξ 为离散型随机变量，C 为常数，则有(假定以下出现的方差均存在)

(1) $D(C)=0$，

即常数的方差为零；

(2) $D(\xi+C)=D(\xi)$；

(3) $D(C\xi)=C^2D(\xi)$.

证　(1) 因 $E(C)=C$，则

$$D(C)=E\{[C-E(C)]^2\}=E(0)=0.$$

(2) $$D(\xi+C)=E\{[(\xi+C)-E(\xi+C)]^2\}=E\{[\xi-E(\xi)]^2\}=D(\xi).$$

(3) $$D(C\xi)=E\{[C\xi-E(C\xi)]^2\}=E\{[C\xi-CE(\xi)]^2\}=C^2E\{[\xi-E(\xi)]^2\}=C^2D(\xi).$$

为了使用方便，下面列出几种重要的离散型随机变量的数学期望和方差，如表 3-8 所示.

表 3-8

分布名称	概率分布	数学期望	方差
(0-1)分布	$P\{\xi=1\}=p,P\{\xi=0\}=1-p$	p	$p(1-p)$
二项分布 $B(n,p)$	$P\{\xi=k\}=C_n^kp^k(1-p)^{n-k}$ $(k=0,1,2,\cdots,n)$	np	$np(1-p)$
泊松分布 $P(\lambda)$	$P\{\xi=k\}=\dfrac{\lambda^k}{k!}e^{-\lambda}$ $(k=0,1,2,\cdots)$	λ	λ
超几何分布	$P\{\xi=k\}=\dfrac{C_M^kC_{N-M}^{n-k}}{C_N^n}$ $(k=0,1,2,\cdots,l;l=\min\{n,M\})$	$\dfrac{nM}{N}$	$\dfrac{nM}{N}\left(1-\dfrac{M}{N}\right)\dfrac{N-n}{N-1}$
几何分布	$P\{\xi=k\}=p(1-p)^{k-1}$ $(k=1,2,\cdots)$	$\dfrac{1}{p}$	$\dfrac{1-p}{p^2}$
负二项分布	$P\{\xi=k\}=C_{k-1}^{r-1}p^r(1-p)^{k-r}$ $(k=r,r+1,\cdots)$	$\dfrac{r}{p}$	$\dfrac{r(1-p)}{p^2}$

习　题　三

1. 一射手对某目标进行了 3 次独立射击，现将观察这 3 次射击是否命中作为随机试验.

(1) 写出此随机试验的样本空间.

(2) 令随机变量 ξ 表示射手在这 3 次独立射击中命中目标的次数，已知射手每次射击的命中率均是 0.7，试写出 ξ 的概率分布.

2. 一批零件有 9 个合格品，3 个废品，现从中任取 1 个零件来安装机器，若取得废品，则不放回地再取 1 个. 求在取得合格品之前已取得的废品数的概率分布.

3. 设 10 个同类型的产品中混有 2 个废品，现从中任取 3 次，每次取 1 个. 试分别就取后不放回和取后放回这两种不同情况，求出取得废品数的概率分布.

4. 自动生产线经调整后出次品的概率是 p，若在生产过程中出现次品，则要求立即进行调整. 试求在两次调整之间生产的合格品数的概率分布.

5. 甲、乙两人分别独立地对同一目标射击 1 次，甲、乙击中目标的概率分别为 p_1, p_2，求击中目标的次数的概率分布.

6. (1) 设随机变量 ξ 的所有可能取值为 $1,2,\cdots,N$，且

$$P\{\xi = k\} = \frac{a}{N} \quad (k = 1,2,\cdots,N),$$

试确定常数 a 的值.

(2) 设随机变量 ξ 的分布律为

$$P\{\xi = k\} = a\left(\frac{2}{3}\right)^k \quad (k = 1,2,\cdots),$$

试确定常数 a 的值.

7. 设某事件在一次伯努利试验中发生的概率是 $\frac{3}{4}$，以 ξ 表示该事件在对应的 n 重伯努利试验中首次发生的试验次数，写出 ξ 的分布律，并求出 ξ 为偶数的概率 p.

8. 设一本 500 页的书中共有 100 个错别字，每个错别字都有相等的可能性出现在这 500 页的任何一页上. 现考察该书某一页上的错别字数，试用 n 重伯努利试验来描述.

9. 人类的血型可粗分为 O 型，A 型，B 型，AB 型，设某地区人群中这 4 种血型人数的占有百分比依次为 0.4，0.3，0.25，0.05. 现要从该地区任意选出 10 人，考察其中为 AB 型的人数，试用 n 重伯努利试验来描述.

10. 某建筑物内装有 5 个同类型的供水设备，在任一时刻每个设备被使用的概率均为 0.2，各个设备是否被使用是相互独立的，求下列事件在某一时刻发生的概率：

(1)“恰有 2 个设备在使用”；

(2)“最多有 2 个设备在使用”；

(3)“至少有 2 个设备在使用”；

(4)“有超过 2 个设备在使用”.

11. 设事件 A 在一次随机试验中发生的概率是 0.3. 现将该随机试验独立重复地进行多次，若 A 发生 3 次或更多次，则指示灯发出信号. 分别在以下两种情况中求出指示灯发出信号的概率：

(1) 共进行 3 次独立重复试验；

(2) 共进行 5 次独立重复试验.

12. 某商店有 4 名售货员，据统计，每名售货员在一小时内用秤的时间是 15 分钟，各售货员在任一时刻是否用秤是相互独立的. 问：

(1) 该店配备几台秤较为合适？

(2) 若按(1) 的结果配备秤，那么在一天 8 小时的工作时间内有多少时间秤不够用？

13. 某厂生产的产品的次品率为 $\frac{1}{10}$，现从大批产品中任取 10 件来检验，讨论其中是否必有 1 件次品，为什么？

14. 某人进行 8 次独立的射击，每次击中目标的概率均为 0.3.

(1) 试问：击中几次的可能性最大？求出相应的概率.

(2) 求至少击中目标 2 次的概率.

15. 某厂生产的产品的次品率是 0.005，现随机抽检 1 000 件产品.

(1) 求只有 1 件次品的概率.

(2) 求至少有 1 件次品的概率.

(3) 最大可能有几件次品？求出相应的概率.

16. 为保证设备能正常运转，需配备适当数量的维修人员(配少了有时会影响设备正常运转，配多了会造成人力资源浪费). 据经验，每台设备发生故障的概率均为 0.01，各台设备工作情况是相互独立的.

(1) 若由 1 人负责维护 20 台设备，求有设备发生故障而不能得到及时维修的概率.

(2) 现有 100 台设备，每台发生故障时需 1 人去处理. 问：至少要配多少名维修人员，才能使设备发生故障时无法得到及时维修的概率不超过 0.01？

17. 已知在对某一物理量进行测量时，由各种原因导致测量误差过大的概率为 0.05. 现独立重复地进行 100 次测量，求出现测量误差过大的次数不小于 3 的概率.

18. 某产品的次品率是 0.1，检验员每天抽检 4 次，每次随机抽取 10 件产品进行检验，若发现次品多于 1 件，则要调整设备. 以 ξ 表示检验员一天内要调整设备的次数，求 $E(\xi)$.

19. 设随机变量 ξ 的分布律如表 3 - 9 所示，求：

(1) 常数 a 的值；

(2) $E(\xi)$；

(3) $\eta = \xi^2 - 1$ 的分布律；

(4) $E(\eta)$.

表 3-9

ξ	-2	-1	0	1	3
P	$3a$	$\frac{1}{6}$	$3a$	a	$\frac{11}{30}$

20. 设随机变量 ξ 的分布律如表 3-10 所示，求 $E(\xi)$，$E(\xi^2)$，$E(3\xi^2+5)$，$D(\xi)$.

表 3-10

ξ	-2	0	2
P	0.4	0.3	0.3

21. 设随机变量 ξ 服从参数为 p 的(0-1)分布，问：p 取何值时，$D(\xi)$ 达到最大值?

22. 设一台机器在一天内发生故障的概率为 0.2. 如果在一周 5 个工作日内均无故障，则机器可产生利润 10 万元；如果发生 1 次故障，则机器仍可产生利润 5 万元；如果发生 2 次故障，则机器不产生利润；如果发生超过 2 次的故障，则要亏损 2 万元. 求该机器一周内产生利润的期望值.

第四章

连续型随机变量

§4.1　基本概念

第三章指出,离散型随机变量的概率分布可以由分布律来描述,但分布律不能用来描述连续型随机变量的概率分布.因此,在研究连续型随机变量之前,需要先介绍随机变量的分布函数,离散型和连续型随机变量的概率分布都可以用它来描述.

1. 随机变量的分布函数

定义 4.1　设随机变量 ξ 和任一实数 x,$\{\xi\leqslant x\}$ 即为事件

$$\{\omega \mid \xi(\omega)\leqslant x\},$$

其概率 $P\{\xi\leqslant x\}$ 和实数 x 的值有关,故它是关于实数变量 x 的一元函数,称其为随机变量 ξ 的**分布函数**,记作 $F_\xi(x)$,在不引起混淆的情况下,常简记为 $F(x)$,即

$$F(x)=P\{\xi\leqslant x\}. \tag{4-1}$$

注　由定义 4.1 可知,随机变量 ξ 的分布函数 $F(x)$ 是定义在实数轴上的函数,它可以完整地描述随机变量 ξ 的概率分布,且它比分布律更具优势的是,利用它可以很方便地求出随机变量 ξ 的取值落在任一区间上的概率,例如:

$$P\{\xi>x_0\}=1-F(x_0),$$
$$P\{x_1<\xi\leqslant x_2\}=F(x_2)-F(x_1),$$
$$P\{\xi<x_0\}=F(x_0^-)=\lim_{x\to x_0^-}F(x).$$

例 4.1　设随机变量 ξ 的分布律如表 4-1 所示,求 ξ 的分布函数 $F(x)$ 和概率 $P\{\xi\leqslant 1.5\}$,$P\{0\leqslant\xi\leqslant 2\}$.

表 4-1

ξ	0	1	2
P	$\frac{7}{15}$	$\frac{7}{15}$	$\frac{1}{15}$

解　当 $x<0$ 时,由分布律看出 $\{\xi\leqslant x\}$ 为不可能事件 $\varnothing$,此时有

$$F(x)=P\{\xi\leqslant x\}=P(\varnothing)=0;$$

当 $0\leqslant x<1$ 时,$\{\xi\leqslant x\}$ 等同于基本事件 $\{\xi=0\}$,此时有

$$F(x)=P\{\xi\leqslant x\}=P\{\xi=0\}=\frac{7}{15};$$

当 $1\leqslant x<2$ 时，$\{\xi\leqslant x\}$ 等同于事件 $\{\xi=0$ 或 $\xi=1\}$，此时有

$$F(x)=P\{\xi\leqslant x\}=P\{\xi=0\}+P\{\xi=1\}=\frac{14}{15};$$

当 $x\geqslant 2$ 时，$\{\xi\leqslant x\}$ 为必然事件 Ω，此时有

$$F(x)=P\{\xi\leqslant x\}=P\{\Omega\}=1.$$

综上，有

$$F(x)=\begin{cases}0, & x<0,\\ \dfrac{7}{15}, & 0\leqslant x<1,\\ \dfrac{14}{15}, & 1\leqslant x<2,\\ 1, & x\geqslant 2.\end{cases}$$

于是，得

$$P\{\xi\leqslant 1.5\}=F(1.5)=\frac{14}{15},$$

$$P\{0<\xi\leqslant 2\}=P\{\xi\leqslant 2\}-P\{\xi\leqslant 0\}=F(2)-F(0)=1-\frac{7}{15}=\frac{8}{15}.$$

根据概率的性质，下面不加证明地给出随机变量的分布函数所具有的几个重要性质.

定理 4.1 设随机变量 ξ 的分布函数为 $F(x)$，则有

(1) $F(x)$ 为单调不减函数，即若 $x_1<x_2$，则

$$F(x_1)\leqslant F(x_2);$$

(2) $0\leqslant F(x)\leqslant 1(-\infty<x<+\infty)$，且

$$F(-\infty)=\lim_{x\to-\infty}F(x)=0,$$

$$F(+\infty)=\lim_{x\to+\infty}F(x)=1;$$

(3) $F(x)$ 在实数轴上任一点 x_0 处均是右连续的，即

$$F(x_0)=F(x_0^+)=\lim_{x\to x_0^+}F(x).$$

注 由例 4.1 可见，离散型随机变量的分布函数可以在某些点处不连续(间断)，但它在这些间断点处必右连续，且这些间断点必为跳跃间断点. 例如，在例 4.1 中，离散型随机变量 ξ 的分布函数 $F(x)$ 在 $x=0$，$x=1$，$x=2$ 这 3 点处间断但右连续，且这 3 点都是跳跃间断点. 此外，经观察发现，$F(x)$ 在这 3 个跳跃间断点处的跃度依次为

$$F(0)-F(0^-)=\frac{7}{15}=P\{\xi=0\},$$

$$F(1)-F(1^-)=\frac{7}{15}=P\{\xi=1\},$$

$$F(2)-F(2^-)=\frac{1}{15}=P\{\xi=2\},$$

即 $F(x)$ 在每个跳跃间断点处的跃度都等于 ξ 取值为该跳跃间断点时的概率. 事实上, 对于任一随机变量 ξ, 都有

$$P\{\xi = x_0\} = P\{\xi \leqslant x_0\} - P\{\xi < x_0\} = F(x_0) - F(x_0^-). \tag{4-2}$$

由此可见, 离散型随机变量的分布律与分布函数之间可以相互转化. 例如, 由分布函数求分布律的一般公式就是(4-2)式; 反之, 由分布律求分布函数的一般公式为

$$F(x) = P\{\xi \leqslant x\} = \sum_{x_k \leqslant x} P\{\xi = x_k\}, \tag{4-3}$$

上式右端是对于满足 $x_k \leqslant x$ 的一切下标 k 所对应的概率进行求和.

例 4.2 设随机变量 ξ 的分布律如表 4-2 所示, 其分布函数为

$$F(x) = \begin{cases} c, & x < -1, \\ d, & -1 \leqslant x < 0, \\ \dfrac{3}{4}, & 0 \leqslant x < 1, \\ e, & x \geqslant 1, \end{cases}$$

求常数 a,b,c,d,e 的值.

表 4-2

ξ	-1	0	1
P	$\dfrac{1}{4}$	a	b

解 由 $F(-\infty) = 0, F(+\infty) = 1$ 得

$$c = 0, \quad e = 1.$$

由 $F(1) - F(1^-) = P\{\xi = 1\}$ 得

$$1 - \frac{3}{4} = b, \quad 即 \quad b = \frac{1}{4}.$$

由 $P\{\xi = -1\} + P\{\xi = 0\} + P\{\xi = 1\} = 1$ 得

$$a + b + \frac{1}{4} = 1, \quad 即 \quad a = \frac{1}{2}.$$

由 $F(0) - F(0^-) = P\{\xi = 0\}$ 得

$$\frac{3}{4} - d = \frac{1}{2}, \quad 即 \quad d = \frac{1}{4}.$$

综上, 有

$$a = \frac{1}{2}, \quad b = \frac{1}{4}, \quad c = 0, \quad d = \frac{1}{4}, \quad e = 1.$$

2. 连续型随机变量

实践中有很多随机现象可能出现的结果为不可列无限个，例如，测量电源电压时出现的误差值，一台电视机的使用寿命，乘坐公共交通工具出行的等候时间等，这些量都是随机变量，而且它们的取值在理论上是可以布满某个有限或无限区间的. 这样的随机变量就称为连续型随机变量，下面给出它的一般定义.

定义 4.2　如果随机变量 ξ 的分布函数 $F(x)$ 可以表示为"变上限积分"的形式，即存在一非负可积函数 $f(x)$，使得对于任一实数 x，均有

$$F(x)=P\{\xi\leqslant x\}=\int_{-\infty}^{x}f(t)\mathrm{d}t, \tag{4-4}$$

则称 ξ 为连续型随机变量，其中被积函数 $f(x)$ 称为 ξ 的概率分布密度，简称密度函数，$y=f(x)$ 的图形称为 ξ 的分布曲线.

注　由定义 4.2 可知，改变密度函数 $f(x)$ 在个别点处的函数值，并不影响分布函数 $F(x)$ 的取值；连续型随机变量的分布函数必然是连续函数.

根据分布函数的性质，连续型随机变量的密度函数 $f(x)$ 满足性质：

(1) $f(x)\geqslant 0\ (-\infty<x<+\infty)$；

(2) $\int_{-\infty}^{+\infty}f(x)\mathrm{d}x=1$.

不难看出，连续型随机变量的密度函数的上述两条性质与离散型随机变量的分布律的两条性质相对应. 不同的是，密度函数的值 $f(x)$ 虽然必非负，但未必一定要小于 1.

注　由定义 4.2 可知，连续型随机变量的密度函数与分布函数之间可以相互转化. 例如，由密度函数求分布函数的一般公式就是(4-4)式；反之，在分布函数的可导区间上，由分布函数求密度函数的一般公式为

$$f(x)=\frac{\mathrm{d}}{\mathrm{d}x}F(x). \tag{4-5}$$

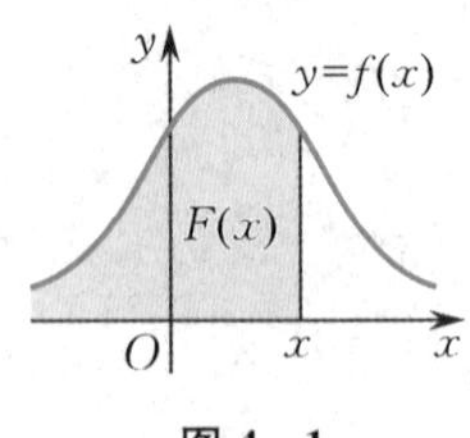

图 4-1

密度函数与分布函数的关系可由图 4-1 来描述，其中图 4-1 的阴影部分就表示分布函数. 由此可知，连续型随机变量 ξ 的取值落在任一区间 $[a,b]$ 上的概率就是位于 ξ 的分布曲线 $y=f(x)$ 下方及 x 轴上方且夹在直线 $x=a$，$x=b$ 之间的图形面积(见图 4-2)，即

$$P\{a<\xi\leqslant b\}=F(b)-F(a)=\int_{a}^{b}f(x)\mathrm{d}x. \tag{4-6}$$

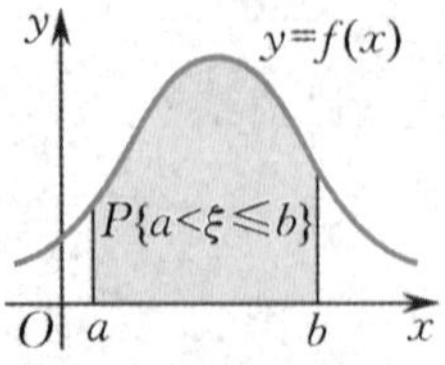

图 4-2

于是，根据微积分知识，当 Δx 很小时，有

$$P\{x-\Delta x<\xi\leqslant x\}=\int_{x-\Delta x}^{x}f(t)\mathrm{d}t\approx f(x)\Delta x. \qquad (4-7)$$

这表明，虽然密度函数 $f(x)$ 并不直接表示概率值的大小，但在任一小区间上，$f(x)$ 的值还是能反映出连续型随机变量的取值落在该小区间上的概率大小.

此外，连续型随机变量取值为任一常数时的概率都为零. 事实上，设 a 为任一常数，则由分布函数 $F(x)$ 的连续性可得

$$P\{\xi=a\}=F(a)-F(a^{-})=F(a)-F(a)=0.$$

因此，在计算连续型随机变量的取值落在某一区间上的概率时，可以不必考虑该区间端点处的情况，即对于任意两个常数 a,b，均有

$$P\{a<\xi\leqslant b\}=P\{a\leqslant\xi<b\}=P\{a<\xi<b\}=P\{a\leqslant\xi\leqslant b\}.$$

注　概率为零的事件（称为零概率事件）与不可能事件之间是有区别的. 零概率事件是指“几乎不可能发生”的事件，而不是“一定不会发生”的事件. 同样，概率为 1 的事件与必然事件之间也是有区别的.

例 4.3　设连续型随机变量 η 的密度函数为

$$\varphi(x)=\frac{a}{1+x^2}\quad(-\infty<x<+\infty),$$

求：

(1) 常数 a 的值；

(2) η 的分布函数 $F(x)$；

(3) 概率 $P\{\eta^2>1\}$.

解　(1) 因为

$$\begin{aligned}\int_{-\infty}^{+\infty}\varphi(x)\mathrm{d}x&=\int_{-\infty}^{+\infty}\frac{a}{1+x^2}\mathrm{d}x=a\lim_{\substack{A\to+\infty\\B\to-\infty}}\int_{B}^{A}\frac{\mathrm{d}x}{1+x^2}\\&=a\lim_{\substack{A\to+\infty\\B\to-\infty}}(\arctan A-\arctan B)=a\pi=1,\end{aligned}$$

故 $a=\dfrac{1}{\pi}$. 此时，称随机变量 η 服从柯西(Cauchy)分布.

(2) $F(x)=\displaystyle\int_{-\infty}^{x}\varphi(t)\mathrm{d}t=\frac{1}{\pi}\int_{-\infty}^{x}\frac{\mathrm{d}t}{1+t^2}=\frac{1}{\pi}\arctan x+\frac{1}{2}.$

(3) $$\begin{aligned}P\{\eta^2>1\}&=1-P\{\eta^2\leqslant1\}=1-P\{-1\leqslant\eta\leqslant1\}=1-\int_{-1}^{1}\varphi(x)\mathrm{d}x\\&=1-\frac{1}{\pi}\int_{-1}^{1}\frac{\mathrm{d}x}{1+x^2}=1-\frac{1}{\pi}\arctan x\Big|_{-1}^{1}=\frac{1}{2}.\end{aligned}$$

§4.2 连续型随机变量的数学期望与方差

1. 连续型随机变量的数学期望

仿照离散型随机变量的数学期望的定义，下面根据表明连续型随机变量密度函数意义的(4-7)式，给出连续型随机变量的数学期望的定义.

定义 4.3 设连续型随机变量ξ的密度函数为$f(x)$. 如果反常积分$\int_{-\infty}^{+\infty} xf(x)\mathrm{d}x$绝对收敛，则称该反常积分的值为$\xi$的**数学期望**(也称为**期望值或均值**)，记作$E(\xi)$，即

$$E(\xi)=\int_{-\infty}^{+\infty} xf(x)\mathrm{d}x. \tag{4-8}$$

例 4.3(续) 研究连续型随机变量η的数学期望$E(\eta)$.

解 因为

$$\int_{-\infty}^{+\infty}|x|\varphi(x)\mathrm{d}x=\int_{-\infty}^{+\infty}\frac{|x|}{1+x^2}\mathrm{d}x=+\infty,$$

所以$E(\eta)$不存在.

2. 连续型随机变量的函数的数学期望

这里先介绍连续型随机变量的函数的概率分布.

设g为已知函数，ξ为连续型随机变量，则

$$\eta=g(\xi)$$

为ξ的函数. 此时需注意，η可能是离散型随机变量，也可能是连续型随机变量.

(1) 当η是离散型随机变量时，假设由函数关系$y=g(x)$确定η的全部可能取值为$y_1,y_2,\cdots$(也有可能是有限个)，其中

$$y_i=g(x)\quad(x\in I_i,i=1,2,\cdots),$$

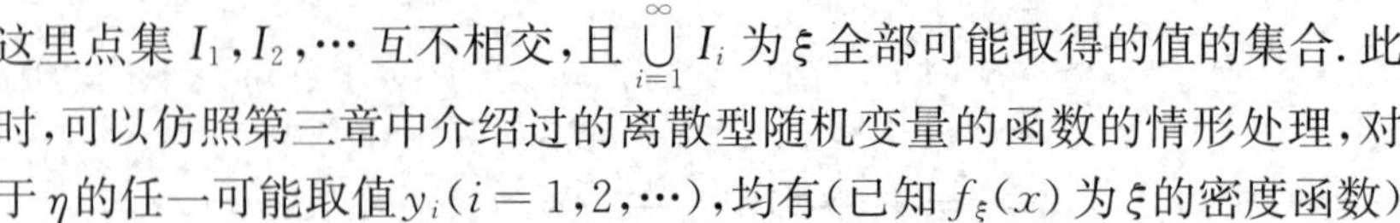

这里点集$I_1,I_2,\cdots$互不相交，且$\bigcup_{i=1}^{\infty} I_i$为$\xi$全部可能取得的值的集合. 此时，可以仿照第三章中介绍过的离散型随机变量的函数的情形处理，对于η的任一可能取值$y_i(i=1,2,\cdots)$，均有(已知$f_\xi(x)$为ξ的密度函数)

$$P\{\eta=y_i\}=\int_{x\in I_i} f_\xi(x)\mathrm{d}x.$$

(2) 当 η 是连续型随机变量时,一般先求 η 的分布函数 $F_\eta(y)$,再通过对 $F_\eta(y)$ 求导数,即得 η 的密度函数 $f_\eta(y)$. 事实上,

$$F_\eta(y)=P\{\eta\leqslant y\}=P\{g(\xi)\leqslant y\}=\int_{g(x)\leqslant y}f_\xi(x)\mathrm{d}x,$$

从而

$$f_\eta(y)=\frac{\mathrm{d}}{\mathrm{d}y}F_\eta(y).$$

例 4.4 设随机变量 ξ 的密度函数为

$$f(x)=\begin{cases}Axe^{-x}, & x\geqslant 0,\\ 0, & x<0,\end{cases}$$

求:

(1) $P\{-1<\xi<1\}$;

(2) $\eta=(1+\xi)^3$ 的密度函数.

解　(1) 因为

$$\begin{aligned}\int_{-\infty}^{+\infty}f(x)\mathrm{d}x&=\int_0^{+\infty}Axe^{-x}\mathrm{d}x=-A\int_0^{+\infty}x\mathrm{d}(e^{-x})\\&=-Axe^{-x}\Big|_0^{+\infty}+A\int_0^{+\infty}e^{-x}\mathrm{d}x=A=1,\end{aligned}$$

所以

$$P\{-1<\xi<1\}=\int_{-1}^{1}f(x)\mathrm{d}x=\int_0^1xe^{-x}\mathrm{d}x=1-2e^{-1}.$$

(2) 先求 η 的分布函数 $F_\eta(y)$. 由于 $F_\eta(y)$ 是事件 $\{\eta\leqslant y\}$ 的概率,将事件 $\{\eta\leqslant y\}$ 利用 η 与 ξ 的关系转换成由 ξ 表示的事件后,可利用 $f(x)$ 算出.

当 $y<1$ 时,

$$F_\eta(y)=P\{\eta\leqslant y\}=P\{(1+\xi)^3\leqslant y\}=0;$$

当 $y\geqslant 1$ 时,

$$F_\eta(y)=P\{(1+\xi)^3\leqslant y\}=P\{\xi\leqslant\sqrt[3]{y}-1\}=\int_0^{\sqrt[3]{y}-1}xe^{-x}\mathrm{d}x.$$

因此

$$f_\eta(y)=\frac{\mathrm{d}}{\mathrm{d}y}F_\eta(y)=\begin{cases}0, & y<1,\\ \dfrac{1}{3}(\sqrt[3]{y}-1)e^{-(\sqrt[3]{y}-1)}y^{-\frac{2}{3}}, & y\geqslant 1.\end{cases}$$

下面再研究连续型随机变量的函数的数学期望.

定理 4.2 设 ξ 为连续型随机变量,它的密度函数为 $f_\xi(x)$,$\eta=g(\xi)$ 为 ξ 的函数. 如果反常积分 $\int_{-\infty}^{+\infty}g(x)f_\xi(x)\mathrm{d}x$ 绝对收敛,则 η 的数学期望为

$$E(\eta)=E[g(\xi)]=\int_{-\infty}^{+\infty}g(x)f_\xi(x)\mathrm{d}x.\tag{4-9}$$

定理 4.2 的证明超出了本书的知识范围,这里从略.

公式(4-9)的意义在于,可以避开求 $\eta=g(\xi)$ 的密度函数 $f_\eta(y)$,直接由 ξ 的密度函数 $f_\xi(x)$ 和函数关系 $y=g(x)$ 求得 η 的数学期望.

注 第三章中介绍过离散型随机变量的数学期望的性质(见定理 3.3),实际上,这些性质对于连续型随机变量的情形也是成立的.请读者们自己证明,这里就不再赘述.

3. 连续型随机变量的方差

与离散型随机变量的情形一样,连续型随机变量 ξ 也是以其特定函数 $[\xi-E(\xi)]^2$ 的数学期望为方差.下面给出连续型随机变量的方差的定义.

定义 4.4 设连续型随机变量 ξ 的密度函数为 $f(x)$.如果随机变量 $[\xi-E(\xi)]^2$ 的数学期望 $E\{[\xi-E(\xi)]^2\}$ 存在,则称其为 ξ 的**方差**,记作 $D(\xi)$,即

$$D(\xi)=E\{[\xi-E(\xi)]^2\}=\int_{-\infty}^{+\infty}[x-E(\xi)]^2 f(x)\mathrm{d}x, \tag{4-10}$$

并称 $\sqrt{D(\xi)}$ 为 ξ 的**标准差**(或**均方差**).

注 根据连续型随机变量具有与离散型随机变量一样的数学期望性质,可知(3-5)式对于连续型随机变量的情形也是成立的,因此也常用(3-5)式来简便计算连续型随机变量的方差.此外,离散型随机变量的方差的性质(见定理 3.4)对于连续型随机变量的情形也是成立的,这里就不再赘述.

§4.3 切比雪夫不等式与伯努利大数定律

1. 切比雪夫不等式

下面介绍的切比雪夫(Chebyshev)不等式从另一个角度说明,方差和标准差是刻画随机变量取值对其数学期望的偏离程度的重要数字特征.

定理 4.3(切比雪夫不等式) 对于任何具有有限方差的随机变量 ξ,都有

$$P\{|\xi-E(\xi)|\geqslant\varepsilon\}\leqslant\frac{D(\xi)}{\varepsilon^2}, \tag{4-11}$$

其中 ε 为任一正数.

证　这里仅就ξ是以$f(x)$为密度函数的连续型随机变量的情形给出证明.

$$\begin{aligned}P\{|\xi-E(\xi)|\geqslant\varepsilon\}&=\int_{|x-E(\xi)|\geqslant\varepsilon}f(x)\mathrm{d}x\\&\leqslant\int_{|x-E(\xi)|\geqslant\varepsilon}\frac{|x-E(\xi)|^2}{\varepsilon^2}f(x)\mathrm{d}x\\&=\frac{1}{\varepsilon^2}\int_{|x-E(\xi)|\geqslant\varepsilon}[x-E(\xi)]^2f(x)\mathrm{d}x\\&\leqslant\frac{1}{\varepsilon^2}\int_{-\infty}^{+\infty}[x-E(\xi)]^2f(x)\mathrm{d}x\\&=\frac{D(\xi)}{\varepsilon^2}.\end{aligned}$$

从切比雪夫不等式看出,随机变量ξ的取值离其数学期望距离大于ε的概率为方差所控制(当然也与ε有关).如果方差很小,这个概率也会很小.从这里可以看出,方差是描述随机变量与其数学期望的偏离程度的一个量,与之前的理解完全一致.

不等式(4-11)的等价不等式为

$$P\{|\xi-E(\xi)|<\varepsilon\}\geqslant1-\frac{D(\xi)}{\varepsilon^2}. \tag{4-12}$$

特别地,当ε取值为$k\sqrt{D(\xi)}$时,不等式(4-11)变为

$$P\{|\xi-E(\xi)|\geqslant k\sqrt{D(\xi)}\}\leqslant\frac{1}{k^2}; \tag{4-13}$$

不等式(4-12)变为

$$P\{|\xi-E(\xi)|<k\sqrt{D(\xi)}\}\geqslant1-\frac{1}{k^2}. \tag{4-14}$$

从切比雪夫不等式还可以看出,只要知道随机变量的数学期望与方差,不必知道其分布,就可以求出该随机变量取值偏离数学期望大于任意给定正数ε的概率的上界.

例 4.5 设随机变量ξ的数学期望$E(\xi)=\mu$,方差$D(\xi)=\sigma^2(\sigma>0)$,试估计概率$P\{|\xi-\mu|\geqslant3\sigma\}$和$P\{|\xi-\mu|<4\sigma\}$.

解　由(4-13)式和(4-14)式得

$$P\{|\xi-\mu|\geqslant3\sigma\}\leqslant\frac{1}{3^2}=\frac{1}{9}\approx0.1111,$$

$$P\{|\xi-\mu|<4\sigma\}\geqslant1-\frac{1}{4^2}=\frac{15}{16}=0.9375.$$

2. 伯努利大数定律

由切比雪夫不等式容易推得下面的伯努利大数定律.这个定理将

从理论上说明,任一事件在大量独立重复进行的随机试验中发生的频率都具有稳定性.正是因为这种稳定性,概率的定义才有实际意义.

定理 4.4(伯努利大数定律) 设随机变量 ξ_n 表示事件 A 在 n 重伯努利试验中发生的次数,事件 A 在每次试验中发生的概率为 $P(A)=p(0<p<1)$,则对于任意的正数 ε,均有

$$\lim_{n\to\infty}P\left\{\left|\frac{\xi_n}{n}-p\right|<\varepsilon\right\}=1 \tag{4-15}$$

或

$$\lim_{n\to\infty}P\left\{\left|\frac{\xi_n}{n}-p\right|\geqslant\varepsilon\right\}=0. \tag{4-16}$$

证 已知 $\xi_n\sim B(n,p)$,故有

$$E(\xi_n)=np,\quad D(\xi_n)=np(1-p),$$

从而有

$$E\left(\frac{\xi_n}{n}\right)=\frac{1}{n}E(\xi_n)=p,$$

$$D\left(\frac{\xi_n}{n}\right)=\frac{1}{n^2}D(\xi_n)=\frac{p(1-p)}{n}.$$

对于任意的正数 ε,由(4-12)式得

$$P\left\{\left|\frac{\xi_n}{n}-p\right|<\varepsilon\right\}\geqslant1-\frac{1}{\varepsilon^2}D\left(\frac{\xi_n}{n}\right)=1-\frac{p(1-p)}{\varepsilon^2}\cdot\frac{1}{n}.$$

而任何事件的概率都不超过 1,所以

$$1-\frac{p(1-p)}{\varepsilon^2}\cdot\frac{1}{n}\leqslant P\left\{\left|\frac{\xi_n}{n}-p\right|<\varepsilon\right\}\leqslant1.$$

根据夹逼定理,对上式各项同时令 $n\to\infty$,即得

$$\lim_{n\to\infty}P\left\{\left|\frac{\xi_n}{n}-p\right|<\varepsilon\right\}=1.$$

定义 4.5 设有一随机变量序列 $\xi_1,\xi_2,\cdots,\xi_n,\cdots$.若存在随机变量 ξ,对于任意给定的正数 ε,均有

$$\lim_{n\to\infty}P\{|\xi_n-\xi|<\varepsilon\}=1$$

或

$$\lim_{n\to\infty}P\{|\xi_n-\xi|\geqslant\varepsilon\}=0,$$

则称随机变量序列 $\xi_1,\xi_2,\cdots,\xi_n,\cdots$ 依概率收敛于 ξ,记作

$$\xi_n\xrightarrow{P}\xi\quad(n\to\infty).$$

注 定义 4.5 中的随机变量 ξ 也可以是任一常数 a,即服从退化分布($P\{\xi=a\}=1$)的随机变量.由此可知,定理 4.4(伯努利大数定律)中的随机变量序列 $\frac{\xi_1}{n},\frac{\xi_2}{n},\cdots,\frac{\xi_n}{n},\cdots$ 依概率收敛于常数 p,即事件 A 在 n 重伯努利试验中发生的频率 $\frac{\xi_n}{n}$ 依概率收敛于事件 A 发生的概率 p,这就表明了频率的稳定性.

§4.4　重要的连续型随机变量

1. 均匀分布

如果一个连续型随机变量的密度函数仅在某个有限区间上取值为正常数(由密度函数的性质可算得此常数值为该有限区间长度的倒数),而在其余区域上取值为零,那么称这个连续型随机变量服从均匀分布.

定义 4.6　若连续型随机变量 ξ 的密度函数为

$$f(x)=\begin{cases}\dfrac{1}{b-a}, & a<x<b,\\ 0, & x\leqslant a \text{ 或 } x\geqslant b,\end{cases}$$

则称 ξ 服从参数为 a,b 的**均匀分布**,记作 $\xi\sim U(a,b)$.

显然,在定义 4.6 中,$f(x)\geqslant 0$ 且

$$\int_{-\infty}^{+\infty}f(x)\mathrm{d}x=\int_a^b\frac{1}{b-a}\mathrm{d}x=1.$$

注　如果连续型随机变量 $\xi\sim U(a,b)$,则有

(1) ξ 的分布函数为

$$F(x)=\int_{-\infty}^{x}f(t)\mathrm{d}t=\begin{cases}0, & x<a,\\ \dfrac{x-a}{b-a}, & a\leqslant x<b,\\ 1, & x\geqslant b,\end{cases}$$

ξ 的密度函数和分布函数的图形分别如图 4-3(a) 和图 4-3(b) 所示.

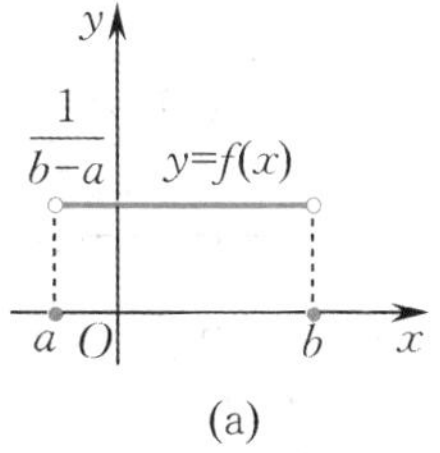

(a)

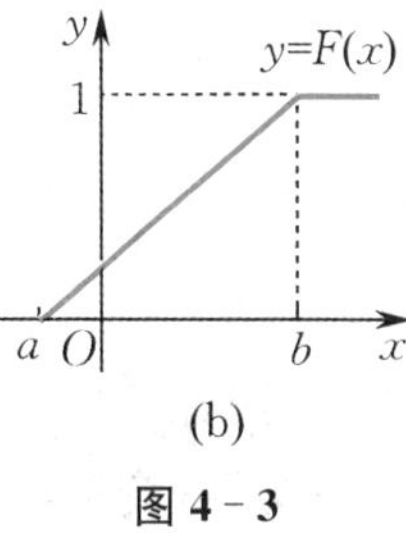

(b)

图 4-3

(2) ξ 的数学期望为

$$E(\xi)=\int_{-\infty}^{+\infty}xf(x)\mathrm{d}x=\int_a^b\frac{x}{b-a}\mathrm{d}x=\frac{a+b}{2}.$$

(3) ξ 的方差为

$$D(\xi)=E(\xi^2)-[E(\xi)]^2=\int_a^b\frac{x^2}{b-a}\mathrm{d}x-\left(\frac{a+b}{2}\right)^2$$

$$=\frac{b^2+ab+a^2}{3}-\left(\frac{a+b}{2}\right)^2=\frac{1}{12}(b-a)^2.$$

例 4.6　随机地向区间 $(-1,1)$ 内投掷一点,令 ξ 表示该点的横坐标,求"关于 t 的二次方程 $t^2-3\xi t+1=0$ 有实根"这一事件的概率.

解　易知,$\xi\sim U(-1,1)$,其密度函数为

$$f(x)=\begin{cases}\dfrac{1}{2}, & x\in(-1,1),\\ 0, & 其他.\end{cases}$$

而方程 $t^2-3\xi t+1=0$ 有实根的充要条件为 $9\xi^2-4\geqslant 0$,即 $|\xi|\geqslant\dfrac{2}{3}$,故所求概率为

$$P\left\{|\xi|\geqslant\frac{2}{3}\right\}=\int_{|x|\geqslant\frac{2}{3}}f(x)\mathrm{d}x=\int_{-1}^{-\frac{2}{3}}\frac{1}{2}\mathrm{d}x+\int_{\frac{2}{3}}^{1}\frac{1}{2}\mathrm{d}x=\frac{1}{3}.$$

2. 指数分布

定义 4.7 若连续型随机变量 ξ 的密度函数为

$$f(x)=\begin{cases}a\mathrm{e}^{-ax}, & x>0,\\ 0, & x\leqslant 0,\end{cases}$$

其中常数 $a>0$,则称 ξ 服从参数为 a 的**指数分布**,记作 $\xi\sim E(a)$.

显然,在定义 4.7 中,$f(x)\geqslant 0$ 且

$$\int_{-\infty}^{+\infty}f(x)\mathrm{d}x=\int_{0}^{+\infty}a\mathrm{e}^{-ax}\mathrm{d}x=-\mathrm{e}^{-ax}\Big|_{0}^{+\infty}=1.$$

注 如果连续型随机变量 $\xi\sim E(a)$,则有

(1) ξ 的分布函数为

$$F(x)=\int_{-\infty}^{x}f(t)\mathrm{d}t=\begin{cases}1-\mathrm{e}^{-ax}, & x>0,\\ 0, & x\leqslant 0,\end{cases}$$

ξ 的密度函数和分布函数的图形分别如图 4-4(a) 和图 4-4(b) 所示.

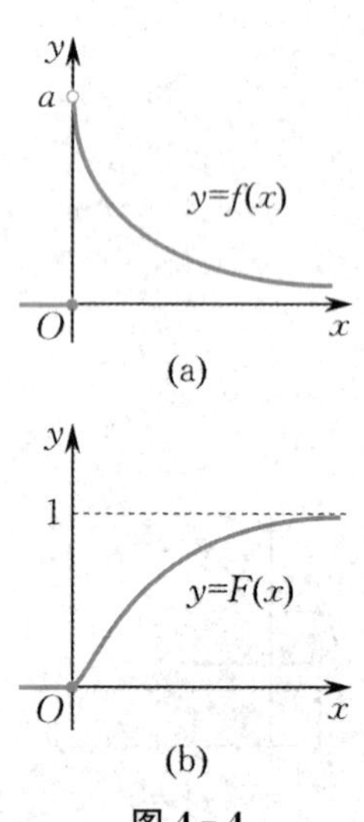

图 4-4

(2) ξ 的数学期望为

$$E(\xi)=\int_{-\infty}^{+\infty}xf(x)\mathrm{d}x=\int_{0}^{+\infty}xa\mathrm{e}^{-ax}\mathrm{d}x$$
$$=-x\mathrm{e}^{-ax}\Big|_{0}^{+\infty}+\int_{0}^{+\infty}\mathrm{e}^{-ax}\mathrm{d}x=\frac{1}{a}.$$

(3) ξ 的方差为

$$D(\xi)=E(\xi^2)-[E(\xi)]^2=\int_{0}^{+\infty}x^2a\mathrm{e}^{-ax}\mathrm{d}x-\frac{1}{a^2}$$
$$=-x^2\mathrm{e}^{-ax}\Big|_{0}^{+\infty}+2\int_{0}^{+\infty}x\mathrm{e}^{-ax}\mathrm{d}x-\frac{1}{a^2}=\frac{1}{a^2}.$$

例 4.7 设到某服务窗口办事需排队等候,等待时间(单位:min)ξ 为服从指数分布的随机变量,其密度函数为

$$f(t)=\begin{cases}\dfrac{1}{10}\mathrm{e}^{-\frac{t}{10}}, & t>0,\\ 0, & t\leqslant 0.\end{cases}$$

已知某人在等待 15 min 后仍未得到接待,他就要愤然离去. 如果这个人在一个月内要去该服务窗口 10 次,试求:

(1) 有 2 次愤然离去的概率；

(2) 最多有 2 次愤然离去的概率；

(3) 至少有 2 次愤然离去的概率.

解　由题意知，在任意一次排队等候服务中愤然离去的概率为

$$p = P\{\xi > 15\} = \int_{15}^{+\infty} \frac{1}{10} e^{-\frac{t}{10}} dt = -e^{-\frac{t}{10}} \Big|_{15}^{+\infty} = e^{-\frac{3}{2}} \approx 0.2231.$$

而此人在 10 次排队等候服务中愤然离去的次数 $\eta \sim B(10, p)$，即 η 服从 $n = 10, p = 0.2231$ 的二项分布，故所求概率为

(1) $P\{\eta = 2\} = C_{10}^2 p^2 (1-p)^8 \approx 0.2973$.

(2)
$$\begin{aligned} P\{\eta \leqslant 2\} &= P\{\eta = 0\} + P\{\eta = 1\} + P\{\eta = 2\} \\ &= (1-p)^{10} + 10p(1-p)^9 + C_{10}^2 p^2 (1-p)^8 \\ &\approx 0.0801 + 0.2300 + 0.2973 = 0.6074. \end{aligned}$$

(3)
$$\begin{aligned} P\{\eta \geqslant 2\} &= 1 - P\{\eta < 2\} = 1 - P\{\eta = 0\} - P\{\eta = 1\} \\ &\approx 1 - 0.0801 - 0.2300 = 0.6899. \end{aligned}$$

注　与几何分布一样，指数分布也具有“无记忆”性. 事实上，设 $\xi \sim E(a)$，则对于任意两个正数 s, t，均有

$$\begin{aligned} P\{\xi > s+t \mid \xi > s\} &= \frac{P\{\xi > s+t\}}{P\{\xi > s\}} = \frac{1 - F(s+t)}{1 - F(s)} \\ &= \frac{e^{-a(s+t)}}{e^{-as}} = e^{-at} = 1 - F(t) \\ &= P\{\xi > t\}. \end{aligned}$$

若将 ξ 看作人的寿命，则指数分布的“无记忆”性有如下解释：假设某人已经活到 s 岁($\xi > s$)，则他再活 t 年以上($\xi > s+t$) 的概率与他刚出生时能活 t 年以上($\xi > t$) 的概率是相等的，相当于“忘记”了他现在的岁数. 也就是说，无论他活到多少岁，他再活 t 年以上的概率都是一样的. 因此，有人戏称指数分布是“永远年轻”的分布. 指数分布常用作各种“寿命”的近似分布，例如，电话的通话时间、电灯泡的使用时间等. 顺便指出，指数分布是连续型随机变量中唯一具有“无记忆”性的分布，几何分布是离散型随机变量中唯一具有“无记忆”性的分布.

3. 正态分布

若连续型随机变量 ξ 的密度函数为

$$f(x) = \frac{1}{\sqrt{2\pi}\sigma} e^{-\frac{(x-\mu)^2}{2\sigma^2}} \quad (-\infty < x < +\infty), \tag{4-17}$$

其中 μ, σ 为常数，且 $\sigma > 0$，则 ξ 服从参数为 μ, σ 的正态分布(或高斯(Gauss) 分布)，记作 $\xi \sim N(\mu, \sigma^2)$.

显然，在定义 4.8 中，$f(x) \geqslant 0$ 且 $\int_{-\infty}^{+\infty} f(x) dx = 1$. 事实上，令 $t =$

$\frac{x-\mu}{\sigma}$，则 $\mathrm{d}t=\frac{1}{\sigma}\mathrm{d}x$，于是有

$$\int_{-\infty}^{+\infty}f(x)\mathrm{d}x=\int_{-\infty}^{+\infty}\frac{1}{\sqrt{2\pi}\sigma}\mathrm{e}^{-\frac{(x-\mu)^2}{2\sigma^2}}\mathrm{d}x=\frac{1}{\sqrt{2\pi}}\int_{-\infty}^{+\infty}\mathrm{e}^{-\frac{t^2}{2}}\mathrm{d}t.$$

而由微积分知识，可知 $\int_{-\infty}^{+\infty}\mathrm{e}^{-\frac{t^2}{2}}\mathrm{d}t=\sqrt{2\pi}$，故由此证得 $\int_{-\infty}^{+\infty}f(x)\mathrm{d}x=1$.

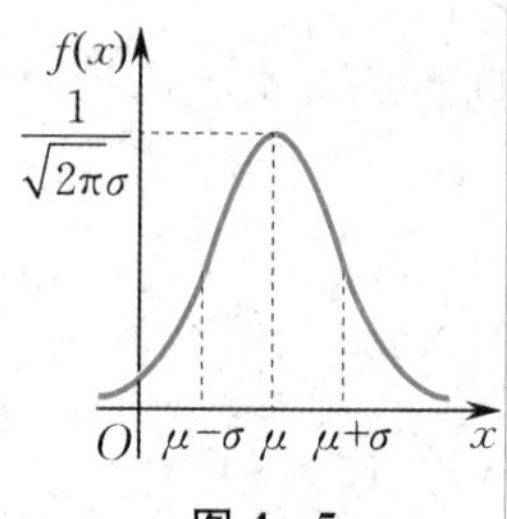

图 4-5

此外，由密度函数表达式(4-17)可知，服从正态分布 $N(\mu,\sigma^2)$ 的随机变量 ξ 的分布曲线如图 4-5 所示，其具有如下性质：

(1) 以直线 $x=\mu$ 为对称轴.

(2) 在 $x=\mu$ 处取得最大值 $\frac{1}{\sqrt{2\pi}\sigma}$，且 x 离 μ 越远，$f(x)$ 的值越小.

(3) 在 $\mu\pm\sigma$ 处有拐点.

(4) 以 x 轴为渐近线.

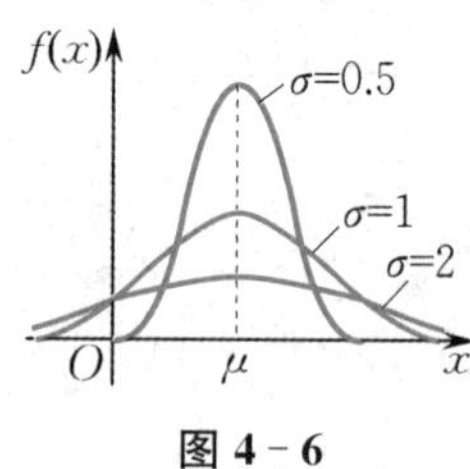

图 4-6

(5) 如果 μ 的值固定，则 σ 的值越小，分布曲线 $y=f(x)$ 越尖陡，如图 4-6 所示；如果 σ 的值固定，则 μ 的值改变只会影响分布曲线 $y=f(x)$ 的位置(沿 x 轴平移，而不改变形状). 因此，参数 μ 也称为正态分布 $N(\mu,\sigma^2)$ 的**位置参数**，参数 σ 也称为正态分布 $N(\mu,\sigma^2)$ 的**精度参数**.

注 如果连续型随机变量 $\xi\sim N(\mu,\sigma^2)$，则有

(1) ξ 的分布函数为

$$F(x)=\int_{-\infty}^{x}f(t)\mathrm{d}t=\frac{1}{\sqrt{2\pi}\sigma}\int_{-\infty}^{x}\mathrm{e}^{-\frac{(t-\mu)^2}{2\sigma^2}}\mathrm{d}t\quad(-\infty<x<+\infty),$$

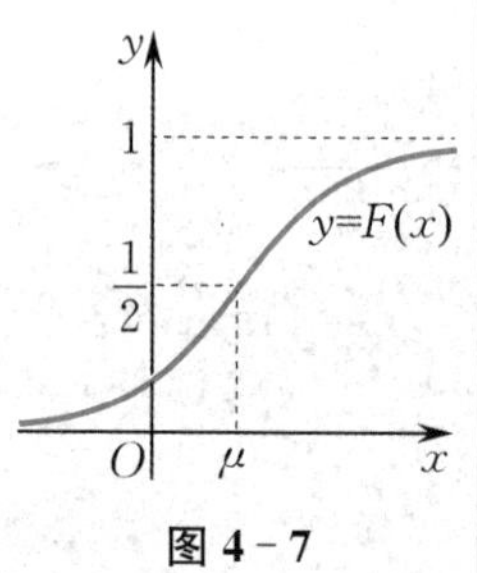

图 4-7

它的图形以 x 轴和直线 $y=1$ 为渐近线，以点 $\left(\mu,\frac{1}{2}\right)$ 为对称中心，且该点为拐点，如图 4-7 所示.

(2) ξ 的数学期望为

$$\begin{aligned}E(\xi)&=\int_{-\infty}^{+\infty}xf(x)\mathrm{d}x=\frac{1}{\sqrt{2\pi}\sigma}\int_{-\infty}^{+\infty}x\mathrm{e}^{-\frac{(x-\mu)^2}{2\sigma^2}}\mathrm{d}x\\&=\frac{1}{\sqrt{2\pi}\sigma}\int_{-\infty}^{+\infty}(x-\mu+\mu)\mathrm{e}^{-\frac{(x-\mu)^2}{2\sigma^2}}\mathrm{d}x\\&=\frac{1}{\sqrt{2\pi}\sigma}\int_{-\infty}^{+\infty}(x-\mu)\mathrm{e}^{-\frac{(x-\mu)^2}{2\sigma^2}}\mathrm{d}x+\frac{1}{\sqrt{2\pi}\sigma}\int_{-\infty}^{+\infty}\mu\mathrm{e}^{-\frac{(x-\mu)^2}{2\sigma^2}}\mathrm{d}x\\&=\frac{1}{2\sqrt{2\pi}\sigma}\int_{-\infty}^{+\infty}\mathrm{e}^{-\frac{(x-\mu)^2}{2\sigma^2}}\mathrm{d}[(x-\mu)^2]+\mu\\&=\frac{\sigma}{\sqrt{2\pi}}\int_{-\infty}^{+\infty}\mathrm{e}^{-\frac{(x-\mu)^2}{2\sigma^2}}\mathrm{d}\left[\frac{(x-\mu)^2}{2\sigma^2}\right]+\mu\\&=0+\mu=\mu.\end{aligned}$$

(3) ξ 的方差为

$$D(\xi)=\int_{-\infty}^{+\infty}(x-\mu)^2 f(x)\mathrm{d}x$$
$$=\frac{1}{\sqrt{2\pi}\sigma}\int_{-\infty}^{+\infty}(x-\mu)^2\mathrm{e}^{-\frac{(x-\mu)^2}{2\sigma^2}}\mathrm{d}(x-\mu)$$
$$=\frac{\sigma^2}{\sqrt{2\pi}}\int_{-\infty}^{+\infty}\frac{(x-\mu)^2}{\sigma^2}\mathrm{e}^{-\frac{(x-\mu)^2}{2\sigma^2}}\mathrm{d}\left(\frac{x-\mu}{\sigma}\right)$$
$$=-\frac{\sigma^2}{\sqrt{2\pi}}\int_{-\infty}^{+\infty}\frac{x-\mu}{\sigma}\mathrm{d}\left[\mathrm{e}^{-\frac{(x-\mu)^2}{2\sigma^2}}\right]$$
$$=-\frac{\sigma^2}{\sqrt{2\pi}}\left(\frac{x-\mu}{\sigma}\right)\mathrm{e}^{-\frac{(x-\mu)^2}{2\sigma^2}}\Bigg|_{-\infty}^{+\infty}+\frac{\sigma^2}{\sqrt{2\pi}\sigma}\int_{-\infty}^{+\infty}\mathrm{e}^{-\frac{(x-\mu)^2}{2\sigma^2}}\mathrm{d}x$$
$$=0+\sigma^2=\sigma^2.$$

由此可见，正态分布 $\xi\sim N(\mu,\sigma^2)$ 的两个参数 μ,σ 分别就是 ξ 的数学期望和标准差. 这也从另一个角度证实了参数 μ,σ 的值对正态分布曲线的位置和形状的影响.

特别地，当 $\mu=0,\sigma=1$ 时，正态分布 $N(\mu,\sigma^2)$ 即为 $N(0,1)$，此时称其为标准正态分布，它的密度函数和分布函数通常分别用 $\varphi(x)$，$\Phi(x)$ 来表示，即

$$\varphi(x)=\frac{1}{\sqrt{2\pi}}\mathrm{e}^{-\frac{x^2}{2}},\quad \Phi(x)=\frac{1}{\sqrt{2\pi}}\int_{-\infty}^{x}\mathrm{e}^{-\frac{t^2}{2}}\mathrm{d}t.$$

由正态分布 $N(\mu,\sigma^2)$ 的分布曲线的性质可知，标准正态分布 $N(0,1)$ 的分布曲线 $y=\varphi(x)$ 以 y 轴为对称轴，如图 4-8 所示. 图 4-8 中阴影部分的面积即为 $\Phi(x)$ 的值，且由对称性可知 $\Phi(-x)=1-\Phi(x)$.

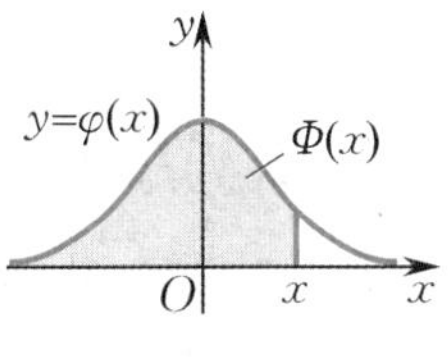

图 4-8

注　通过查附表 3，可以得到标准正态分布 $N(0,1)$ 的分布函数 $\Phi(x)$ 的值，但只能查 x 为 1 到 5 之间的函数值(若 $x>5$，则 $\Phi(x)$ 的近似值为 1).

定理 4.5　设 $\xi\sim N(\mu,\sigma^2)$，则其分布函数 $F(x)$ 可以用标准正态分布 $N(0,1)$ 的分布函数 $\Phi(x)$ 表示为

$$F(x)=\Phi\left(\frac{x-\mu}{\sigma}\right)\quad(-\infty<x<+\infty).$$

证　$F(x)=\frac{1}{\sqrt{2\pi}\sigma}\int_{-\infty}^{x}\mathrm{e}^{-\frac{(t-\mu)^2}{2\sigma^2}}\mathrm{d}t=\frac{1}{\sqrt{2\pi}}\int_{-\infty}^{x}\mathrm{e}^{-\frac{(t-\mu)^2}{2\sigma^2}}\mathrm{d}\left(\frac{t-\mu}{\sigma}\right)=\Phi\left(\frac{x-\mu}{\sigma}\right).$

由定理 4.5 可见，任一正态分布 $N(\mu,\sigma^2)$ 的概率计算问题都可以借助标准正态分布 $N(0,1)$ 来解决. 例如，对于任意两个常数 $a,b(a<b)$，有

$$P\{a<\xi\leqslant b\}=F(b)-F(a)=\Phi\left(\frac{b-\mu}{\sigma}\right)-\Phi\left(\frac{a-\mu}{\sigma}\right),\quad(4-18)$$

$$P\{\xi>a\}=1-F(a)=1-\Phi\left(\frac{a-\mu}{\sigma}\right).\quad(4-19)$$

推论 4.1　如果 $\xi\sim N(\mu,\sigma^2)$，则

$$\eta=\frac{\xi-\mu}{\sigma}\sim N(0,1).$$

证 设 η 的分布函数和密度函数分别为 $F_\eta(y),f_\eta(y)$，则有

$$F_\eta(y)=P\{\eta\leqslant y\}=P\left\{\frac{\xi-\mu}{\sigma}\leqslant y\right\}$$
$$=P\{\xi\leqslant y\sigma+\mu\}=F_\xi(y\sigma+\mu),$$

其中 $F_\xi(x)$ 为 ξ 的分布函数. 于是，由定理 4.5 得

$$F_\eta(y)=F_\xi(y\sigma+\mu)=\Phi\left(\frac{y\sigma+\mu-\mu}{\sigma}\right)=\Phi(y),$$

这里 $\Phi(y)$ 为标准正态分布 $N(0,1)$ 的分布函数，从而有

$$f_\eta(y)=\frac{\mathrm{d}[F_\eta(y)]}{\mathrm{d}y}=\frac{\mathrm{d}[\Phi(y)]}{\mathrm{d}y}=\varphi(y),$$

这里 $\varphi(y)$ 为标准正态分布 $N(0,1)$ 的密度函数. 综上，得

$$\eta=\frac{\xi-\mu}{\sigma}\sim N(0,1).$$

推论 4.1 表明，任一正态分布都可经过线性变换转化为标准正态分布. 实际上，(4-18) 式和(4-19) 式也可由推论 4.1 证得，即

$$P\{a<\xi\leqslant b\}=P\left\{\frac{a-\mu}{\sigma}<\frac{\xi-\mu}{\sigma}\leqslant\frac{b-\mu}{\sigma}\right\}=\Phi\left(\frac{b-\mu}{\sigma}\right)-\Phi\left(\frac{a-\mu}{\sigma}\right),$$

$$P\{\xi>a\}=P\left\{\frac{\xi-\mu}{\sigma}>\frac{a-\mu}{\sigma}\right\}=1-\Phi\left(\frac{a-\mu}{\sigma}\right).$$

例 4.8 设 $\xi\sim N(-1,2^2)$，求 $P\{-5\leqslant\xi<1\}$，$P\{-2<\xi\leqslant 2\}$，$P\{|\xi|<1\}$，$P\left\{|\xi|\geqslant\frac{3}{2}\right\}$.

解 易知，$E(\xi)=-1,\sqrt{D(\xi)}=2$. 于是，查附表 3 可得

$$P\{-5\leqslant\xi<1\}=\Phi\left(\frac{1+1}{2}\right)-\Phi\left(\frac{-5+1}{2}\right)=\Phi(1)-\Phi(-2)$$
$$=\Phi(1)+\Phi(2)-1=0.841\,3+0.977\,2-1=0.818\,5,$$

$$P\{-2<\xi\leqslant 2\}=\Phi\left(\frac{2+1}{2}\right)-\Phi\left(\frac{-2+1}{2}\right)=\Phi(1.5)-\Phi(-0.5)$$
$$=\Phi(1.5)+\Phi(0.5)-1=0.933\,2+0.691\,5-1=0.624\,7,$$

$$P\{|\xi|<1\}=P\{-1<\xi<1\}=\Phi\left(\frac{1+1}{2}\right)-\Phi\left(\frac{-1+1}{2}\right)$$
$$=\Phi(1)-\Phi(0)=0.841\,3-0.5=0.341\,3,$$

$$P\left\{|\xi|\geqslant\frac{3}{2}\right\}=P\left\{\xi\leqslant-\frac{3}{2}\right\}+P\left\{\xi\geqslant\frac{3}{2}\right\}=\Phi\left(\frac{-\frac{3}{2}+1}{2}\right)+1-\Phi\left(\frac{\frac{3}{2}+1}{2}\right)$$
$$=\Phi(-0.25)+1-\Phi(1.25)=2-\Phi(0.25)-\Phi(1.25)$$
$$=2-0.598\,7-0.894\,4=0.506\,9.$$

注　对于服从正态分布的随机变量，有所谓的“3σ法则”成立，其含义为：若$\xi \sim N(\mu,\sigma^2)$，则

$$P\{|\xi-\mu|<3\sigma\}=\Phi(3)-\Phi(-3)=2\Phi(3)-1=0.9973,$$

即ξ的取值几乎全部落在区间$(\mu-3\sigma,\mu+3\sigma)$内. 可以认为，如果在一次随机试验中，$\xi$的取值落在区间$(\mu-3\sigma,\mu+3\sigma)$之外，那么就有理由怀疑$\xi \sim N(\mu,\sigma^2)$是否为真. 在实践中，这是一个应用十分广泛的法则.

例 4.9　设某物理量的测量误差$\xi \sim N(0,10^2)$. 现对该物理量独立重复地进行100次测量，求“测量误差绝对值超过19.6的次数不少于3”这一事件的概率.

解　问题牵涉正态分布和二项分布，按以下步骤求解：

第一步，设A为一次测量中“测量误差绝对值超过19.6”的事件，则有

$$\begin{aligned} p=P(A)&=P\{|\xi|>19.6\}=1-P\{|\xi|\leqslant 19.6\} \\ &=1-P\left\{\left|\frac{\xi}{10}\right|\leqslant 1.96\right\}=2-2\Phi(1.96)=0.05. \end{aligned}$$

第二步，设η为100次独立重复测量中事件A发生的次数，则$\eta \sim B(100,0.05)$，所求概率为$P\{\eta\geqslant 3\}$.

第三步，注意到η所服从的二项分布$B(100,0.05)$中参数$n=100$较大，参数$p=0.05$较小，所以该二项分布可以用$\lambda=np=5$的泊松分布近似代替. 通过查附表2，有

$$P\{\eta\geqslant 3\}=P\{\eta=3\}+P\{\eta=4\}+\cdots=\sum_{r=3}^{\infty}\frac{\mathrm{e}^{-5}5^r}{r!}=0.875348.$$

§4.5　棣莫弗-拉普拉斯定理

在客观实际中，有许多随机变量是由大量的独立随机因素的综合影响所形成的，其中每个独立随机因素在总的影响中所起的作用都是微小的，但综合起来的作用是显著的，这种随机变量往往近似服从正态分布. 在这样的客观背景下，概率论中有关论证“独立随机变量之和的极限分布是正态分布”的一系列定理统称为中心极限定理. 下面介绍的棣莫弗-拉普拉斯(De Moivre-Laplace)定理就是其中最简单的一种形式. 此外，§5.6中将给出另一种重要形式的中心极限定理——林德贝格-列维(Lindeberg-Levy)定理.

定理 4.6(棣莫弗-拉普拉斯定理)　设随机变量ξ_n服从二项分布$B(n,p)$，其中$p\in(0,1)$，则有

$$\lim_{n\to\infty}P\left\{\frac{\xi_n-np}{\sqrt{np(1-p)}}\leqslant x\right\}=\frac{1}{\sqrt{2\pi}}\int_{-\infty}^{x}\mathrm{e}^{-\frac{t^2}{2}}\mathrm{d}t. \tag{4-20}$$

定理 4.6 的证明超出了本书的知识范围,这里从略.

(4-20) 式表明,当 n 充分大时,服从二项分布 $B(n,p)$ 的随机变量 ξ_n 将近似地服从正态分布 $N(np,np(1-p))$,即正态分布是二项分布的极限分布. 此时,ξ_n 的概率计算问题可按正态分布来近似求出,即得到如下的两个近似公式:

$$P\{a<\xi_n\leqslant b\}=P\left\{\frac{a-np}{\sqrt{npq}}<\frac{\xi_n-np}{\sqrt{npq}}\leqslant\frac{b-np}{\sqrt{npq}}\right\}$$

$$\approx\Phi\left(\frac{b-np}{\sqrt{npq}}\right)-\Phi\left(\frac{a-np}{\sqrt{npq}}\right), \tag{4-21}$$

$$P\{\xi_n=k\}=P\{k-1<\xi_n\leqslant k\}\approx\frac{1}{\sqrt{npq}}\varphi\left(\frac{k-np}{\sqrt{npq}}\right)$$

$$(k=0,1,2,\cdots,n), \tag{4-22}$$

其中 $q=1-p$,$\Phi(x)$,$\varphi(x)$ 分别为标准正态分布 $N(0,1)$ 的分布函数和密度函数.

例 4.10 从一堆同类型产品中任取 500 件产品,已知这堆产品的废品率是 0.01,求所取产品中恰含 5 件废品的概率.

解 设所取 500 件产品中的废品件数是 ξ,则 $\xi\sim B(500,0.01)$. 注意到参数 $n=500$ 较大,可由 3 种解法计算所求概率.

解法一 由二项分布的概率分布得

$$P\{\xi=5\}=\mathrm{C}_{500}^{5}(0.01)^5\times(0.99)^{495}\approx 0.1764.$$

解法二 由 $p=0.01$ 得 $np=5$,而根据泊松定理,可以按近似公式(3-2)计算,此时 $\lambda=np=5$,故有

$$P\{\xi=5\}\approx\frac{\lambda^5}{5!}\mathrm{e}^{-\lambda}=\frac{5^5}{5!}\mathrm{e}^{-5}\approx 0.1755.$$

解法三 根据棣莫弗-拉普拉斯定理,可以按近似公式(4-22)计算,此时 $np=5$,$npq=4.95$,故有

$$P\{\xi=5\}\approx\frac{1}{\sqrt{npq}}\varphi\left(\frac{5-np}{\sqrt{npq}}\right)=\frac{1}{\sqrt{4.95}}\varphi\left(\frac{5-5}{\sqrt{4.95}}\right)$$

$$=\frac{1}{\sqrt{4.95}}\times\frac{1}{\sqrt{2\pi}}\approx 0.1793.$$

由上述 3 种解法可见,虽然解法二和解法三算得的近似结果都与解法一算得的直接结果很接近,但在参数 p 的值很小(np 的值适中)的情况下,解法二中以泊松分布作为近似分布的效果更好一些.

习 题 四

1. 据习题三第1题中随机变量 ξ 的概率分布写出 ξ 的分布函数，并画出该分布函数的图形.

2. 已知离散型随机变量 ξ 的分布函数为

$$F(x)=\begin{cases}0, & x<0,\\ \frac{1}{10}, & 0\leqslant x<\frac{1}{2},\\ \frac{1}{2}, & \frac{1}{2}\leqslant x<1,\\ 1, & x\geqslant 1,\end{cases}$$

求 ξ 的分布律.

3. 已知离散型随机变量 ξ 的分布函数为

$$F(x)=\begin{cases}0, & x<-1,\\ \frac{1}{3}, & -1\leqslant x<0,\\ \frac{1}{2}, & 0\leqslant x<1,\\ \frac{2}{3}, & 1\leqslant x<2,\\ 1, & x\geqslant 2,\end{cases}$$

求 $\eta=\xi^2$ 的分布律和分布函数.

4. 已知离散型随机变量 ξ 的分布律如表 4-3 所示，其分布函数为

$$f(x)=\begin{cases}0, & x<-1,\\ r, & -1\leqslant x<0,\\ s, & 0\leqslant x<1,\\ \frac{1}{2}, & 1\leqslant x<2,\\ t, & 2\leqslant x<3,\\ u, & x\geqslant 3,\end{cases}$$

其中 a,b,c,r,s,t,u 均为常数，求概率 $P\{\xi=1.2\}$，$P\{\xi>0.5\}$ 及常数 a,b,c,r,s,t,u 的值.

表 4-3

ξ	0	1	1.5	2	3
P	$\frac{1}{3}$	a	b	$\frac{1}{6}$	c

5. 设连续型随机变量 ξ 的分布函数为

$$F(x)=\begin{cases}A+Be^{-\frac{x^2}{2}}, & x\geqslant 0,\\ 0, & x<0,\end{cases}$$

求常数 A 和 B 的值.

6. 设随机变量 ξ 的密度函数是

$$f(x)=\begin{cases}\dfrac{A}{\sqrt{1-x^2}}, & |x|<1,\\ 0, & |x|\geqslant 1,\end{cases}$$

试求:

(1) 常数 A 的值;

(2) 概率 $P\left\{|\xi|<\dfrac{1}{2}\right\}$;

(3) ξ 的分布函数 $F(x)$.

7. 设随机变量 ξ 的密度函数是

$$f(x)=Ae^{-|x|}\quad(-\infty<x<+\infty),$$

试求:

(1) 常数 A 的值;

(2) 概率 $P\{0<\xi<1\}$;

(3) ξ 的分布函数 $F(x)$.

8. 设随机变量 ξ 的密度函数是

$$f(x)=\begin{cases}\dfrac{x}{\sigma^2}e^{-\frac{x^2}{2\sigma^2}}, & x>0,\\ 0, & x\leqslant 0,\end{cases}$$

求 $E(\xi),D(\xi),P\{\xi>E(\xi)\}$.

9. 已知事件 A 在一次随机试验中发生的概率是 0.5,现独立重复地进行 1 000 次该随机试验,试用切比雪夫不等式估计事件 A 发生 450 次到 550 次之间的概率.

10. 一个供电网内有 10 000 盏功率相同的灯,夜晚的某时段内每盏灯开着的概率均为 0.7,各盏灯的开或关是彼此独立的.试用切比雪夫不等式估计该时段内同时开着的灯数 ξ 在 6 800 到 7 200 之间的概率.

11. 一条自动化生产线生产的产品合格率是 0.8,要使一批产品合格率达到 0.76 与 0.84 之间的概率不小于 0.9,试用切比雪夫不等式估计这批产品至少应生产多少件.

12. 设随机变量 ξ 在区间(0,1)上服从均匀分布,试求一常数 a,使得 ξ 任取 4 次值,其中至少有 1 个大于 a 的概率是 0.9.

13. 设连续型随机变量 ξ 的分布函数为

$$F(x)=\begin{cases}0, & x<0,\\ Ax^2, & 0\leqslant x<1,\\ 1, & x\geqslant 1,\end{cases}$$

求:

(1) 常数 A 的值;

(2) ξ 的密度函数 $f(x)$；

(3) ξ 的取值落在区间(0.3,0.7)内的概率.

14. 客车到达某一车站的时刻是每个整点的第5分钟，第25分钟，第55分钟，设一乘客在8点到9点之间随机地到达该车站，试求此人的候车时间(单位：min)的数学期望.

15. 设国际市场每年对我国某种出口商品的需求量 $\xi \sim U(2\,000, 4\,000)$(单位：t).已知每售出1 t商品，得外汇3万元，如果商品售不出而囤积仓库，则需保养费1万元/t.问：组织多少货源可使收益最大?

16. 设随机变量 ξ 具有单调、连续的分布函数 $F(x)$，试证明：$\eta = F(\xi)$ 在区间(0,1)上服从均匀分布.

17. 设电子管的寿命(单位：h) ξ 具有密度函数

$$f(x) = \begin{cases} \dfrac{100}{x^2}, & x > 100, \\ 0, & x \leqslant 100, \end{cases}$$

现有3只电子管，求它们在150 h内没有1只损坏的概率及全部损坏的概率.

18. 设随机变量 $\xi \sim N(60, 3^2)$，试求出4个分点 x_1, x_2, x_3, x_4，使得 ξ 落在区间 $(-\infty, x_1), (x_1, x_2), (x_2, x_3), (x_3, x_4), (x_4, +\infty)$ 内的概率值之比是 $7:24:38:24:7$.

19. 设随机变量 $\xi \sim N(2, \sigma^2)$.若 $P\{-1 \leqslant \xi \leqslant 2 + \sigma\} = 0.682\,6$，求 σ 的值.

20. 测量某一物理量时产生的随机误差(单位：m) ξ 具有密度函数

$$f(x) = \frac{1}{40\sqrt{2\pi}} \mathrm{e}^{-\frac{(x-20)^2}{3\,200}},$$

试求在3次独立测量中至少有1次误差的绝对值不超过30 m的概率.

21. 用棣莫弗-拉普拉斯定理重新估计第10题的概率，并与第10题的估计结果相比，孰优孰劣，为什么?

22. 用棣莫弗-拉普拉斯定理重新求解第11题，并对结果做比较.

23. 假设电视机的使用寿命(单位：年) ξ 服从参数为 $\lambda = 0.1$ 的指数分布，某人买了一台旧电视机，求它还能使用5年以上的概率.若 ξ 不服从指数分布，设 ξ 的分布函数为 $F(x)$，且该旧电视机已用过 s 年，则上述的概率将是多少?

24. 设随机变量 ξ 服从参数为2的指数分布，证明：$\eta = 1 - \mathrm{e}^{-2\xi}$ 在区间(0,1)上服从均匀分布.

25. 设某工厂生产的产品寿命(单位：年) T 服从指数分布，其密度函数为

$$f(t) = \begin{cases} \dfrac{1}{5} \mathrm{e}^{-\frac{t}{5}}, & t > 0, \\ 0, & t \leqslant 0, \end{cases}$$

工厂规定，售出的产品在一年内损坏可调换.已知工厂售出一件产品可获利100元，调换一件产品要损失300元，试求工厂售出一件产品获利的数学期望.

第五章

多维随机变量

§5.1 基本概念

在一些实际应用中，一些随机试验的结果要用两个或两个以上的随机变量来同时给予刻画，将它们看作一个整体（用向量形式表示），对应地称其为二维或多维随机变量. 例如，某人在一次打靶练习中的弹着点的位置可以用平面直角坐标来刻画，即可以用二维随机变量 (ξ,η) 来表示，其中 ξ 是表示该点横坐标的随机变量，η 是表示该点纵坐标的随机变量. 又如，某位教师的例行体格检查结果可以用多维随机变量 $(\xi_1,\xi_2,\cdots,\xi_n)$ 来表示，其中 $\xi_i(i=1,2,\cdots,n)$ 是表示该教师各项检查结果的随机变量. 相应地，第三、四章所讨论的随机变量也称为一维随机变量. 与一维随机变量相比，多维随机变量更复杂一些，不仅要研究构成多维随机变量的单个随机变量，更要研究这些单个随机变量与多维随机变量整体之间的联系. 本章主要就二维随机变量的情形进行讨论，而三维及三维以上的多维随机变量的情形可以类似推得.

1. 二维随机变量及其联合分布函数

定义 5.1 设 ξ,η 是定义在同一个样本空间 Ω 上的两个随机变量，则称 (ξ,η) 为 Ω 上的二维随机变量. 设 $\xi_1,\xi_2,\cdots,\xi_n$ 是定义在同一个样本空间 Ω 上的 n 个随机变量，则称 $(\xi_1,\xi_2,\cdots,\xi_n)$ 为 Ω 上的 n 维随机变量.

与一维随机变量类似，多维随机变量的联合概率分布可由其联合分布函数来描述. 下面给出二维随机变量的联合分布函数的一般定义.

定义 5.2 设 (ξ,η) 是样本空间 Ω 上的二维随机变量，则称二元函数

$$F(x,y)=P\{\xi\leqslant x,\eta\leqslant y\}\quad(-\infty<x,y<+\infty)$$

为 (ξ,η) 的联合分布函数.

类似地，可以定义 n 维随机变量 $(\xi_1,\xi_2,\cdots,\xi_n)$ 的联合分布函数为

$$F(x_1,x_2,\cdots,x_n)=P\{\xi_1\leqslant x_1,\xi_2\leqslant x_2,\cdots,\xi_n\leqslant x_n\}$$
$$(-\infty<x_1,x_2,\cdots,x_n<+\infty).$$

注　由定义 5.2 可知，二维随机变量 (ξ,η) 的联合分布函数 $F(x,y)$ 是定义在二维空间 $\mathbf{R}^2$ 上的二元函数，$F(x,y)$ 的值就是 (ξ,η) 的取值落在如图 5-1(a) 所示的无限矩形区域内的概率. 因此，借助联合分布函数 $F(x,y)$ 可以很方便地求出二维随机变量 (ξ,η) 的取值落在任一区域上

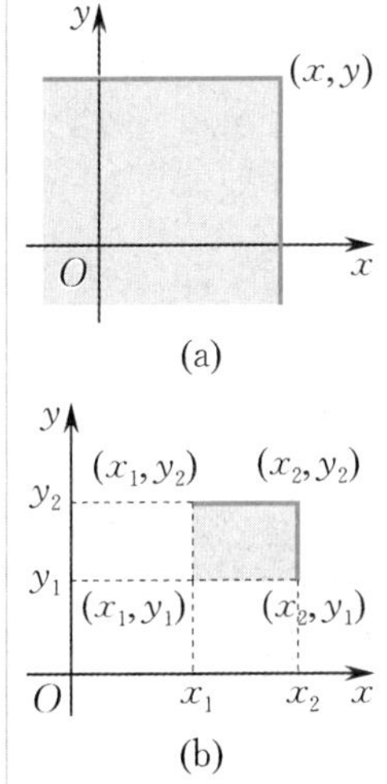

图 5-1

的概率,例如,(ξ,η) 的取值落在如图 5-1(b) 所示的有限矩形区域 $\{(x,y) \mid x_1 < x \leqslant x_2, y_1 < y \leqslant y_2\}$ 上的概率为

$$P\{x_1 < \xi \leqslant x_2, y_1 < \eta \leqslant y_2\}$$
$$= F(x_2,y_2) - F(x_2,y_1) - F(x_1,y_2) + F(x_1,y_1).$$

根据概率的性质,下面不加证明地给出二维随机变量的联合分布函数所具有的几个重要性质.

定理 5.1 设二维随机变量 (ξ,η) 的联合分布函数为 $F(x,y)$,则有

(1) $0 \leqslant F(x,y) \leqslant 1 (-\infty < x, y < +\infty)$,且

$$F(+\infty,+\infty) = \lim_{\substack{x\to+\infty \\ y\to+\infty}} F(x,y) = 1,$$

$$F(-\infty,y) = \lim_{x\to-\infty} F(x,y) = 0 \quad (-\infty < y < +\infty),$$

$$F(x,-\infty) = \lim_{y\to-\infty} F(x,y) = 0 \quad (-\infty < x < +\infty),$$

$$F(-\infty,-\infty) = \lim_{\substack{x\to-\infty \\ y\to-\infty}} F(x,y) = 0.$$

(2) $F(x,y)$ 关于每一个变量 x 和 y 都是单调不减的,即对于任意取定的 y,若 $x_1 < x_2$,则有

$$F(x_1,y) \leqslant F(x_2,y);$$

对于任意取定的 x,若 $y_1 < y_2$,则有

$$F(x,y_1) \leqslant F(x,y_2).$$

(3) $F(x,y)$ 关于每一个变量 x 和 y 都是右连续的,即对于任意的 x_0,均有

$$F(x_0,y) = F(x_0^+,y) = \lim_{x\to x_0^+} F(x,y) \quad (-\infty < y < +\infty);$$

对于任意的 y_0,均有

$$F(x,y_0) = F(x,y_0^+) = \lim_{y\to y_0^+} F(x,y) \quad (-\infty < x < +\infty).$$

(4) 对于任意的 $x_1 < x_2, y_1 < y_2$,均有

$$F(x_2,y_2) - F(x_1,y_2) - F(x_2,y_1) + F(x_1,y_1) \geqslant 0.$$

与一维随机变量类似,在各种各样的二维随机变量中,我们主要讨论二维离散型随机变量和二维连续型随机变量这两种类型.

2. 二维离散型随机变量及其联合分布律

定义 5.3 如果 ξ 和 η 均为一维离散型随机变量,则称二维随机变量 (ξ,η) 为二维离散型随机变量.

对于二维离散型随机变量 (ξ,η),设 ξ 和 η 的全部可能取值(有限个或可列无限个)分别为

$$x_1, x_2, \cdots, x_n, \cdots \quad 和 \quad y_1, y_2, \cdots, y_m, \cdots,$$

则(ξ,η)的全部可能取值(有限对或可列无限对)为

$$(x_i, y_j) \quad (i=1,2,\cdots,n,\cdots; j=1,2,\cdots,m,\cdots).$$

如果(ξ,η)取上述各可能值时的概率为

$$P\{\xi=x_i, \eta=y_j\}=p_{ij} \quad (i=1,2,\cdots,n,\cdots; j=1,2,\cdots,m,\cdots), \tag{5-1}$$

则称(5-1)式为(ξ,η)的联合分布律.

类似于一维离散型随机变量,二维离散型随机变量的联合分布律也常用表格形式来表示,如表5-1所示.

表5-1

ξ	η				
	y_1	y_2	$\cdots$	y_m	$\cdots$
x_1	p_{11}	p_{12}	$\cdots$	p_{1m}	$\cdots$
x_2	p_{21}	p_{22}	$\cdots$	p_{2m}	$\cdots$
$\vdots$	$\vdots$	$\vdots$		$\vdots$	
x_n	p_{n1}	p_{n2}	$\cdots$	p_{nm}	$\cdots$
$\vdots$	$\vdots$	$\vdots$		$\vdots$	

注　三维及三维以上的多维离散型随机变量及其联合分布律的定义也可类似推得.联合分布律只能用来描述多维离散型随机变量的联合概率分布.

不难证明,二维离散型随机变量(ξ,η)的联合分布律满足以下两个性质:

(1) $p_{ij} \geqslant 0 (i=1,2,\cdots,n,\cdots; j=1,2,\cdots,m,\cdots)$;

(2) $\sum_{i=1}^{\infty}\sum_{j=1}^{\infty} p_{ij}=1$.

由定义5.2可知,若二维离散型随机变量(ξ,η)的联合分布律为(5-1)式,则(ξ,η)的联合分布函数为

$$F(x,y)=P\{\xi \leqslant x, \eta \leqslant y\}=\sum_{x_i \leqslant x}\sum_{y_j \leqslant y} p_{ij} \quad (-\infty < x, y < +\infty),$$

上式右端是对于满足$x_i \leqslant x, y_j \leqslant y$的一切下标$i$和$j$进行求和.

例5.1　设10件产品中有3件一等品,5件二等品,2件三等品.现从这10件产品中任意抽取4件,以ξ表示其中的一等品件数,以η表示其中的二等品件数,试求(ξ,η)的联合分布律.

解　由题意知,ξ的全部可能取值为0,1,2,3,η的全部可能取值为0,1,2,3,4.但注意到$\xi+\eta$必须满足

$$0 \leqslant 4-(\xi+\eta) \leqslant 2, \quad 即 \quad 2 \leqslant \xi+\eta \leqslant 4,$$

所以(ξ,η)的全部可能取值为

$$D=\{(i,j) \mid i=0,1,2,3;j=0,1,2,3,4;2 \leqslant i+j \leqslant 4\}.$$

通过计算,得

$$P\{\xi=i,\eta=j\}=\frac{C_3^i C_5^j C_2^{4-i-j}}{C_{10}^4} \quad (i,j \in D),$$

故(ξ,η)的联合分布律如表 5-2 所示.

表 5-2

ξ	η				
	0	1	2	3	4
0	0	0	$\frac{10}{210}$	$\frac{20}{210}$	$\frac{5}{210}$
1	0	$\frac{15}{210}$	$\frac{60}{210}$	$\frac{30}{210}$	0
2	$\frac{3}{210}$	$\frac{30}{210}$	$\frac{30}{210}$	0	0
3	$\frac{2}{210}$	$\frac{5}{210}$	0	0	0

3. 二维连续型随机变量及其联合概率密度

定义 5.4 如果二维随机变量(ξ,η)的联合分布函数$F(x,y)$可以表示为积分的形式,即存在一非负可积二元函数$f(x,y)$,使得对于任意两实数x,y,均有

$$F(x,y)=\int_{-\infty}^{x} \mathrm{d}u \int_{-\infty}^{y} f(u,v) \mathrm{d}v, \tag{5-2}$$

则称(ξ,η)为二维连续型随机变量,其中被积函数$f(x,y)$称为(ξ,η)的联合概率密度. 在空间直角坐标系中,$z=f(x,y)$为一个曲面,称该曲面为(ξ,η)的分布曲面.

根据微积分知识及(5-2)式,对于$f(x,y)$的连续点,有

$$\frac{\partial^2 F(x,y)}{\partial x \partial y}=\frac{\partial^2}{\partial x \partial y} \int_{-\infty}^{x} \mathrm{d}u \int_{-\infty}^{y} f(u,v) \mathrm{d}v=f(x,y).$$

由联合分布函数的性质可推得,二维连续型随机变量的联合概率密度$f(x,y)$满足下列性质:

(1) $f(x,y) \geqslant 0(-\infty<x,y<+\infty)$;

(2) $\int_{-\infty}^{+\infty} \mathrm{d}u \int_{-\infty}^{+\infty} f(u,v) \mathrm{d}v=1$.

二维连续型随机变量(ξ,η)的取值落在任一平面区域D内的概率都可由如下的重积分公式计算得到:

$$P\{(\xi,\eta)\in D\}=\iint_D f(x,y)\mathrm{d}x\mathrm{d}y,$$

其几何意义就是以区域 D 为底、以分布曲面 $z=f(x,y)$ 为顶的曲顶柱体的体积.

例 5.2　设二维随机变量 (ξ,η) 的联合概率密度为

$$f(x,y)=\begin{cases}kxy, & x^2\leqslant y\leqslant 1,0\leqslant x\leqslant 1,\\ 0, & \text{其他},\end{cases}$$

试求：

(1) 常数 k 的值；

(2) (ξ,η) 的取值落在区域 $D=\{(x,y)\mid x^2\leqslant y\leqslant x,0\leqslant x\leqslant 1\}$ 内的概率.

解　(1) 设区域 $R=\{(x,y)\mid x^2\leqslant y\leqslant 1,0\leqslant x\leqslant 1\}$，则由联合概率密度的性质得

$$\begin{aligned}\int_{-\infty}^{+\infty}\mathrm{d}x\int_{-\infty}^{+\infty}f(x,y)\mathrm{d}y&=\iint_R kxy\mathrm{d}x\mathrm{d}y=\int_0^1\mathrm{d}x\int_{x^2}^1 kxy\mathrm{d}y\\&=k\int_0^1 x\left(\frac{1}{2}-\frac{x^4}{2}\right)\mathrm{d}x=\frac{k}{6}=1,\end{aligned}$$

解得 $k=6$.

(2) 所求概率为

$$\begin{aligned}P\{(\xi,\eta)\in D\}&=\iint_D 6xy\mathrm{d}x\mathrm{d}y=\int_0^1\mathrm{d}x\int_{x^2}^x 6xy\mathrm{d}y\\&=\int_0^1 3x(x^2-x^4)\mathrm{d}x=\frac{1}{4}.\end{aligned}$$

在实际应用中，二维连续型随机变量中较为常见的联合概率分布有二维均匀分布和二维正态分布，下面分别给出介绍.

如果一个二维连续型随机变量的联合概率密度仅在某个有限平面区域上取值为正常数(由联合概率密度的性质可算得此常数值为该有限平面区域面积的倒数)，而在其余区域上取值为零，那么称这个二维连续型随机变量服从二维均匀分布.

定义 5.5　设 D 为空间直角坐标系中 xOy 坐标面上的有限区域，其面积为 A. 若二维连续型随机变量 (ξ,η) 的联合概率密度为

$$f(x,y)=\begin{cases}\dfrac{1}{A}, & (x,y)\in D,\\ 0, & \text{其他},\end{cases}$$

则称 (ξ,η) 在区域 D 上服从**二维均匀分布**.

根据定义 5.5，如果二维连续型随机变量 (ξ,η) 在区域 D 上服从二维均匀分布，则对于任一有限区域 $D_1\subset D$，事件 $A=\{(\xi,\eta)\in D_1\}$ 发生的概率为

$$P(A) = \frac{D_1\text{ 的面积}}{D\text{ 的面积}},$$

这也是几何概率的计算公式.

定义 5.6 若二维连续型随机变量(ξ,η)的联合概率密度为

$$f(x,y) = \frac{1}{2\pi\sigma_1\sigma_2\sqrt{1-r^2}}\mathrm{e}^{-\frac{1}{2(1-r^2)}\left[\frac{(x-\mu_1)^2}{\sigma_1^2}-2r\frac{(x-\mu_1)(y-\mu_2)}{\sigma_1\sigma_2}+\frac{(y-\mu_2)^2}{\sigma_2^2}\right]}$$

$$(-\infty < x,y < +\infty), \tag{5-3}$$

其中$\mu_1,\mu_2,\sigma_1,\sigma_2,r$均为常数,且$\sigma_1>0,\sigma_2>0,|r|<1$,则称$(\xi,\eta)$服从参数为$\mu_1,\mu_2,\sigma_1,\sigma_2,r$的二维正态分布,记作

$$(\xi,\eta)\sim N(\mu_1,\mu_2,\sigma_1^2,\sigma_2^2,r).$$

此时,(ξ,η)的分布曲面是如同山岗外形一样的曲面,且在点(μ_1,μ_2)处达到顶峰.

特别地,当$\mu_1=\mu_2=0,\sigma_1=\sigma_2=1$时,(5-3)式变为

$$f(x,y) = \frac{1}{2\pi\sqrt{1-r^2}}\mathrm{e}^{-\frac{1}{2(1-r^2)}(x^2-2rxy+y^2)}$$

$$(-\infty < x,y < +\infty). \tag{5-4}$$

更进一步,当$r=0$时,(5-4)式变为

$$f(x,y) = \frac{1}{2\pi}\mathrm{e}^{-\frac{1}{2}(x^2+y^2)} \quad (-\infty < x,y < +\infty). \tag{5-5}$$

由此可见,当(ξ,η)服从二维正态分布$N(0,0,1,1,0)$时,(ξ,η)的联合概率密度$f(x,y)$是两个标准正态分布的密度函数$\varphi(x)=\frac{1}{\sqrt{2\pi}}\mathrm{e}^{-\frac{x^2}{2}}$与$\varphi(y)=\frac{1}{\sqrt{2\pi}}\mathrm{e}^{-\frac{y^2}{2}}$之积.

§5.2 边缘分布与条件分布

1. 边缘分布

在§5.1中介绍的联合分布函数(联合分布律、联合概率密度)全面反映了二维随机变量(ξ,η)的联合概率分布,而(ξ,η)的单个随机变量ξ,η也具有自己的统计规律,约定将ξ,η各自的概率分布均称为(ξ,η)的边缘概率分布(简称边缘分布).因此,下面将研究(ξ,η)的边缘分布,以及它们与(ξ,η)的联合概率分布之间有什么关系.

定义 5.7 设二维随机变量(ξ,η)的联合分布函数为$F(x,y)$,将

ξ,η 的分布函数 $F_\xi(x),F_\eta(y)$ 依次称为(ξ,η) 关于 ξ 和 η 的边缘分布函数. 显然，

$$F_\xi(x)=P\{\xi\leqslant x\}=P\{\xi\leqslant x,\eta<+\infty\}=F(x,+\infty)\quad(-\infty<x<+\infty),$$

$$F_\eta(y)=P\{\eta\leqslant y\}=P\{\xi<+\infty,\eta\leqslant y\}=F(+\infty,y)\quad(-\infty<y<+\infty).$$

注　由定义 5.7 可知，(ξ,η) 的边缘分布函数 $F_\xi(x)=F(x,+\infty)$，$F_\eta(y)=F(+\infty,y)$ 刻画的就是其单个随机变量 ξ,η 的概率分布.

下面根据定义 5.7，分别对二维离散型随机变量和二维连续型随机变量这两种情形进行讨论.

定义 5.8　设二维随机变量(ξ,η) 的联合分布律为

$$P\{\xi=x_i,\eta=y_j\}=p_{ij}\quad(i,j=1,2,\cdots),$$

则称 ξ,η 的分布律 $P\{\xi=x_i\}(i=1,2,\cdots)$，$P\{\eta=y_j\}(j=1,2,\cdots)$ 依次为(ξ,η) 关于 ξ 和 η 的边缘分布律. 显然，

$$\begin{aligned}P\{\xi=x_i\}&=F_\xi(x_i)-F_\xi(x_i^-)=\sum_{x_k\leqslant x_i}\sum_j p_{kj}-\sum_{x_k<x_i}\sum_j p_{kj}\\&=\sum_{x_k=x_i}\sum_j p_{kj}=\sum_j p_{ij}\triangleq p_{i\cdot}\quad(i=1,2,\cdots),\end{aligned}\tag{5-6}$$

$$\begin{aligned}P\{\eta=y_j\}&=F_\eta(y_j)-F_\eta(y_j^-)=\sum_i\sum_{y_k\leqslant y_j}p_{ik}-\sum_i\sum_{y_k<y_j}p_{ik}\\&=\sum_i\sum_{y_k=y_j}p_{ik}=\sum_i p_{ij}\triangleq p_{\cdot j}\quad(j=1,2,\cdots).\end{aligned}\tag{5-7}$$

定义 5.9　设二维随机变量(ξ,η) 的联合概率密度为 $f(x,y)$，则称 ξ,η 的密度函数 $f_\xi(x),f_\eta(y)$ 依次为(ξ,η) 关于 ξ 和 η 的边缘概率密度. 显然，

$$\begin{aligned}f_\xi(x)&=\frac{\mathrm{d}}{\mathrm{d}x}F_\xi(x)=\frac{\mathrm{d}}{\mathrm{d}x}F(x,+\infty)=\frac{\mathrm{d}}{\mathrm{d}x}\left\{\int_{-\infty}^{x}\left[\int_{-\infty}^{+\infty}f(u,y)\mathrm{d}y\right]\mathrm{d}u\right\}\\&=\int_{-\infty}^{+\infty}f(x,y)\mathrm{d}y\quad(-\infty<x<+\infty),\end{aligned}\tag{5-8}$$

$$\begin{aligned}f_\eta(y)&=\frac{\mathrm{d}}{\mathrm{d}y}F_\eta(y)=\frac{\mathrm{d}}{\mathrm{d}y}F(+\infty,y)=\frac{\mathrm{d}}{\mathrm{d}y}\left\{\int_{-\infty}^{y}\left[\int_{-\infty}^{+\infty}f(x,v)\mathrm{d}x\right]\mathrm{d}v\right\}\\&=\int_{-\infty}^{+\infty}f(x,y)\mathrm{d}x\quad(-\infty<y<+\infty).\end{aligned}\tag{5-9}$$

例 5.2(续)　求二维随机变量(ξ,η) 关于 ξ 和 η 的边缘概率密度.

解　由(5-8)式得

$$\begin{aligned}f_\xi(x)&=\int_{-\infty}^{+\infty}f(x,y)\mathrm{d}y=\int_{x^2}^{1}6xy\mathrm{d}y=6x\cdot\frac{y^2}{2}\bigg|_{x^2}^{1}\\&=6x\left(\frac{1}{2}-\frac{x^4}{2}\right)=3x-3x^5\quad(x\in[0,1]),\end{aligned}$$

故(ξ,η)关于ξ的边缘概率密度为

$$f_\xi(x)=\begin{cases}3x-3x^5, & 0\leqslant x\leqslant 1,\\ 0, & \text{其他}.\end{cases}$$

由(5-9)式得

$$f_\eta(y)=\int_{-\infty}^{+\infty}f(x,y)\mathrm{d}x=\int_0^{\sqrt{y}}6xy\mathrm{d}x=6y\cdot\frac{x^2}{2}\bigg|_0^{\sqrt{y}}=3y^2\quad(y\in[0,1]),$$

故(ξ,η)关于η的边缘概率密度为

$$f_\eta(y)=\begin{cases}3y^2, & 0\leqslant y\leqslant 1,\\ 0, & \text{其他}.\end{cases}$$

例 5.3 设二维随机变量(ξ,η)服从二维正态分布$N(\mu_1,\mu_2,\sigma_1^2,\sigma_2^2,r)$,求$(\xi,\eta)$关于$\xi$和$\eta$的边缘概率密度.

解 已知(ξ,η)的联合概率密度为

$$f(x,y)=\frac{1}{2\pi\sigma_1\sigma_2\sqrt{1-r^2}}\mathrm{e}^{-\frac{1}{2(1-r^2)}\left[\frac{(x-\mu_1)^2}{\sigma_1^2}-2r\frac{(x-\mu_1)(y-\mu_2)}{\sigma_1\sigma_2}+\frac{(y-\mu_2)^2}{\sigma_2^2}\right]}.$$

注意到$f(x,y)$的指数部分可变形为

$$\begin{aligned}&-\frac{1}{2(1-r^2)}\left[\frac{(x-\mu_1)^2}{\sigma_1^2}-2r\frac{(x-\mu_1)(y-\mu_2)}{\sigma_1\sigma_2}+\frac{(y-\mu_2)^2}{\sigma_2^2}\right]\\&=-\frac{(x-\mu_1)^2}{2\sigma_1^2}-\frac{1}{2(1-r^2)}\left[\frac{y-\mu_2}{\sigma_2}-\frac{r(x-\mu_1)}{\sigma_1}\right]^2,\end{aligned}$$

故可对$f(x,y)$做变量代换,令

$$\frac{1}{\sqrt{1-r^2}}\left[\frac{y-\mu_2}{\sigma_2}-\frac{r(x-\mu_1)}{\sigma_1}\right]=t,$$

则由(5-8)式得(ξ,η)关于ξ的边缘概率密度为

$$\begin{aligned}f_\xi(x)&=\int_{-\infty}^{+\infty}f(x,y)\mathrm{d}y=\int_{-\infty}^{+\infty}\frac{1}{2\pi\sigma_1}\mathrm{e}^{-\frac{(x-\mu_1)^2}{2\sigma_1^2}-\frac{1}{2}t^2}\mathrm{d}t=\frac{1}{\sqrt{2\pi}\sigma_1}\mathrm{e}^{-\frac{(x-\mu_1)^2}{2\sigma_1^2}}\int_{-\infty}^{+\infty}\frac{1}{\sqrt{2\pi}}\mathrm{e}^{-\frac{1}{2}t^2}\mathrm{d}t\\&=\frac{1}{\sqrt{2\pi}\sigma_1}\mathrm{e}^{-\frac{(x-\mu_1)^2}{2\sigma_1^2}}\quad(-\infty<x<+\infty),\end{aligned}$$

上式中最后一个等号利用了标准正态分布的密度函数性质

$$\int_{-\infty}^{+\infty}\frac{1}{\sqrt{2\pi}}\mathrm{e}^{-\frac{1}{2}t^2}\mathrm{d}t=\int_{-\infty}^{+\infty}\varphi(t)\mathrm{d}t=1.$$

由此可见,$f_\xi(x)$就是正态分布的密度函数,故$\xi\sim N(\mu_1,\sigma_1^2)$.

同理,由(5-9)式得(ξ,η)关于η的边缘概率密度为

$$f_\eta(y)=\frac{1}{\sqrt{2\pi}\sigma_2}\mathrm{e}^{-\frac{(y-\mu_2)^2}{2\sigma_2^2}}\quad(-\infty<y<+\infty),$$

故$\eta\sim N(\mu_2,\sigma_2^2)$.

注 例 5.3 说明,如果二维随机变量(ξ,η)服从二维正态分布$N(\mu_1,\mu_2,\sigma_1^2,\sigma_2^2,r)$,则它的单个随机变量$\xi,\eta$也服从正态分布,且

$$\xi \sim N(\mu_1,\sigma_1^2),\quad \eta \sim N(\mu_2,\sigma_2^2).$$

故 $N(\mu_1,\mu_2,\sigma_1^2,\sigma_2^2,r)$ 中 4 个参数 $\mu_1,\mu_2,\sigma_1,\sigma_2$ 的意义已经明确，即为 ξ,η 的数学期望及标准差；但参数 r 并不由 ξ,η 所决定. 也就是说，对于给定的 $\mu_1,\mu_2,\sigma_1,\sigma_2$，不同的 r 对应不同的二维正态分布 $N(\mu_1,\mu_2,\sigma_1^2,\sigma_2^2,r)$，但它们的边缘分布是一样的. 这表明，对于二维随机变量 (ξ,η)，仅由它的边缘分布无法完全确定它的联合概率分布.

2. 条件分布

由前面的讨论可知，二维随机变量 (ξ,η) 的联合概率分布仅由它的单个随机变量 ξ,η 的概率分布（边缘分布）是没有办法完全确定的，还需要研究 ξ 和 η 之间的关系. 因此，下面将研究 ξ,η 中任意一个随机变量 ξ（或 η）在另一个随机变量 η（或 ξ）取固定值时的概率分布，并称其为 ξ（或 η）的**条件概率分布**（简称**条件分布**）.

先讨论 (ξ,η) 为二维离散型随机变量的情形.

定义 5.10　设二维离散型随机变量 (ξ,η) 的联合分布律为

$$P\{\xi = x_i,\eta = y_j\} = p_{ij}\quad (i,j = 1,2,\cdots).$$

若对于某个固定的 j，有 $P\{\eta = y_j\} = \sum\limits_i p_{ij} = p_{\cdot j} > 0$，则称

$$P\{\xi = x_i \mid \eta = y_j\} = \frac{P\{\xi = x_i,\eta = y_j\}}{P\{\eta = y_j\}} = \frac{p_{ij}}{p_{\cdot j}}\quad (i = 1,2,\cdots)$$

为随机变量 ξ 在 $\eta = y_j$ 条件下的**条件分布律**. 若对于某个固定的 i，有 $P\{\xi = x_i\} = \sum\limits_j p_{ij} = p_{i\cdot} > 0$，则称

$$P\{\eta = y_j \mid \xi = x_i\} = \frac{P\{\xi = x_i,\eta = y_j\}}{P\{\xi = x_i\}} = \frac{p_{ij}}{p_{i\cdot}}\quad (j = 1,2,\cdots)$$

为随机变量 η 在 $\xi = x_i$ 条件下的**条件分布律**.

例 5.1（续）　(1) 若抽出的 4 件产品中有 2 件二等品，求一等品件数 ξ 的概率分布.
(2) 若抽出的 4 件产品中有 1 件一等品，求二等品件数 η 的概率分布.

解　(1) 根据题意，所求即为随机变量 ξ 在 $\eta = 2$ 条件下的条件分布律 $P\{\xi = i \mid \eta = 2\}$ $(i = 0,1,2)$. 由表 5-2 得

$$P\{\xi = 0 \mid \eta = 2\} = \frac{10}{210}\Big/\frac{100}{210} = \frac{1}{10},$$

$$P\{\xi = 1 \mid \eta = 2\} = \frac{60}{210}\Big/\frac{100}{210} = \frac{3}{5},$$

$$P\{\xi = 2 \mid \eta = 2\} = \frac{30}{210}\Big/\frac{100}{210} = \frac{3}{10}.$$

(2) 根据题意，所求即为随机变量 η 在 $\xi=1$ 条件下的条件分布律 $P\{\eta=j \mid \xi=1\}$ $(j=1,2,3)$. 由表 5-2 得

$$P\{\eta=1 \mid \xi=1\}=\frac{15}{120}\Big/\frac{105}{210}=\frac{1}{7},$$

$$P\{\eta=2 \mid \xi=1\}=\frac{60}{210}\Big/\frac{105}{210}=\frac{4}{7},$$

$$P\{\eta=3 \mid \xi=1\}=\frac{30}{210}\Big/\frac{105}{210}=\frac{2}{7}.$$

现在讨论 (ξ,η) 为二维连续型随机变量的情形. 此时，由于对于任一特定值 x 和 y，均有

$$P\{\xi=x\}=0 \quad 及 \quad P\{\eta=y\}=0,$$

故不能直接套用定义 5.10 的形式来定义 (ξ,η) 的条件分布. 但是，如果对于某个取定的 y 值及任意的正数 ε，都有 $P\{y-\varepsilon<\eta\leqslant y+\varepsilon\}>0$，则可以考虑条件概率

$$P\{\xi\leqslant x \mid y-\varepsilon<\eta\leqslant y+\varepsilon\}=\frac{P\{\xi\leqslant x, y-\varepsilon<\eta\leqslant y+\varepsilon\}}{P\{y-\varepsilon<\eta\leqslant y+\varepsilon\}}$$
$$(-\infty<x<+\infty),$$

而且当上述条件概率在 $\varepsilon\to 0^+$ 的极限存在时，自然地可以将此极限值定义为连续型随机变量 ξ 在 $\eta=y$ 条件下的条件分布 $P\{\xi\leqslant x \mid \eta=y\}$. 类似地，可利用这种方式定义随机变量 η 在 $\xi=x$ 条件下的条件分布 $P\{\eta\leqslant y \mid \xi=x\}$.

定义 5.11 设 (ξ,η) 为二维连续型随机变量. 如果对于某个取定的 y 值及任意的正数 ε，都有 $P\{y-\varepsilon<\eta\leqslant y+\varepsilon\}>0$，且极限

$$\lim_{\varepsilon\to 0^+}\frac{P\{\xi\leqslant x, y-\varepsilon<\eta\leqslant y+\varepsilon\}}{P\{y-\varepsilon<\eta\leqslant y+\varepsilon\}} \quad (-\infty<x<+\infty)$$

存在，则称此极限值为 ξ 在 $\eta=y$ 条件下的条件分布函数，记作 $F_{\xi|\eta}(x \mid y)$，即

$$F_{\xi|\eta}(x \mid y)=P\{\xi\leqslant x \mid \eta=y\}=\lim_{\varepsilon\to 0^+}\frac{P\{\xi\leqslant x, y-\varepsilon<\eta\leqslant y+\varepsilon\}}{P\{y-\varepsilon<\eta\leqslant y+\varepsilon\}}$$
$$(-\infty<x<+\infty).$$

此时，记

$$f_{\xi|\eta}(x \mid y)=\frac{\mathrm{d}}{\mathrm{d}x}F_{\xi|\eta}(x \mid y) \quad (-\infty<x<+\infty),$$

并称上式为 ξ 在 $\eta=y$ 条件下的条件概率密度.

类似地，对于二维连续型随机变量 (ξ,η)，η 在 $\xi=x$ 条件下的条件分布函数和条件概率密度分别定义为

$$F_{\eta|\xi}(y\mid x)=P\{\eta\leqslant y\mid \xi=x\}=\lim_{\varepsilon\to0^+}\frac{P\{\eta\leqslant y,x-\varepsilon<\xi\leqslant x+\varepsilon\}}{P\{x-\varepsilon<\xi\leqslant x+\varepsilon\}}\quad(-\infty<y<+\infty),$$

$$f_{\eta|\xi}(y\mid x)=\frac{\mathrm{d}}{\mathrm{d}y}F_{\eta|\xi}(y\mid x)\quad(-\infty<y<+\infty).$$

定理 5.2　设二维连续型随机变量(ξ,η)的联合概率密度为$f(x,y)$，其关于η的边缘概率密度为$f_\eta(y)=\int_{-\infty}^{+\infty}f(x,y)\mathrm{d}x$. 若函数$f(x,y)$，$f_\eta(y)$连续，则在满足$f_\eta(y)>0$的点$y$处，连续型随机变量$\xi$在$\eta=y$条件下的条件分布函数及条件概率密度分别为

$$F_{\xi|\eta}(x\mid y)=\int_{-\infty}^{x}\frac{f(u,y)}{f_\eta(y)}\mathrm{d}u\quad(-\infty<x<+\infty),\tag{5-10}$$

$$f_{\xi|\eta}(x\mid y)=\frac{f(x,y)}{f_\eta(y)}\quad(-\infty<x<+\infty).\tag{5-11}$$

证　根据定义 5.11，由积分中值定理可求得

$$\begin{aligned}F_{\xi|\eta}(x\mid y)&=P\{\xi\leqslant x\mid \eta=y\}\\&=\lim_{\varepsilon\to0^+}\frac{P\{\xi\leqslant x,y-\varepsilon<\eta\leqslant y+\varepsilon\}}{P\{y-\varepsilon<\eta\leqslant y+\varepsilon\}}\\&=\lim_{\varepsilon\to0^+}\frac{\int_{-\infty}^{x}\left[\int_{y-\varepsilon}^{y+\varepsilon}f(u,v)\mathrm{d}v\right]\mathrm{d}u}{\int_{y-\varepsilon}^{y+\varepsilon}f_\eta(v)\mathrm{d}v}\\&=\lim_{\varepsilon\to0^+}\frac{2\varepsilon\cdot\int_{-\infty}^{x}f(u,y)\mathrm{d}u}{2\varepsilon\cdot f_\eta(y)}=\frac{\int_{-\infty}^{x}f(u,y)\mathrm{d}u}{f_\eta(y)}\\&=\int_{-\infty}^{x}\frac{f(u,y)}{f_\eta(y)}\mathrm{d}u\quad(-\infty<x<+\infty),\end{aligned}$$

从而得到

$$f_{\xi|\eta}(x\mid y)=\frac{\mathrm{d}}{\mathrm{d}x}F_{\xi|\eta}(x\mid y)=\frac{\mathrm{d}}{\mathrm{d}x}\int_{-\infty}^{x}\frac{f(u,y)}{f_\eta(y)}\mathrm{d}u=\frac{f(x,y)}{f_\eta(y)}\quad(-\infty<x<+\infty).$$

类似地，对于二维连续型随机变量(ξ,η)，由积分中值定理可求得η在$\xi=x$条件下的条件分布函数及条件概率密度分别为

$$F_{\eta|\xi}(y\mid x)=\int_{-\infty}^{y}\frac{f(x,v)}{f_\xi(x)}\mathrm{d}v\quad(-\infty<y<+\infty),\tag{5-12}$$

$$f_{\eta|\xi}(y\mid x)=\frac{f(x,y)}{f_\xi(x)}\quad(-\infty<y<+\infty).\tag{5-13}$$

例 5.3(续 1)　试求条件概率密度$f_{\eta|\xi}(y\mid x)$和$f_{\xi|\eta}(x\mid y)$.

解 由(5-13)式及例5.3的结果得

$$
\begin{aligned}
f_{\eta|\xi}(y \mid x) &= \frac{f(x,y)}{f_\xi(x)} \\
&= \frac{\sqrt{2\pi}\sigma_1}{2\pi\sigma_1\sigma_2\sqrt{1-r^2}} e^{-\frac{1}{2(1-r^2)}\left[\frac{(x-\mu_1)^2}{\sigma_1^2}-2r\frac{(x-\mu_1)(y-\mu_2)}{\sigma_1\sigma_2}+\frac{(y-\mu_2)^2}{\sigma_2^2}\right]+\frac{(x-\mu_1)^2}{2\sigma_1^2}} \\
&= \frac{1}{\sqrt{2\pi}\sigma_2\sqrt{1-r^2}} e^{-\frac{1}{2(1-r^2)}\left[\frac{y-\mu_2}{\sigma_2}-\frac{r(x-\mu_1)}{\sigma_1}\right]^2} \\
&= \frac{1}{\sqrt{2\pi}\sigma_2\sqrt{1-r^2}} e^{-\frac{1}{2\sigma_2^2(1-r^2)}\left\{y-\left[\mu_2+r\frac{\sigma_2}{\sigma_1}(x-\mu_1)\right]\right\}^2} \quad (-\infty<y<+\infty).
\end{aligned}
$$

由此可见,这个条件分布恰好是正态分布 $N\left[\mu_2+r\frac{\sigma_2}{\sigma_1}(x-\mu_1),(\sigma_2\sqrt{1-r^2})^2\right]$.

同理,由(5-11)式及例5.3的结果得

$$
f_{\xi|\eta}(x \mid y) = \frac{1}{\sqrt{2\pi}\sigma_1\sqrt{1-r^2}} e^{-\frac{1}{2\sigma_1^2(1-r^2)}\left\{x-\left[\mu_1+r\frac{\sigma_1}{\sigma_2}(y-\mu_2)\right]\right\}^2} \quad (-\infty<x<+\infty),
$$

即这个条件分布也恰好是正态分布 $N\left[\mu_1+r\frac{\sigma_1}{\sigma_2}(y-\mu_2),(\sigma_1\sqrt{1-r^2})^2\right]$.

§5.3 随机变量的独立性

在§5.2中提到过,由二维随机变量(ξ,η)的联合概率分布可以求得它的单个随机变量ξ,η的概率分布(边缘分布),反之不然.但是,在ξ与η相互独立的情况下,可以由(ξ,η)的边缘分布完全确定它的联合概率分布.本节讨论的就是随机变量独立性这个重要概念.

定义 5.12 设ξ,η为两个随机变量.若对于任意的实数x,y,均有

$$P\{\xi\leqslant x,\eta\leqslant y\}=P\{\xi\leqslant x\}P\{\eta\leqslant y\}$$

成立,则称随机变量ξ与η是**相互独立**的.

从定义5.12可以明显看出,若记二维随机变量(ξ,η)的联合分布函数为$F(x,y)$,记(ξ,η)关于ξ和η的边缘分布函数分别为$F_\xi(x)$和$F_\eta(y)$,则ξ与η相互独立的充要条件是:对于任意的实数x,y,均有

$$F(x,y)=F_\xi(x)F_\eta(y).$$

这就表明,如果ξ与η相互独立,则可以由ξ和η的概率分布确定(ξ,η)的联合概率分布.

对于二维离散型随机变量(ξ,η),ξ与η相互独立的充要条件是:对

于(ξ,η)的所有可能取值(x_i,y_j)，均有

$$p_{ij}=p_{i\cdot}p_{\cdot j}$$

成立，其中$P\{\xi=x_i,\eta=y_j\}=p_{ij}$为$(\xi,\eta)$的联合分布律，$P\{\xi=x_i\}=p_{i\cdot}$和$P\{\eta=y_j\}=p_{\cdot j}$分别为$(\xi,\eta)$关于$\xi$和$\eta$的边缘分布律.

对于二维连续型随机变量(ξ,η)，ξ与η相互独立的充要条件是：对于任意的实数x和y，均有

$$f(x,y)=f_\xi(x)f_\eta(y)$$

成立，其中$f(x,y)$为(ξ,η)的联合概率密度，$f_\xi(x)$和$f_\eta(y)$分别为(ξ,η)关于ξ和η的边缘概率密度.

由以上讨论可以判定，例5.1中给出的随机变量ξ与η不是相互独立的.

注　利用条件分布的概念，随机变量ξ与η相互独立的充要条件也可以是：在所有使得条件分布函数$F_{\eta|\xi}(y\mid x)$有意义的点x处，均有

$$F_{\eta|\xi}(y\mid x)=F_\eta(y)\quad(-\infty<y<+\infty)$$

成立，或者在所有使得条件分布函数$F_{\xi|\eta}(x\mid y)$有意义的点y处，均有

$$F_{\xi|\eta}(x\mid y)=F_\xi(x)\quad(-\infty<x<+\infty)$$

成立.上述充要条件是利用条件分布函数写出的，实际上，还可以就离散型和连续型两种情形，分别利用条件分布律和条件概率密度写出相应的充要条件.

定义5.13　设$\xi_1,\xi_2,\cdots,\xi_n$为n个随机变量.若对于n个任意实数$x_1,x_2,\cdots,x_n$，均有

$$\begin{aligned}&P\{\xi_1\leqslant x_1,\xi_2\leqslant x_2,\cdots,\xi_n\leqslant x_n\}\\&\quad=P\{\xi_1\leqslant x_1\}P\{\xi_2\leqslant x_2\}\cdots P\{\xi_n\leqslant x_n\}\end{aligned}$$

成立，则称n个随机变量$\xi_1,\xi_2,\cdots,\xi_n$是**相互独立**的.

由定义5.13可以明显看出，若n个随机变量$\xi_1,\xi_2,\cdots,\xi_n$的分布函数分别为$F_1(x_1),F_2(x_2),\cdots,F_n(x_n)$，$n$维随机变量$(\xi_1,\xi_2,\cdots,\xi_n)$的联合分布函数为$F(x_1,x_2,\cdots,x_n)$，则$\xi_1,\xi_2,\cdots,\xi_n$相互独立的充要条件是

$$F(x_1,x_2,\cdots,x_n)=F_1(x_1)F_2(x_2)\cdots F_n(x_n)=\prod_{i=1}^{n}F_i(x_i).$$

例5.3(续2)　求证：ξ与η相互独立的充要条件是(ξ,η)所服从的二维正态分布$N(\mu_1,\mu_2,\sigma_1^2,\sigma_2^2,r)$中参数$r=0$.

证　**充分性**　由$r=0$得

$$\begin{aligned}f(x,y)&=\frac{1}{2\pi\sigma_1\sigma_2}\mathrm{e}^{-\frac{1}{2}\left[\frac{(x-\mu_1)^2}{\sigma_1^2}+\frac{(y-\mu_2)^2}{\sigma_2^2}\right]}=\frac{1}{\sqrt{2\pi}\sigma_1}\mathrm{e}^{-\frac{(x-\mu_1)^2}{2\sigma_1^2}}\cdot\frac{1}{\sqrt{2\pi}\sigma_2}\mathrm{e}^{-\frac{(y-\mu_2)^2}{2\sigma_2^2}}\\&=f_\xi(x)f_\eta(y),\end{aligned}$$

故ξ与η相互独立.

必要性 由 ξ 与 η 相互独立得

$$f_\xi(x)f_\eta(y)=\frac{1}{\sqrt{2\pi}\sigma_1}\mathrm{e}^{-\frac{(x-\mu_1)^2}{2\sigma_1^2}}\cdot\frac{1}{\sqrt{2\pi}\sigma_2}\mathrm{e}^{-\frac{(y-\mu_2)^2}{2\sigma_2^2}}$$
$$=\frac{1}{2\pi\sigma_1\sigma_2}\mathrm{e}^{-\frac{1}{2}\left[\frac{(x-\mu_1)^2}{\sigma_1^2}+\frac{(y-\mu_2)^2}{\sigma_2^2}\right]},$$

此即为(ξ,η) 的联合概率密度 $f(x,y)$. 对照(5-3) 式,故有 $r=0$.

由例 5.3(续 2) 中的证明过程(必要性) 可见,若两个一维随机变量 ξ 与 η 相互独立,且 $\xi\sim N(\mu_1,\sigma_1^2)$,$\eta\sim N(\mu_2,\sigma_2^2)$,则二维随机变量$(\xi,\eta)$ 的联合概率密度为

$$f(x,y)=f_\xi(x)f_\eta(y)=\frac{1}{2\pi\sigma_1\sigma_2}\mathrm{e}^{-\frac{1}{2}\left[\frac{(x-\mu_1)^2}{\sigma_1^2}+\frac{(y-\mu_2)^2}{\sigma_2^2}\right]},$$

即$(\xi,\eta)\sim N(\mu_1,\mu_2,\sigma_1^2,\sigma_2^2,0)$.

因此,在 ξ 与 η 相互独立的情况下,下面两个结论是等价的:

(1) $\xi\sim N(\mu_1,\sigma_1^2)$,$\eta\sim N(\mu_2,\sigma_2^2)$;

(2) $(\xi,\eta)\sim N(\mu_1,\mu_2,\sigma_1^2,\sigma_2^2,0)$.

§ 5.4 二维随机变量的函数的概率分布

前面已经讨论过一维随机变量的函数的概率分布,下面开始讨论二维随机变量的函数的概率分布,但由于篇幅有限,本节主要研究两个随机变量的和、商的概率分布.

1. 和的分布

设(ξ,η) 为二维离散型随机变量,$g(x,y)$ 为某个二元函数,则 $\zeta=g(\xi,\eta)$ 显然也是离散型随机变量,且对于 ζ 的每一个取值 z_k,概率 $P\{\zeta=z_k\}$ 都可以通过把满足 $g(x_i,y_j)=z_k$ 的所有取值(x_i,y_j) 对应的概率 $P\{\xi=x_i,\eta=y_j\}$ 相加而得到. 由此,下面讨论 $g(x,y)=x+y$ 时的情形.

设二维离散型随机变量(ξ,η) 的联合分布律是

$$P\{\xi=i,\eta=j\}=p_{ij}\quad(i,j=0,1,2,\cdots),$$

则 $\zeta=\xi+\eta$ 的一切可能取值是 $0,1,2,\cdots$,且

$$\begin{aligned}P\{\zeta=k\}&=P\{\xi+\eta=k\}\\&=P\{\xi=0,\eta=k\}+P\{\xi=1,\eta=k-1\}+\cdots\\&\quad+P\{\xi=k,\eta=0\}.\end{aligned}$$

用互斥事件的加法定理，即可求得 ζ 的分布律为

$$P\{\zeta=k\}=\sum_{i=0}^{k}p_{i,k-i}\quad(k=0,1,2,\cdots).$$

特别地，若 ξ 与 η 相互独立，即 $p_{ij}=p_{i\cdot}p_{\cdot j}(i,j=0,1,2,\cdots)$，则有

$$P\{\zeta=k\}=\sum_{i=0}^{k}p_{i\cdot}p_{\cdot k-i}\quad(k=0,1,2,\cdots).$$

例 5.4　设两个离散型随机变量 ξ 与 η 相互独立，且 $\xi\sim P(\lambda_1)$，$\eta\sim P(\lambda_2)$，试求 $\zeta=\xi+\eta$ 的分布律.

解　因为 ξ 和 η 的分布律分别为

$$P\{\xi=k\}=\frac{\lambda_1^k}{k!}e^{-\lambda_1}\quad(k=0,1,2,\cdots),$$

$$P\{\eta=l\}=\frac{\lambda_2^l}{l!}e^{-\lambda_2}\quad(l=0,1,2,\cdots),$$

所以 ζ 的分布律为

$$\begin{aligned}P\{\zeta=r\}&=\sum_{i=0}^{r}P\{\xi=i,\eta=r-i\}=\sum_{i=0}^{r}P\{\xi=i\}P\{\eta=r-i\}\\&=\sum_{i=0}^{r}\frac{\lambda_1^i}{i!}e^{-\lambda_1}\frac{\lambda_2^{r-i}}{(r-i)!}e^{-\lambda_2}=\frac{e^{-(\lambda_1+\lambda_2)}}{r!}\sum_{i=0}^{r}\frac{r!}{i!(r-i)!}\lambda_1^i\lambda_2^{r-i}\\&=\frac{(\lambda_1+\lambda_2)^r}{r!}e^{-(\lambda_1+\lambda_2)}\quad(r=0,1,2,\cdots).\end{aligned}$$

由此可见，$\zeta=\xi+\eta\sim P(\lambda_1+\lambda_2)$.

将例 5.4 的结果进行推广. 设 n 个离散型随机变量 $\xi_1,\xi_2,\cdots,\xi_n$ 相互独立，且它们依次服从参数为 $\lambda_1,\lambda_2,\cdots,\lambda_n$ 的泊松分布，则 $\xi_1+\xi_2+\cdots+\xi_n$ 服从参数为 $\lambda_1+\lambda_2+\cdots+\lambda_n$ 的泊松分布，即

$$\sum_{i=1}^{n}\xi_i\sim P\Big(\sum_{i=1}^{n}\lambda_i\Big).$$

设 (ξ,η) 为二维连续型随机变量，$g(x,y)$ 为某个二元函数，则 $\zeta=g(\xi,\eta)$ 可能是离散型随机变量，也可能是连续型随机变量. 显然，ζ 的分布函数和密度函数分别为

$$F_\zeta(z)=P\{\zeta\leqslant z\}=P\{g(\xi,\eta)\leqslant z\}=\iint\limits_{g(x,y)\leqslant z}f(x,y)\,dx\,dy,$$

$$f_\zeta(z)=\frac{d}{dz}F_\zeta(z),$$

其中 $f(x,y)$ 为 (ξ,η) 的联合概率密度. 由此，下面讨论 $g(x,y)=x+y$ 时的情形.

设二维连续型随机变量 (ξ,η) 的联合概率密度是 $f(x,y)$，则 $\zeta=\xi+\eta$ 的分布函数为

$$F_\zeta(z)=\iint\limits_{x+y\leqslant z} f(x,y)\mathrm{d}x\mathrm{d}y=\int_{-\infty}^{+\infty}\mathrm{d}x\int_{-\infty}^{z-x} f(x,y)\mathrm{d}y \quad (5-14)$$

或

$$F_\zeta(z)=\iint\limits_{x+y\leqslant z} f(x,y)\mathrm{d}x\mathrm{d}y=\int_{-\infty}^{+\infty}\mathrm{d}y\int_{-\infty}^{z-y} f(x,y)\mathrm{d}x. \quad (5-15)$$

为了节省篇幅，下面约定仅以(5-14)式为基础给出讨论. 此时，为了方便求出 ζ 的密度函数 $f_\zeta(z)$，对 $F_\zeta(z)$ 做如下变形(交换积分次序)：

$$F_\zeta(z)=\int_{-\infty}^{+\infty}\mathrm{d}x\int_{-\infty}^{z-x} f(x,y)\mathrm{d}y=\int_{-\infty}^{z-x}\mathrm{d}y\int_{-\infty}^{+\infty} f(x,y)\mathrm{d}x,$$

从而求得

$$f_\zeta(z)=\frac{\mathrm{d}}{\mathrm{d}z}F_\zeta(z)=\frac{\mathrm{d}}{\mathrm{d}z}\int_{-\infty}^{z-x}\mathrm{d}y\int_{-\infty}^{+\infty} f(x,y)\mathrm{d}x=\int_{-\infty}^{+\infty} f(x,z-x)\mathrm{d}x.$$

特别地，若 ξ 与 η 相互独立，即 $f(x,y)=f_\xi(x)f_\eta(y)$，这里的 $f_\xi(x)$，$f_\eta(y)$ 分别为 (ξ,η) 关于 ξ 和 η 的边缘概率密度，则有

$$F_\zeta(z)=\int_{-\infty}^{+\infty}\mathrm{d}x\int_{-\infty}^{z-x} f_\xi(x)f_\eta(y)\mathrm{d}y,$$

$$f_\zeta(z)=\int_{-\infty}^{+\infty} f_\xi(x)f_\eta(z-x)\mathrm{d}x.$$

定义 5.14 反常积分

$$\int_{-\infty}^{+\infty} f(u)g(x-u)\mathrm{d}u$$

称为函数 $f(x)$ 和 $g(x)$ 的**卷积**(或**褶积**)，记作 $f(x)*g(x)$. 显然，卷积运算是可交换的，即有

$$f(x)*g(x)=g(x)*f(x)=\int_{-\infty}^{+\infty} f(x-u)g(u)\mathrm{d}u.$$

有了卷积的概念后，$\zeta=\xi+\eta$ 的密度函数 $f_\zeta(z)$ 就可以简单地表示为

$$f_\zeta(z)=f_\xi(z)*f_\eta(z)=f_\eta(z)*f_\xi(z), \quad (5-16)$$

其中

$$f_\zeta(z)=f_\eta(z)*f_\xi(z)=\int_{-\infty}^{+\infty} f_\eta(x)f_\xi(z-x)\mathrm{d}x$$

也可由(5-15)式推算得出. 公式(5-16)表明，两个相互独立的连续型随机变量之和的密度函数是它们各自的密度函数的卷积.

例 5.5 设两个连续型随机变量 ξ 与 η 相互独立，且 $\xi\sim N(0,1)$，$\eta\sim N(0,1)$，试求 $\zeta=\xi+\eta$ 的密度函数.

解 因为 ξ 和 η 的密度函数分别为

$$f_\xi(x)=\frac{1}{\sqrt{2\pi}}\mathrm{e}^{-\frac{x^2}{2}},\quad f_\eta(y)=\frac{1}{\sqrt{2\pi}}\mathrm{e}^{-\frac{y^2}{2}},$$

所以由(5-16)式得 ζ 的密度函数为

$$\begin{aligned}f_\zeta(z) &= f_\xi(z) * f_\eta(z) = \int_{-\infty}^{+\infty} f_\xi(x) f_\eta(z-x)\mathrm{d}x \\ &= \int_{-\infty}^{+\infty} \frac{1}{\sqrt{2\pi}}\mathrm{e}^{-\frac{x^2}{2}} \frac{1}{\sqrt{2\pi}}\mathrm{e}^{-\frac{(z-x)^2}{2}}\mathrm{d}x = \frac{1}{2\pi}\int_{-\infty}^{+\infty} \mathrm{e}^{-\left(x-\frac{z}{2}\right)^2}\mathrm{e}^{-\frac{z^2}{4}}\mathrm{d}x \\ &= \frac{1}{2\pi}\mathrm{e}^{-\frac{z^2}{4}} \cdot \int_{-\infty}^{+\infty} \mathrm{e}^{-t^2}\mathrm{d}t \quad \left(\text{变量代换,令 } x-\frac{z}{2}=t\right) \\ &= \frac{1}{2\pi}\mathrm{e}^{-\frac{z^2}{4}} \cdot \sqrt{\pi} = \frac{1}{2\sqrt{\pi}}\mathrm{e}^{-\frac{z^2}{4}} = \frac{1}{\sqrt{2\pi}\cdot\sqrt{2}}\mathrm{e}^{-\frac{z^2}{2(\sqrt{2})^2}}.\end{aligned}$$

由此可见,$\zeta \sim N(0,(\sqrt{2})^2)$.

实际上,例 5.5 的结果并不是巧合.一般地,若 ξ 与 η 相互独立,且

$$\xi \sim N(\mu_1,\sigma_1^2), \quad \eta \sim N(\mu_2,\sigma_2^2),$$

则

$$\zeta = \xi + \eta \sim N(\mu_1+\mu_2, \sigma_1^2+\sigma_2^2).$$

由此也可以得到

$$E(\zeta) = E(\xi+\eta) = \mu_1+\mu_2 = E(\xi)+E(\eta),$$
$$D(\zeta) = D(\xi+\eta) = \sigma_1^2+\sigma_2^2 = D(\xi)+D(\eta).$$

这个结果也不是巧合,在§5.5 中(见定理 5.3)将会给出一般性结论.

通过以上讨论,可将所得结果进行推广,得到如下结论:设 n 个随机变量 $\xi_1,\xi_2,\cdots,\xi_n$ 相互独立,且 $\xi_i \sim N(\mu_i,\sigma_i^2)(i=1,2,\cdots,n)$,则

$$\eta = \sum_{i=1}^n a_i\xi_i + C \sim N\left(\sum_{i=1}^n a_i\mu_i + C, \sum_{i=1}^n a_i^2\sigma_i^2\right),$$

其中 $C, a_i(i=1,2,\cdots,n)$ 均为常数.这个结论也表明了正态分布的又一特性:服从正态分布且相互独立的随机变量的线性函数仍服从正态分布.

2. 商的分布

设二维连续型随机变量 (ξ,η) 的联合概率密度是 $f(x,y)$,则 $\zeta=\dfrac{\xi}{\eta}$ 的分布函数为

$$\begin{aligned}F_\zeta(z) &= P\{\zeta\leqslant z\} = P\left\{\frac{\xi}{\eta}\leqslant z\right\} = \iint\limits_{\frac{x}{y}\leqslant z} f(x,y)\mathrm{d}x\mathrm{d}y \\ &= \int_{-\infty}^0 \mathrm{d}y\int_{yz}^{+\infty} f(x,y)\mathrm{d}x + \int_0^{+\infty}\mathrm{d}y\int_{-\infty}^{yz} f(x,y)\mathrm{d}x,\end{aligned}$$

从而 $\zeta=\dfrac{\xi}{\eta}$ 的密度函数为

$$\begin{aligned} f_\zeta(z) &= \frac{\mathrm{d}}{\mathrm{d}z}F_\zeta(z) \\ &= \frac{\mathrm{d}}{\mathrm{d}z}\left[\int_{-\infty}^{0}\mathrm{d}y\int_{yz}^{+\infty}f(x,y)\mathrm{d}x\right]+\frac{\mathrm{d}}{\mathrm{d}z}\left[\int_{0}^{+\infty}\mathrm{d}y\int_{-\infty}^{yz}f(x,y)\mathrm{d}x\right] \\ &= -\int_{-\infty}^{0}yf(yz,y)\mathrm{d}y+\int_{0}^{+\infty}yf(yz,y)\mathrm{d}y \\ &= \int_{-\infty}^{+\infty}|y|f(yz,y)\mathrm{d}y. \end{aligned}$$

特别地，若 ξ 与 η 相互独立，即 $f(x,y)=f_\xi(x)f_\eta(y)$，这里的 $f_\xi(x)$，$f_\eta(y)$ 分别为 (ξ,η) 关于 ξ 和 η 的边缘概率密度，则有

$$F_\zeta(z)=\int_{-\infty}^{0}\mathrm{d}y\int_{yz}^{+\infty}f_\xi(x)f_\eta(y)\mathrm{d}x+\int_{0}^{+\infty}\mathrm{d}y\int_{-\infty}^{yz}f_\xi(x)f_\eta(y)\mathrm{d}x, \tag{5-17}$$

$$f_\zeta(z)=\int_{-\infty}^{+\infty}|y|f_\xi(yz)f_\eta(y)\mathrm{d}y. \tag{5-18}$$

例 5.6 设两个连续型随机变量 ξ 与 η 相互独立，且 $\xi\sim E(\lambda_1)$，$\eta\sim E(\lambda_2)$，试求 $\zeta=\dfrac{\xi}{\eta}$ 的密度函数.

解 因为 ξ 和 η 的密度函数分别为

$$f_\xi(x)=\begin{cases}\lambda_1 \mathrm{e}^{-\lambda_1 x}, & x>0,\\ 0, & x\leqslant 0,\end{cases}\qquad f_\eta(y)=\begin{cases}\lambda_2 \mathrm{e}^{-\lambda_2 y}, & y>0,\\ 0, & y\leqslant 0,\end{cases}$$

所以由(5-18)式得 ζ 的密度函数为

$$\begin{aligned} f_\zeta(z) &= \int_{-\infty}^{+\infty}|y|f_\xi(yz)f_\eta(y)\mathrm{d}y=\lambda_2\int_{0}^{+\infty}yf_\xi(yz)\mathrm{e}^{-\lambda_2 y}\mathrm{d}y \\ &= \begin{cases}\lambda_1\lambda_2\displaystyle\int_{0}^{+\infty}y\mathrm{e}^{-\lambda_1 yz}\mathrm{e}^{-\lambda_2 y}\mathrm{d}y=\dfrac{\lambda_1\lambda_2}{(\lambda_1 z+\lambda_2)^2}, & z>0,\\ 0, & z\leqslant 0.\end{cases} \end{aligned}$$

§5.5 二维随机变量的数字特征

通过前面各节的学习可以看出，只由数学期望和方差这两个数字特征没有办法完整描述出二维随机变量的概率分布，必须引进其他的数字特征概念. 本节不仅会研究二维随机变量的数学期望与方差，还会介绍另外两个数字特征.

1. 二维随机变量及其函数的数学期望与方差

定义 5.15　对于二维随机变量(ξ,η)，其单个随机变量ξ,η的数学期望所组成的二元有序数对$(E(\xi),E(\eta))$称为(ξ,η)的**数学期望**；其单个随机变量ξ,η的方差所组成的二元有序数对$(D(\xi),D(\eta))$称为(ξ,η)的**方差**.

设(ξ,η)为二维离散型随机变量，它的联合分布律为

$$P\{\xi=x_i,\eta=y_j\}=p_{ij}\quad(i,j=1,2,\cdots),$$

则ξ和η的数学期望与方差分别为

$$E(\xi)=\sum_{i=1}^{\infty}\sum_{j=1}^{\infty}x_ip_{ij}=\sum_{i=1}^{\infty}x_ip_{i\cdot},$$

$$E(\eta)=\sum_{j=1}^{\infty}\sum_{i=1}^{\infty}y_jp_{ij}=\sum_{j=1}^{\infty}y_jp_{\cdot j},$$

$$D(\xi)=\sum_{i=1}^{\infty}\sum_{j=1}^{\infty}[x_i-E(\xi)]^2p_{ij}=\sum_{i=1}^{\infty}[x_i-E(\xi)]^2p_{i\cdot},$$

$$D(\eta)=\sum_{j=1}^{\infty}\sum_{i=1}^{\infty}[y_j-E(\eta)]^2p_{ij}=\sum_{j=1}^{\infty}[y_j-E(\eta)]^2p_{\cdot j},$$

其中$p_{i\cdot}(i=1,2,\cdots)$和$p_{\cdot j}(j=1,2,\cdots)$分别为$(\xi,\eta)$关于$\xi$和$\eta$的边缘分布律.

更进一步，设$g(x,y)$为某个二元函数，则$\zeta=g(\xi,\eta)$的数学期望与方差分别为

$$E(\zeta)=E[g(\xi,\eta)]=\sum_{i=1}^{\infty}\sum_{j=1}^{\infty}g(x_i,y_j)p_{ij},$$

$$D(\zeta)=D[g(\xi,\eta)]=\sum_{i=1}^{\infty}\sum_{j=1}^{\infty}[g(x_i,y_j)-E(\zeta)]^2p_{ij}.$$

设(ξ,η)为二维连续型随机变量，它的联合概率密度为$f(x,y)$，则ξ和η的数学期望与方差分别为

$$E(\xi)=\int_{-\infty}^{+\infty}\mathrm{d}x\int_{-\infty}^{+\infty}xf(x,y)\mathrm{d}y=\int_{-\infty}^{+\infty}xf_{\xi}(x)\mathrm{d}x,$$

$$E(\eta)=\int_{-\infty}^{+\infty}\mathrm{d}y\int_{-\infty}^{+\infty}yf(x,y)\mathrm{d}x=\int_{-\infty}^{+\infty}yf_{\eta}(y)\mathrm{d}y,$$

$$D(\xi)=\int_{-\infty}^{+\infty}\mathrm{d}x\int_{-\infty}^{+\infty}[x-E(\xi)]^2f(x,y)\mathrm{d}y=\int_{-\infty}^{+\infty}[x-E(\xi)]^2f_{\xi}(x)\mathrm{d}x,$$

$$D(\eta)=\int_{-\infty}^{+\infty}\mathrm{d}y\int_{-\infty}^{+\infty}[y-E(\eta)]^2f(x,y)\mathrm{d}x=\int_{-\infty}^{+\infty}[y-E(\eta)]^2f_{\eta}(y)\mathrm{d}y,$$

其中$f_{\xi}(x),f_{\eta}(y)$分别为(ξ,η)关于ξ和η的边缘概率密度.

更进一步，设$g(x,y)$为某个二元函数，则$\zeta=g(\xi,\eta)$的数学期望与方差分别为

$$E(\zeta)=E[g(\xi,\eta)]=\int_{-\infty}^{+\infty}\mathrm{d}x\int_{-\infty}^{+\infty}g(x,y)f(x,y)\mathrm{d}y,$$

$$D(\zeta)=D[g(\xi,\eta)]=\int_{-\infty}^{+\infty}\mathrm{d}x\int_{-\infty}^{+\infty}[g(x,y)-E(\zeta)]^2f(x,y)\mathrm{d}y.$$

2. 数学期望与方差的性质(续)

下面补充几个关于数学期望与方差的重要性质.

定理 5.3 设 ξ,η 为两个随机变量,则 $\xi+\eta$ 的数学期望为

$$E(\xi+\eta)=E(\xi)+E(\eta),$$

即两个随机变量之和的数学期望等于它们各自的数学期望之和.

证 先考虑 ξ,η 为两个离散型随机变量的情形. 设二维离散型随机变量 (ξ,η) 的联合分布律为 $P\{\xi=x_i,\eta=y_j\}=p_{ij}(i,j=1,2,\cdots)$,则有

$$\begin{aligned}E(\xi+\eta)&=\sum_{i=1}^{\infty}\sum_{j=1}^{\infty}(x_i+y_j)p_{ij}=\sum_{i=1}^{\infty}\sum_{j=1}^{\infty}x_ip_{ij}+\sum_{j=1}^{\infty}\sum_{i=1}^{\infty}y_jp_{ij}\\&=\sum_{i=1}^{\infty}x_ip_{i\cdot}+\sum_{j=1}^{\infty}y_jp_{\cdot j}=E(\xi)+E(\eta).\end{aligned}$$

再考虑 ξ,η 为两个连续型随机变量的情形. 设二维连续型随机变量 (ξ,η) 的联合概率密度为 $f(x,y)$,则有

$$\begin{aligned}E(\xi+\eta)&=\int_{-\infty}^{+\infty}\mathrm{d}x\int_{-\infty}^{+\infty}(x+y)f(x,y)\mathrm{d}y\\&=\int_{-\infty}^{+\infty}\mathrm{d}x\int_{-\infty}^{+\infty}xf(x,y)\mathrm{d}y+\int_{-\infty}^{+\infty}\mathrm{d}y\int_{-\infty}^{+\infty}yf(x,y)\mathrm{d}x\\&=\int_{-\infty}^{+\infty}xf_{\xi}(x)\mathrm{d}x+\int_{-\infty}^{+\infty}yf_{\eta}(y)\mathrm{d}y=E(\xi)+E(\eta).\end{aligned}$$

推论 5.1 设 ξ,η 为两个随机变量,C,a,b 均为常数,则 $a\xi+b\eta+C$ 的数学期望为

$$E(a\xi+b\eta+C)=aE(\xi)+bE(\eta)+C.$$

推论 5.2 设 $\xi_1,\xi_2,\cdots,\xi_n$ 为 n 个随机变量,$C,a_i(i=1,2,\cdots,n)$ 均为常数,则 $\sum\limits_{i=1}^{n}a_i\xi_i+C$ 的数学期望为

$$E\left(\sum_{i=1}^{n}a_i\xi_i+C\right)=\sum_{i=1}^{n}a_iE(\xi_i)+C.$$

定理 5.4 设 ξ,η 为两个相互独立的随机变量,则 $\xi\eta$ 的数学期望为

$$E(\xi\eta)=E(\xi)\cdot E(\eta),$$

即两个相互独立的随机变量之积的数学期望等于它们各自的数学期望之积.

证 先考虑 ξ 和 η 为两个离散型随机变量的情形. 设二维离散型随机变量 (ξ,η) 的联合分布律为 $P\{\xi=x_i,\eta=y_j\}=p_{ij}(i,j=1,2,\cdots)$,$(\xi,\eta)$

关于 ξ 和 η 的边缘分布律分别为 $p_{i\cdot}(i=1,2,\cdots)$ 和 $p_{\cdot j}(j=1,2,\cdots)$，则由 ξ 与 η 相互独立得 $p_{ij}=p_{i\cdot}p_{\cdot j}(i,j=1,2,\cdots)$，从而有

$$E(\xi\eta)=\sum_{i=1}^{\infty}\sum_{j=1}^{\infty}x_iy_jp_{ij}=\sum_{i=1}^{\infty}\sum_{j=1}^{\infty}x_iy_jp_{i\cdot}p_{\cdot j}$$

$$=\Big(\sum_{i=1}^{\infty}x_ip_{i\cdot}\Big)\cdot\Big(\sum_{j=1}^{\infty}y_jp_{\cdot j}\Big)=E(\xi)\cdot E(\eta).$$

再考虑 ξ 和 η 为两个连续型随机变量的情形. 设二维连续型随机变量 (ξ,η) 的联合概率密度为 $f(x,y)$，(ξ,η) 关于 ξ 和 η 的边缘概率密度分别为 $f_\xi(x)$ 和 $f_\eta(y)$，则由 ξ 与 η 相互独立得 $f(x,y)=f_\xi(x)f_\eta(y)$，从而有

$$E(\xi\eta)=\int_{-\infty}^{+\infty}\mathrm{d}x\int_{-\infty}^{+\infty}xyf(x,y)\mathrm{d}y=\int_{-\infty}^{+\infty}\mathrm{d}x\int_{-\infty}^{+\infty}xyf_\xi(x)f_\eta(y)\mathrm{d}y$$

$$=\int_{-\infty}^{+\infty}xf_\xi(x)\mathrm{d}x\cdot\int_{-\infty}^{+\infty}yf_\eta(y)\mathrm{d}y=E(\xi)\cdot E(\eta).$$

定理 5.5　设 ξ,η 为两个相互独立的随机变量，则 $\xi\pm\eta$ 的方差为

$$D(\xi\pm\eta)=D(\xi)+D(\eta),$$

即两个相互独立的随机变量之和（差）的方差等于它们各自的方差之和.

证　经推算，有

$$\begin{aligned}D(\xi\pm\eta)&=E\{[(\xi\pm\eta)-E(\xi\pm\eta)]^2\}\\&=E\{[(\xi-E(\xi))\pm(\eta-E(\eta))]^2\}\\&=E\{[\xi-E(\xi)]^2\}\pm2E\{[\xi-E(\xi)][\eta-E(\eta)]\}\\&\quad+E\{[\eta-E(\eta)]^2\}\\&=D(\xi)\pm2E\{[\xi-E(\xi)][\eta-E(\eta)]\}+D(\eta).\end{aligned}$$

而由 ξ 与 η 相互独立可知，$\xi-E(\xi)$ 与 $\eta-E(\eta)$ 也是相互独立的，故由数学期望的性质得

$$E\{[\xi-E(\xi)][\eta-E(\eta)]\}=E[\xi-E(\xi)]E[\eta-E(\eta)]=0\times0=0.$$

由此即证得

$$D(\xi\pm\eta)=D(\xi)+D(\eta).$$

推论 5.3　设 ξ,η 为两个随机变量，则 $\xi\pm\eta$ 的方差为

$$D(\xi\pm\eta)=D(\xi)\pm2E\{[\xi-E(\xi)][\eta-E(\eta)]\}+D(\eta).\tag{5-19}$$

3. 协方差与相关系数

对于二维随机变量，最具有特点的数字特征应该要反映出它单个随机变量之间的关系，下面介绍的协方差和相关系数就是其中最重要的两种数字特征.

定义 5.16　二维随机变量 (ξ,η) 的函数 $[\xi-E(\xi)][\eta-E(\eta)]$ 的

数学期望

$$E\{[\xi-E(\xi)][\eta-E(\eta)]\}$$

称为随机变量 ξ 与 η 的协方差，记作 $\mathrm{Cov}(\xi,\eta)$，即

$$\mathrm{Cov}(\xi,\eta)=E\{[\xi-E(\xi)][\eta-E(\eta)]\}.$$

注　协方差的符号"Cov"是英文单词"covariance(协同)"的缩写.

由定义 5.16 及数学期望的性质，容易得到协方差的如下性质.

定理 5.6　设 ξ,η,ζ 均为随机变量，则有

(1) $\mathrm{Cov}(\xi,\eta)=\mathrm{Cov}(\eta,\xi)$；

(2) $\mathrm{Cov}(\xi,\xi)=D(\xi)$；

(3) $D(\xi\pm\eta)=D(\xi)+D(\eta)\pm 2\mathrm{Cov}(\xi,\eta)$；

(4) $\mathrm{Cov}(\xi,\eta)=E(\xi\eta)-E(\xi)E(\eta)$；

(5) 当 ξ 与 η 相互独立时，有 $\mathrm{Cov}(\xi,\eta)=0$；

(6) $\mathrm{Cov}(k_1\xi+k_2\eta,\zeta)=k_1\mathrm{Cov}(\xi,\zeta)+k_2\mathrm{Cov}(\eta,\zeta)$，其中 k_1,k_2 均为常数.

证　由于性质(1)，(2) 可由定义 5.16 及数学期望的性质容易得到，性质(3)，(5) 可由定理 5.5 的证明过程容易得到，故这里只给出性质(4)，(6) 的证明过程.

$$\begin{aligned}(4)\ \mathrm{Cov}(\xi,\eta)&=E\{[\xi-E(\xi)][\eta-E(\eta)]\}\\&=E[\xi\eta-\xi E(\eta)-\eta E(\xi)+E(\xi)E(\eta)]\\&=E(\xi\eta)-2E(\xi)E(\eta)+E(\xi)E(\eta)\\&=E(\xi\eta)-E(\xi)E(\eta).\end{aligned}$$

$$\begin{aligned}(6)\ \mathrm{Cov}(k_1\xi+k_2\eta,\zeta)&=E\{[k_1\xi+k_2\eta-E(k_1\xi+k_2\eta)][\zeta-E(\zeta)]\}\\&=E[k_1\xi\zeta+k_2\eta\zeta-k_1\zeta E(\xi)-k_2\zeta E(\eta)\\&\quad-k_1\xi E(\zeta)-k_2\eta E(\zeta)\\&\quad+k_1E(\xi)E(\zeta)+k_2E(\eta)E(\zeta)]\\&=k_1E[\xi\zeta-\zeta E(\xi)-\xi E(\zeta)+E(\xi)E(\zeta)]\\&\quad+k_2E[\eta\zeta-\zeta E(\eta)-\eta E(\zeta)+E(\eta)E(\zeta)]\\&=k_1E\{[\xi-E(\xi)][\zeta-E(\zeta)]\}\\&\quad+k_2E\{[\eta-E(\eta)][\zeta-E(\zeta)]\}\\&=k_1\mathrm{Cov}(\xi,\zeta)+k_2\mathrm{Cov}(\eta,\zeta).\end{aligned}$$

注　在定理 5.6 中，性质(1) 说明，协方差具有对称性；性质(2) 说明，方差是协方差的特例；性质(4) 从另一个角度证实了定理 5.4；性质(6) 说明，协方差具有线性性.

定义 5.17　当 $D(\xi)\neq 0,D(\eta)\neq 0$ 时，称

$$\frac{\mathrm{Cov}(\xi,\eta)}{\sqrt{D(\xi)}\,\sqrt{D(\eta)}}$$

为随机变量 ξ 与 η 的相关系数(或标准协方差)，记作 $\rho_{\xi\eta}$，即

$$\rho_{\xi\eta}=\frac{\mathrm{Cov}(\xi,\eta)}{\sqrt{D(\xi)}\ \sqrt{D(\eta)}}.$$

注　在形式上,可以将相关系数看作"标准尺度下的协方差".这是因为,协方差作为二维随机变量(ξ,η)的函数$[\xi-E(\xi)][\eta-E(\eta)]$的数学期望,其数值依赖于$\xi$与$\eta$的度量单位,为了使其不受所用度量单位的影响,需要对其进行适当的标准化,使得它们的标准差均为1,这样产生的协方差就能在"标准尺度下"反映ξ与η之间的关系,这就是相关系数.事实上,依定义5.17,有

$$\begin{aligned}\rho_{\xi\eta}&=\frac{\mathrm{Cov}(\xi,\eta)}{\sqrt{D(\xi)}\ \sqrt{D(\eta)}}=\frac{E\{[\xi-E(\xi)][\eta-E(\eta)]\}}{\sqrt{D(\xi)}\ \sqrt{D(\eta)}}\\&=E\left[\frac{\xi-E(\xi)}{\sqrt{D(\xi)}}\cdot\frac{\eta-E(\eta)}{\sqrt{D(\eta)}}\right]\end{aligned}$$

$$\triangleq E(\xi^*\eta^*)=E\{[\xi^*-E(\xi^*)][\eta^*-E(\eta^*)]\}=\mathrm{Cov}(\xi^*,\eta^*),$$

其中

$$\xi^*=\frac{\xi-E(\xi)}{\sqrt{D(\xi)}},\quad \eta^*=\frac{\eta-E(\eta)}{\sqrt{D(\eta)}}$$

分别是ξ与η的标准化随机变量,即ξ^*与η^*的数学期望均为0,方差均为1.

由定义5.17及协方差的性质,容易得到相关系数的如下性质.

定理 5.7　设ξ,η均为随机变量,且$D(\xi)\neq 0$,$D(\eta)\neq 0$,则有

(1) 当ξ与η相互独立时,有$\rho_{\xi\eta}=0$;

(2) $|\rho_{\xi\eta}|\leqslant 1$;

(3) $|\rho_{\xi\eta}|=1$成立的充要条件是ξ,η之间具有严格线性关系,即

$$P\left\{\frac{\xi-E(\xi)}{\sqrt{D(\xi)}}=\frac{\eta-E(\eta)}{\sqrt{D(\eta)}}\right\}=1\quad 或\quad P\left\{\frac{\xi-E(\xi)}{\sqrt{D(\xi)}}=-\frac{\eta-E(\eta)}{\sqrt{D(\eta)}}\right\}=1.$$

注　性质(1)可由定义5.17及协方差的性质容易得到,而性质(2),(3)的证明较复杂,这里从略.

由定理5.7的性质(2)还可得到协方差的一个重要性质:

$$[\mathrm{Cov}(\xi,\eta)]^2\leqslant D(\xi)\cdot D(\eta).$$

定义 5.18　对于两个随机变量ξ,η,若ξ与η的相关系数$\rho_{\xi\eta}=0$,则称ξ与η是**不相关**的;否则,称ξ与η是**相关**的.

依定义5.18,由定理5.7的性质(1)可知,若ξ与η相互独立,则ξ与η不相关.但这个结论反之不然,下面的例题就是一个反例.

例 5.7　已知随机变量θ在区间$[0,2\pi]$上服从均匀分布,设$\xi=\cos\theta$,$\eta=\sin\theta$,试求$E(\xi)$,$E(\eta)$,$D(\xi)$,$D(\eta)$,$\mathrm{Cov}(\xi,\eta)$,$\rho_{\xi\eta}$.

解　由于θ的密度函数为

$$f(t)=\begin{cases}\dfrac{1}{2\pi}, & 0\leqslant t\leqslant 2\pi,\\ 0, & \text{其他},\end{cases}$$

由此 ξ 与 η 的数学期望分别为

$$E(\xi)=\int_0^{2\pi}\frac{1}{2\pi}\cos\theta\mathrm{d}\theta=0,\quad E(\eta)=\int_0^{2\pi}\frac{1}{2\pi}\sin\theta\mathrm{d}\theta=0,$$

ξ 与 η 的方差分别为

$$D(\xi)=E(\xi^2)=\int_0^{2\pi}\frac{1}{2\pi}\cos^2 t\mathrm{d}t=\frac{1}{2},\quad D(\eta)=E(\eta^2)=\int_0^{2\pi}\frac{1}{2\pi}\sin^2 t\mathrm{d}t=\frac{1}{2},$$

ξ 与 η 的协方差为

$$\mathrm{Cov}(\xi,\eta)=E(\xi\eta)=\int_0^{2\pi}\frac{1}{2\pi}\cos t\sin t\mathrm{d}t=0,$$

从而 ξ 与 η 的相关系数为 $\rho_{\xi\eta}=0$.

注　在例 5.7 中，注意到 $\xi^2+\eta^2=1$，即 ξ 与 η 不是相互独立的，但 ξ 与 η 的相关系数 $\rho_{\xi\eta}=0$，故 ξ 与 η 是不相关的. 因此，相互独立的两个随机变量一定不相关，而不相关的两个随机变量不一定相互独立.

实际上，由定理 5.7 的性质(3) 可见，相关系数 $\rho_{\xi\eta}$ 的数值刻画了随机变量 ξ,η 之间"线性"关系的程度，而不是刻画了 ξ,η 之间是否存在"一般"关系，故也常把相关系数称为**线性相关系数**.

但上述结论也有特例存在，即当二维随机变量 (ξ,η) 服从二维正态分布 $N(\mu_1,\mu_2,\sigma_1^2,\sigma_2^2,r)$ 时，ξ,η 不相关与 ξ,η 相互独立就是等价的. 事实上，经推算可得 ξ,η 的协方差为

$$\mathrm{Cov}(\xi,\eta)=r\sigma_1\sigma_2,$$

从而 ξ 与 η 的相关系数为

$$\rho_{\xi\eta}=\frac{\mathrm{Cov}(\xi,\eta)}{\sqrt{D(\xi)}\sqrt{D(\eta)}}=\frac{r\sigma_1\sigma_2}{\sigma_1\sigma_2}=r.$$

这表明，在 (ξ,η) 所服从的二维正态分布 $N(\mu_1,\mu_2,\sigma_1^2,\sigma_2^2,r)$ 中，参数 r 的概率意义就是 ξ 与 η 的相关系数 $\rho_{\xi\eta}$，而由例 5.3(续 2) 可知，ξ,η 相互独立的充要条件是 $r=0$，由此即得证. 这也是正态分布的又一特点.

例 5.8 设二维随机变量 (ξ,η) 的联合概率密度是

$$f(x,y)=\begin{cases}8xy, & 0\leqslant y\leqslant x,0\leqslant x\leqslant 1,\\ 0, & \text{其他},\end{cases}$$

试求 $E(\xi),E(\eta),D(\xi),D(\eta),\mathrm{Cov}(\xi,\eta),\rho_{\xi\eta}$.

解　$E(\xi)=\int_0^1\mathrm{d}x\int_0^x x\cdot 8xy\mathrm{d}y=\dfrac{4}{5}$，$E(\eta)=\int_0^1\mathrm{d}x\int_0^x y\cdot 8xy\mathrm{d}y=\dfrac{8}{15}$，

$$D(\xi)=E(\xi^2)-[E(\xi)]^2=\int_0^1\mathrm{d}x\int_0^x x^2\cdot 8xy\mathrm{d}y-\left(\frac{4}{5}\right)^2=\frac{2}{3}-\left(\frac{4}{5}\right)^2=\frac{2}{75},$$

$$D(\eta)=E(\eta^2)-[E(\eta)]^2=\int_0^1 \mathrm{d}x\int_0^x y^2\cdot 8xy\,\mathrm{d}y-\left(\frac{8}{15}\right)^2=\frac{1}{3}-\left(\frac{8}{15}\right)^2=\frac{11}{225},$$

$$\begin{aligned}\mathrm{Cov}(\xi,\eta)&=E(\xi\eta)-E(\xi)E(\eta)=\int_0^1 \mathrm{d}x\int_0^x xy\cdot 8xy\,\mathrm{d}y-\frac{4}{5}\times\frac{8}{15}\\&=\frac{4}{9}-\frac{4}{5}\times\frac{8}{15}=\frac{4}{225},\end{aligned}$$

$$\rho_{\xi\eta}=\frac{\mathrm{Cov}(\xi,\eta)}{\sqrt{D(\xi)}\sqrt{D(\eta)}}=\frac{\frac{4}{225}}{\sqrt{\frac{2}{75}}\times\sqrt{\frac{11}{225}}}=\frac{2\sqrt{66}}{33}.$$

§5.6　林德贝格-列维定理

在 §4.5 中我们已经介绍了一种形式最简单的中心极限定理(棣莫弗-拉普拉斯定理). 本节将介绍另一种重要形式的中心极限定理——林德贝格-列维定理.

定理 5.8(林德贝格-列维定理)　设 $\xi_1,\xi_2,\cdots,\xi_n,\cdots$ 是相互独立且具有相同概率分布的一列随机变量, 已知 $E(\xi_i)=\mu, D(\xi_i)=\sigma^2$ $(\sigma>0; i=1,2,\cdots)$, 则对于任意的实数 x, 均有

$$\lim_{n\to\infty}P\left\{\frac{1}{\sqrt{n}\sigma}(\xi_1+\xi_2+\cdots+\xi_n-n\mu)\leqslant x\right\}=\frac{1}{\sqrt{2\pi}}\int_{-\infty}^{x}\mathrm{e}^{-\frac{t^2}{2}}\mathrm{d}t. \tag{5-20}$$

定理 5.8 的证明超出了本书的知识范围, 这里从略.

注　在定理 5.8 中, 注意到 $\xi_1+\xi_2+\cdots+\xi_n$ 的数学期望为 $n\mu$, 方差为 $n\sigma^2$, 故

$$\frac{1}{\sqrt{n}\sigma}(\xi_1+\xi_2+\cdots+\xi_n-n\mu)$$

为 $\xi_1+\xi_2+\cdots+\xi_n$ 的标准化随机变量, 即它的数学期望是 0, 方差是 1. 也就是说, 它总能与标准正态分布 $N(0,1)$ 的数学期望与方差在 n 变化时仍保持一致.

由公式(5-20)可知, 对于相互独立且具有相同概率分布(数学期望均为 μ, 方差均为 σ^2)的 n 个随机变量 $\xi_1,\xi_2,\cdots,\xi_n$, 当 n 充分大时, 它们的和 $\sum\limits_{i=1}^{n}\xi_i$ 的标准化随机变量 $\frac{1}{\sqrt{n}\sigma}\left(\sum\limits_{i=1}^{n}\xi_i-n\mu\right)$ 将近似地服从标准正态分布

$N(0,1)$，即 $\sum_{i=1}^{n}\xi_i$ 将近似地服从正态分布 $N(n\mu,(\sqrt{n}\sigma)^2)$. 此时，$\sum_{i=1}^{n}\xi_i$ 的概率计算问题就可通过标准正态分布的分布函数 $\Phi(x)$（查附表 3）来近似求出.

最后，要说明的一点是，§4.5 中定理 4.6 为定理 5.8 的一种特殊情形. 设 $\eta_i \sim B(1,p)(0<p<1;i=1,2,\cdots,n,\cdots)$，且 $\eta_1,\eta_2,\cdots,\eta_n,\cdots$ 相互独立，则 $\xi_n=\sum_{i=1}^{n}\eta_i$ 服从二项分布 $B(n,p)$，于是定理 4.6 可以看作定理 5.8 当 $\eta_1,\eta_2,\cdots,\eta_n,\cdots$ 均服从 (0-1) 分布，即 $\eta_i \sim B(1,p)(i=1,2,\cdots,n,\cdots)$ 时的特例. 事实上，此时有 $E(\eta_i)=p, D(\eta_i)=p(1-p)$ $(0<p<1;i=1,2,\cdots,n,\cdots)$，将其代入 (5-20) 式即得 (4-20) 式.

例 5.9 设某地区有家电影院，因该地区每天平均看电影的人数约 1 600 人，而该电影院不能满足要求，故规划部门打算再建一家新电影院，预计新电影院建成后，平均有 $\frac{3}{4}$ 的观众会去这家新电影院看电影. 设计新电影院时有这样的考虑，希望座位数要尽量得多，但要求“空座数达 200 个或更多”的概率不超过 0.1. 问：新电影院设计多少座位数比较好？

解 将每天看电影的人依次排号为 $1,2,\cdots,1\,600$，且令

$$\xi_i=\begin{cases}1, & \text{当第 } i \text{ 号观众去新电影院看电影时},\\ 0, & \text{当第 } i \text{ 号观众不去新电影院看电影时}\end{cases} \quad (i=1,2,\cdots,1\,600),$$

则

$$P\{\xi_i=1\}=\frac{3}{4},\quad P\{\xi_i=0\}=\frac{1}{4},$$

且 $\xi_1,\xi_2,\cdots,\xi_{1\,600}$ 是相互独立的随机变量. 由题意知，新电影院的座位数 m 是满足

$$P\{\xi_1+\xi_2+\cdots+\xi_{1\,600}\leqslant m-200\}\leqslant 0.1$$

的最大整数. 下面由定理 5.8 近似计算这个概率为

$$\begin{aligned}&P\{\xi_1+\xi_2+\cdots+\xi_{1\,600}\leqslant m-200\}\\ &=P\left\{\frac{\xi_1+\xi_2+\cdots+\xi_{1\,600}-1\,600\times\frac{3}{4}}{\sqrt{1\,600}\times\sqrt{\frac{3}{4}\times\frac{1}{4}}}\leqslant\frac{m-200-1\,600\times\frac{3}{4}}{\sqrt{1\,600}\times\sqrt{\frac{3}{4}\times\frac{1}{4}}}\right\}\\ &\approx\Phi\left(\frac{m-1\,400}{10\sqrt{3}}\right),\end{aligned}$$

故只需求解满足不等式

$$\Phi\left(\frac{m-1\,400}{10\sqrt{3}}\right)\leqslant 0.1,\quad \text{即}\quad \Phi\left(-\frac{m-1\,400}{10\sqrt{3}}\right)\geqslant 0.9$$

的最大整数即可. 查附表 3 得 $-\frac{m-1\,400}{10\sqrt{3}}>1.28$，解得

$$m < 1\,400 - 12.8\sqrt{3} \approx 1\,377.83,$$

因此 $m = 1\,378$,即新电影院的座位数应设计 1 378 个左右比较合适.

习 题 五

1. 甲、乙两人独立地对同一目标各进行两次射击,其命中率分别是 0.8 和 0.6,依次用 ξ,η 表示甲、乙命中目标的次数,求 (ξ,η) 的联合分布律.

2. 设一箱装有某种产品 100 件,其中一、二、三等品分别有 80 件、10 件、10 件,现从该箱中任意抽出一件,记

$$\xi_i = \begin{cases} 1, & \text{抽到 } i \text{ 等品}, \\ 0, & \text{其他} \end{cases} \quad (i = 1,2,3),$$

求 (ξ_1,ξ_2) 的联合分布律.

3. 设随机变量 ξ_1 与 ξ_2 具有相同的概率分布,且 $P\{\xi_i = -1\} = \dfrac{1}{4}$,$P\{\xi_i = 1\} = \dfrac{1}{4}$,$P\{\xi_i = 0\} = \dfrac{1}{2}(i = 1,2)$,已知 $P\{\xi_1\xi_2 = 0\} = 1$,求 (ξ_1,ξ_2) 的联合分布律及 $P\{\xi_1 = \xi_2\}$.

4. 设 (ξ,η) 的联合概率密度为

$$f(x,y) = \begin{cases} A\mathrm{e}^{-(3x+4y)}, & x > 0, y > 0, \\ 0, & \text{其他}, \end{cases}$$

求:

(1) 常数 A 的值;

(2) 联合分布函数 $F(x,y)$;

(3) $P\{0 < \xi \leqslant 3, 0 < \eta \leqslant 4\}$.

5. 设二维随机变量 (ξ,η) 在区域 D 上服从均匀分布,其中

$$D = \{(x,y) \mid |x+y| \leqslant 1, |x-y| \leqslant 1\},$$

求边缘概率密度 $f_\xi(x)$.

6. 设

$$F(x,y) = A\left(B + \arctan\frac{x}{2}\right)\left(C + \arctan\frac{y}{3}\right)$$

为二维随机变量 (ξ,η) 的联合分布函数,求:

(1) 常数 A,B,C 的值;

(2) 联合概率密度 $f(x,y)$;

(3) 边缘概率密度 $f_\xi(x)$ 和 $f_\eta(y)$.

7. 设二维随机变量 (ξ,η) 的联合概率密度为

$$f(x,y) = \begin{cases} x^2 + Cxy, & 0 \leqslant x \leqslant 1, 0 \leqslant y \leqslant 2, \\ 0, & \text{其他}, \end{cases}$$

求：

(1) 常数 C 的值；

(2) 联合分布函数 $F(x,y)$；

(3) 边缘概率密度 $f_\xi(x)$ 和 $f_\eta(y)$；

(4) 条件概率密度 $f_{\xi|\eta}(x \mid y)$ 和 $f_{\eta|\xi}(y \mid x)$.

8. 设二维随机变量(ξ,η) 的联合概率密度为

$$f(x,y)=\begin{cases}2\mathrm{e}^{-(2x+y)}, & x>0,y>0,\\ 0, & \text{其他},\end{cases}$$

求：

(1) 条件概率密度 $f_{\xi|\eta}(x \mid y)$ 和 $f_{\eta|\xi}(y \mid x)$；

(2) 条件概率 $P\{\xi\leqslant 2 \mid \eta\leqslant 1\}$.

9. 设随机变量 ξ 在区间$(0,1)$ 上服从均匀分布，且当 $\xi=x(0<x<1)$ 时，η 在区间$(x,1)$ 上服从均匀分布，求：

(1) (ξ,η) 的联合概率密度 $f(x,y)$；

(2) 边缘概率密度 $f_\eta(y)$；

(3) $P\{\xi+\eta>1\}$.

10. 某仪器由两个部件构成，设 ξ 和 η 为这两个部件的寿命(单位：千小时)，已知(ξ,η) 的联合分布函数为

$$F(x,y)=\begin{cases}1-\mathrm{e}^{-0.5x}-\mathrm{e}^{-0.5y}+\mathrm{e}^{-0.5(x+y)}, & x>0,y>0,\\ 0, & \text{其他}.\end{cases}$$

(1) 求边缘分布函数 $F_\xi(x)$ 和 $F_\eta(y)$；

(2) 求联合概率密度 $f(x,y)$ 及边缘概率密度 $f_\xi(x)$ 和 $f_\eta(y)$；

(3) 判定 ξ 与 η 是否相互独立；

(4) 求两部件寿命均超过 0.1 千小时的概率.

11. 设二维随机变量(ξ,η) 的联合概率密度为

$$f(x,y)=\begin{cases}C(x+y), & 0\leqslant y\leqslant x\leqslant 1,\\ 0, & \text{其他}.\end{cases}$$

(1) 求常数 C 的值；

(2) 求边缘概率密度 $f_\xi(x)$ 和 $f_\eta(y)$；

(3) 判定 ξ 与 η 是否相互独立；

(4) 求 $P\{\xi+\eta\leqslant 1\}$.

12. 设 ξ,η 为相互独立的两个随机变量，它们的密度函数分别为

$$f_\xi(x)=\begin{cases}\mathrm{e}^{-x}, & x>0,\\ 0, & x\leqslant 0,\end{cases}\qquad f_\eta(y)=\begin{cases}\mathrm{e}^{-y}, & y>0,\\ 0, & y\leqslant 0,\end{cases}$$

求：

(1) (ξ,η) 的联合概率密度；

(2) 条件概率 $P\{\xi\leqslant 1 \mid \eta>0\}$.

13. 对第 2 题给出的数据，求 $E(\xi_1)$，$E(\xi_2)$，$D(\xi_1)$，$D(\xi_2)$，$\mathrm{Cov}(\xi_1,\xi_2)$，$\rho_{\xi_1\xi_2}$.

14. 设随机变量 ξ 的密度函数为

$$f(x)=\frac{1}{2}e^{-|x|}.$$

(1) 求 $E(\xi)$, $D(\xi)$;

(2) 求 $\mathrm{Cov}(\xi,|\xi|)$;

(3) 判定 ξ 与 $|\xi|$ 是否相互独立或相关.

15. 设二维随机变量 (ξ,η) 的联合概率密度为

$$f(x,y)=\begin{cases}2-x-y, & 0\leqslant x\leqslant 1, 0\leqslant y\leqslant 1,\\ 0, & \text{其他}.\end{cases}$$

(1) 求 $E(\xi)$, $E(\eta)$, $D(\xi)$, $D(\eta)$, $\mathrm{Cov}(\xi,\eta)$, $D(\xi+\eta)$;

(2) 判定 ξ 和 η 是否相互独立或相关.

16. 设二维随机变量 (ξ,η) 的联合概率密度为

$$f(x,y)=\begin{cases}2xe^{-(y-5)}, & 0\leqslant x\leqslant 1, y>5,\\ 0, & \text{其他},\end{cases}$$

讨论 ξ 和 η 的独立性,并计算 $E(\xi\eta)$.

17. 设 ξ 和 η 是相互独立且同服从正态分布 $N\left(0,\left(\frac{1}{\sqrt{2}}\right)^2\right)$ 的两个随机变量,求 $E(|\xi-\eta|)$ 和 $D(|\xi-\eta|)$.(提示:先证 $\xi-\eta$ 是服从标准正态分布 $N(0,1)$ 的随机变量.)

18. 设二维随机变量 (ξ,η) 服从二维正态分布,且 $\xi\sim N(1,3^2)$, $\eta\sim N(0,4^2)$, $\rho_{\xi\eta}=-\frac{1}{2}$. 若 $\zeta=\frac{\xi}{3}+\frac{\eta}{2}$,

(1) 求 $E(\zeta)$, $D(\zeta)$;

(2) 求 ξ 和 ζ 的相关系数;

(3) 判定 ξ 和 ζ 是否相互独立.

19. 设随机变量 ξ 与 η 相互独立,且 $\xi\sim N(\mu,\sigma^2)$, $\eta\sim U(-\pi,\pi)$,试求 $\zeta=\xi+\eta$ 的密度函数 $f(z)$.

20. 设 ξ 和 η 为两个相互独立且具有同分布的随机变量,它们的密度函数为

$$f(x)=\begin{cases}\dfrac{1\,000}{x^2}, & x>1\,000,\\ 0, & x\leqslant 1\,000,\end{cases}$$

求 $\zeta=\frac{\xi}{\eta}$ 的密度函数 $f(z)$.

第六章

数理统计的基本概念

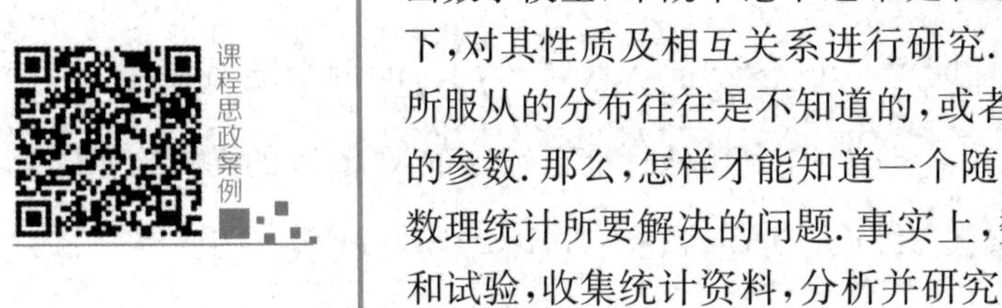

前面几章研究的是概率论,接下来的章节研究的是数理统计. 概率论与数理统计都是研究大量随机现象规律性的学科,但它们所研究的侧重点有所不同. 概率论是对客观随机现象的规律性给出数学模型,即概率论中通常是在已知随机变量的概率分布的情形下,对其性质及相互关系进行研究. 但在实际问题中,一个随机变量所服从的分布往往是不知道的,或者是知其模型,不知其分布中所含的参数. 那么,怎样才能知道一个随机变量的分布或参数呢? 这就是数理统计所要解决的问题. 事实上,数理统计就是在实际中进行观察和试验,收集统计资料,分析并研究其规律性,选择数学模型,从而对所考察的问题做出估计与判断. 但客观上往往只允许我们对随机现象进行次数不多的观察和试验,所收集的统计资料只能反映事物的局部特征. 数理统计的任务就在于,从统计资料所反映的局部特征中以概率论作为理论基础来推断事物的整体特征. 因为这种“从局部特征推断整体特征”的方法具有普遍的意义,所以数理统计的应用很广泛,如天气的预报、良种的选择、质量的控制等.

§6.1 总体与样本

1. 总体与个体

定义 6.1 在数理统计中，把研究对象的全体称为总体或母体，把组成总体的每一个研究对象(元素或单元)称为个体. 包括有限个个体的总体称为有限总体，包括无限个个体的总体称为无限总体.

例 6.1 在研究某批零件的抗压强度时，这批零件的抗压强度值的全体组成一个总体，且是有限总体，而每一个零件的抗压强度值就是个体.

例 6.2 普查某城市大学生的身高，这个城市全体大学生的身高组成一个总体，且是有限总体，而每个大学生的身高就是个体.

例 6.3 一个育苗室各处的温度的全体组成一个总体，且是无限总体，而每处的温度就是个体.

注　有关总体的概念有以下两点需要注意：

(1) 在实际问题中，总体与个体不是一成不变的，而是由我们研究的任务来确定. 例如，例 6.2 中研究的任务是通过某城市大学生的身高来反映学生的情况，那么这时就把该城市所有大学生的身高的全体看作总体，把每个大学生的身高看作个体.

(2) 有限总体与无限总体也是相对的. 有时为了方便研究问题，把个体数相当多的有限总体近似当作无限总体来处理，也会把无限总体分成几个部分，每个部分都当作有限总体来处理.

2. 样本

由于实际中往往讨论的是由研究对象的某个数量指标的所有可能取值组成的总体，而这个数量指标显然可看作一个随机变量 ξ，故 ξ 的所有可能取值就是我们讨论的总体，此时也将 ξ 的分布函数称为这一总体的分布函数，简称总体分布函数. 以后就约定用随机变量(如 ξ) 来表示总体.

定义 6.2 从一个总体 ξ 中抽取 n 个个体 $\xi_1,\xi_2,\cdots,\xi_n$，这 n 个个体称为总体 ξ 的一个样本或子样，有时也记作 $(\xi_1,\xi_2,\cdots,\xi_n)$，其中 n 称为样本容量.

由于从总体中抽取个体是随机的，因此总体 ξ 的样本 $(\xi_1,\xi_2,\cdots,\xi_n)$

可以看作一个 n 维随机变量. 当样本抽取完后，就得到 n 个具体的数值，记作 $(x_1, x_2, \cdots, x_n)$，称为样本 $(\xi_1, \xi_2, \cdots, \xi_n)$ 的一个**样本值**或**样本观察值**.

那么，为什么要抽取样本呢？在数理统计中，总体 ξ 的分布总是未知的，即使有时认为总体 ξ 服从某种分布，但这个分布所含的某些参数是未知的，因此需要从总体中抽取样本进行观察，然后根据所得的数据来对总体的特性进行分析、估计和推断.

抽取样本通常有两种方法：一种是不重复抽样（也称为不返回抽样），即每次抽取一个个体进行考察，然后不放回，再继续抽取下一个；另一种是重复抽样（也称为返回抽样），即每次抽取一个个体进行考察，然后把它放回，再继续抽取下一个. 对于无限总体或个体数较多的有限总体，抽取的个体是否放回对下一次抽取影响甚微，这时不重复抽样与重复抽样没有什么区别. 在实际应用中，当总体中个体数较多（例如总体中个体数比样本容量大 20 倍以上或抽样比小于 0.01）时，可将不重复抽样视为重复抽样.

抽取样本 $(\xi_1, \xi_2, \cdots, \xi_n)$，要求满足下列两个特性：

(1) 代表性，即每一个分量 $\xi_i (i = 1, 2, \cdots, n)$ 都与总体 ξ 具有相同的分布；

(2) 独立性，即样本 $(\xi_1, \xi_2, \cdots, \xi_n)$ 中 n 个分量 $\xi_1, \xi_2, \cdots, \xi_n$ 相互独立.

定义 6.3 具有上述两个特性的样本称为**简单随机样本**，简称**样本**.

注 今后除特别说明外，所提及的样本都是指简单随机样本.

3. 样本分布

对于总体 ξ 的一个样本 $(\xi_1, \xi_2, \cdots, \xi_n)$，若 ξ 的分布函数为 $F(x)$，那么样本 $(\xi_1, \xi_2, \cdots, \xi_n)$ 的联合分布函数为

$$\prod_{i=1}^{n} F(x_i) = F(x_1)F(x_2)\cdots F(x_n);$$

若 ξ 的密度函数为 $f(x)$，那么样本 $(\xi_1, \xi_2, \cdots, \xi_n)$ 的联合概率密度为

$$\prod_{i=1}^{n} f(x_i) = f(x_1)f(x_2)\cdots f(x_n).$$

例 6.4 设总体 $\xi \sim P(\lambda)$，求样本 $(\xi_1, \xi_2, \cdots, \xi_n)$ 的联合分布律.

解 已知总体 $\xi \sim P(\lambda)$，即 ξ 的分布律为

$$P\{\xi = m\} = \frac{\lambda^m}{m!}\mathrm{e}^{-\lambda} \quad (m = 0, 1, 2, \cdots).$$

于是，样本 $(\xi_1, \xi_2, \cdots, \xi_n)$ 的联合分布律为

$$P\{\xi_1 = x_1, \xi_2 = x_2, \cdots, \xi_n = x_n\} = \prod_{i=1}^{n} P\{\xi_i = x_i\} = \prod_{i=1}^{n} \frac{\lambda^{x_i}}{x_i!} e^{-\lambda}$$
$$= e^{-n\lambda} \lambda^{x_1 + x_2 + \cdots + x_n} \left(\prod_{i=1}^{n} x_i! \right)^{-1}.$$

例 6.5 设总体 $\xi \sim N(\mu, \sigma^2)$，求样本$(\xi_1, \xi_2, \cdots, \xi_n)$的联合概率密度.

解　已知总体 $\xi \sim N(\mu, \sigma^2)$，即 ξ 的密度函数为

$$f(x) = \frac{1}{\sqrt{2\pi}\sigma} e^{-\frac{(x-\mu)^2}{2\sigma^2}}.$$

于是，样本$(\xi_1, \xi_2, \cdots, \xi_n)$的联合概率密度为

$$\prod_{i=1}^{n} f(x_i) = \prod_{i=1}^{n} \frac{1}{\sqrt{2\pi}\sigma} e^{-\frac{(x_i-\mu)^2}{2\sigma^2}} = (2\pi\sigma^2)^{-\frac{n}{2}} e^{-\frac{1}{2\sigma^2}\sum_{i=1}^{n}(x_i-\mu)^2}.$$

由此可见，样本分布完全是由总体分布来决定的. 但在数理统计中，总体的分布往往是未知的，现在就是要通过样本找到一个分布来近似代替总体的分布.

下面介绍几个常用的描述样本分布的工具.

1）样本频数分布表与样本频率分布表

从总体 ξ 中任意抽取一个样本，就得到一个样本值$(x_1, x_2, \cdots, x_n)$，然后对这批数据依下列步骤处理：

(1) 将样本值$(x_1, x_2, \cdots, x_n)$中所有两两不同的值按从小到大的次序重新排列，并用新的记号 $x_1^*, x_2^*, \cdots, x_m^*$ $(m \leqslant n)$ 依次表示，即有

$$x_1^* < x_2^* < \cdots < x_m^*;$$

(2) 再将 $x_1^*, x_2^*, \cdots, x_m^*$ 在样本值$(x_1, x_2, \cdots, x_n)$中出现的频数依次记为 $n_1, n_2, \cdots, n_m$，即有 $\sum_{i=1}^{m} n_i = n$，于是得到如表 6-1 及表 6-2 所示的数据，并分别称它们为样本频数分布表和样本频率分布表.

表 6-1

ξ	x_1^*	x_2^*	$\cdots$	x_m^*
n_i	n_1	n_2	$\cdots$	n_m

表 6-2

ξ	x_1^*	x_2^*	$\cdots$	x_m^*
$\frac{n_i}{n}$	$\frac{n_1}{n}$	$\frac{n_2}{n}$	$\cdots$	$\frac{n_m}{n}$

例 6.6 某炼钢厂生产的钢由于受到各种因素的影响，各炉钢的含硅量可以看作一个随机变量 ξ. 现记录了 120 炉钢的含硅量，数据如下：

0.86, 0.83, 0.77, 0.81, 0.81, 0.80, 0.79, 0.82, 0.82, 0.81,
0.81, 0.87, 0.82, 0.78, 0.80, 0.81, 0.87, 0.81, 0.77, 0.78,
0.77, 0.78, 0.77, 0.77, 0.77, 0.71, 0.95, 0.78, 0.81, 0.79,
0.80, 0.77, 0.76, 0.82, 0.80, 0.82, 0.84, 0.79, 0.90, 0.82,
0.79, 0.82, 0.79, 0.86, 0.76, 0.78, 0.83, 0.75, 0.82, 0.78,
0.73, 0.83, 0.81, 0.81, 0.83, 0.89, 0.81, 0.86, 0.82, 0.82,
0.78, 0.84, 0.84, 0.84, 0.81, 0.81, 0.74, 0.78, 0.78, 0.80,
0.74, 0.78, 0.75, 0.79, 0.85, 0.75, 0.74, 0.71, 0.88, 0.82,
0.76, 0.85, 0.73, 0.78, 0.81, 0.79, 0.77, 0.78, 0.81, 0.87,
0.83, 0.65, 0.64, 0.78, 0.75, 0.82, 0.80, 0.80, 0.77, 0.81,
0.75, 0.83, 0.90, 0.80, 0.85, 0.81, 0.77, 0.78, 0.82, 0.84,
0.85, 0.84, 0.82, 0.85, 0.84, 0.82, 0.85, 0.84, 0.78, 0.78.

试求出它的样本频数分布表与样本频率分布表.

解　找出题设样本值中的最小值为 $x_1^* = 0.64$,最大值为 $x_{22}^* = 0.95$.

根据数据,所求样本频数分布表如表 6-3 所示,所求样本频率分布表如表 6-4 所示.

表 6-3

ξ	0.64	0.65	0.71	0.73	0.74	0.75	0.76	0.77
n_i	1	1	2	2	3	5	3	10
ξ	0.78	0.79	0.80	0.81	0.82	0.83	0.84	0.85
n_i	16	7	8	16	15	6	8	6
ξ	0.86	0.87	0.88	0.89	0.90	0.95		
n_i	3	3	1	1	2	1		

表 6-4

ξ	0.64	0.65	0.71	0.73	0.74	0.75	0.76	0.77
$\frac{n_i}{120}$	$\frac{1}{120}$	$\frac{1}{120}$	$\frac{2}{120}$	$\frac{2}{120}$	$\frac{3}{120}$	$\frac{5}{120}$	$\frac{3}{120}$	$\frac{10}{120}$
ξ	0.78	0.79	0.80	0.81	0.82	0.83	0.84	0.85
$\frac{n_i}{120}$	$\frac{16}{120}$	$\frac{7}{120}$	$\frac{8}{120}$	$\frac{16}{120}$	$\frac{15}{120}$	$\frac{6}{120}$	$\frac{8}{120}$	$\frac{6}{120}$
ξ	0.86	0.87	0.88	0.89	0.90	0.95		
$\frac{n_i}{120}$	$\frac{3}{120}$	$\frac{3}{120}$	$\frac{1}{120}$	$\frac{1}{120}$	$\frac{2}{120}$	$\frac{1}{120}$		

2) 直方图

前面介绍的样本频数分布表与样本频率分布表反映出样本数据的某种规律性,但其所反映出的规律性还不够明显. 为此对样本数据再做处理,以便能够反映出更加明显的规律性,具体步骤如下.

(1) 确定起点、终点、组距及组数.

先选取起点与终点,起点 a 应选得比样本最小值 x_1^* 略小些,终点 b 应选得比样本最大值 x_m^* 略大些. 再将区间 $[a,b]$ 进行等分,确定组距

$d=\frac{b-a}{l}$,即在(a,b)内插入$l-1$个分点:$a<x'_1<x'_2<\cdots<x'_{l-1}<b$,把$[a,b]$均匀地分成$l$个组(小区间).这里的起点、终点、组距及组数可视具体情况来定.

(2) 确定各分组的频数与频率.

找出样本值$(x_1,x_2,\cdots,x_n)$落在每个组的数目,计算每个组的频数与频率.

(3) 绘出频率分布直方图.

先绘出一个平面直角坐标系,以横轴表示样本值,以纵轴表示频率与组距的比值.再在横轴上标出各分组的点,以各组的组距为底,画出高度等于各组频率与组距的比值的小矩形.这样的整个图形就称为频率分布直方图,简称直方图.

例 6.6(续 1) 绘出直方图.

解 (1) 取起点$a=0.635$,终点$b=0.955$,并将区间$[0.635,0.955]$均匀地分为 16 组,即组距为

$$d=\frac{0.955-0.635}{16}=\frac{0.32}{16}=0.02.$$

(2) 确定各组的频数与频率,如表 6-5 所示.

表 6-5

分组	频数	频率	频率 / 组距
0.635 ~ 0.655	2	2/120	10/12
0.655 ~ 0.675	0	0	0
0.675 ~ 0.695	0	0	0
0.695 ~ 0.715	2	2/120	10/12
0.715 ~ 0.735	2	2/120	10/12
0.735 ~ 0.755	8	8/120	40/12
0.755 ~ 0.775	13	13/120	65/12
0.775 ~ 0.795	23	23/120	115/12
0.795 ~ 0.815	24	24/120	120/12
0.815 ~ 0.835	21	21/120	105/12
0.835 ~ 0.855	14	14/120	70/12
0.855 ~ 0.875	6	6/120	30/12
0.875 ~ 0.895	2	2/120	10/12
0.895 ~ 0.915	2	2/120	10/12
0.915 ~ 0.935	0	0	0
0.935 ~ 0.955	1	1/120	5/12

(3) 绘出直方图.

在平面直角坐标系中,以横轴表示含硅量的样本值,以纵轴表示频率与组距的比值.于是,由上面的表 6-5,即可绘出如图 6-1 所示的直方图.

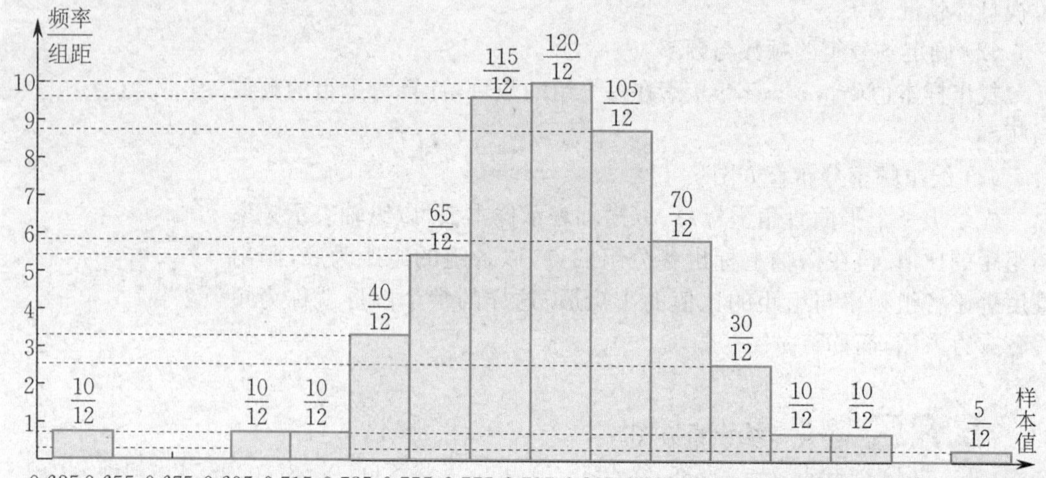

图 6-1

3) 频率分布曲线

设总体 ξ 是连续型随机变量,其密度函数 $f(x)$ 是未知的,下面介绍一个由总体 ξ 的样本值 $(x_1, x_2, \cdots, x_n)$ 去估计 $f(x)$ 的方法.

前面讲到,根据样本值 $(x_1, x_2, \cdots, x_n)$ 可以做出直方图. 而由概率论知识知,当样本容量 n 相当大时,第 $i(i=1,2,\cdots,l)$ 组的频率 f_i 可近似地表示 ξ 的取值落在区间 $(x'_i, x'_{i+1}]$ 上的概率,即

$$f_i \approx P\{x'_i < \xi \leqslant x'_{i+1}\} = \int_{x'_i}^{x'_{i+1}} f(x)\mathrm{d}x.$$

由此,可以考虑在上述直方图的基础上做出总体 ξ 的分布曲线的近似曲线,并称这条近似曲线为**频率分布曲线**.

具体做法是:在上述直方图的每个小矩形的顶边上取一点,先将这些点依次用折线联结起来,再对这些折线进行适当修匀,就可以粗略地画出一条光滑的曲线. 这时以该曲线为顶的曲边梯形的面积近似地等于 1,于是所得到的这条曲线就是总体 ξ 的分布曲线的一个近似图形,即频率分布曲线.

例 6.6(续 2) 在直方图基础上画出频率分布曲线,即总体 ξ 的分布曲线的近似曲线.

解 在例 6.6(续 1) 中求得的直方图上,于各小矩形的顶边上取一点(不妨取中点),将这些点依次用折线联结起来,并对这些折线进行适当修匀,就得到如图 6-2 所示的曲线,这条曲线即为所求的频率分布曲线. 由此可粗略地看出,总体 ξ 近似服从正态分布.

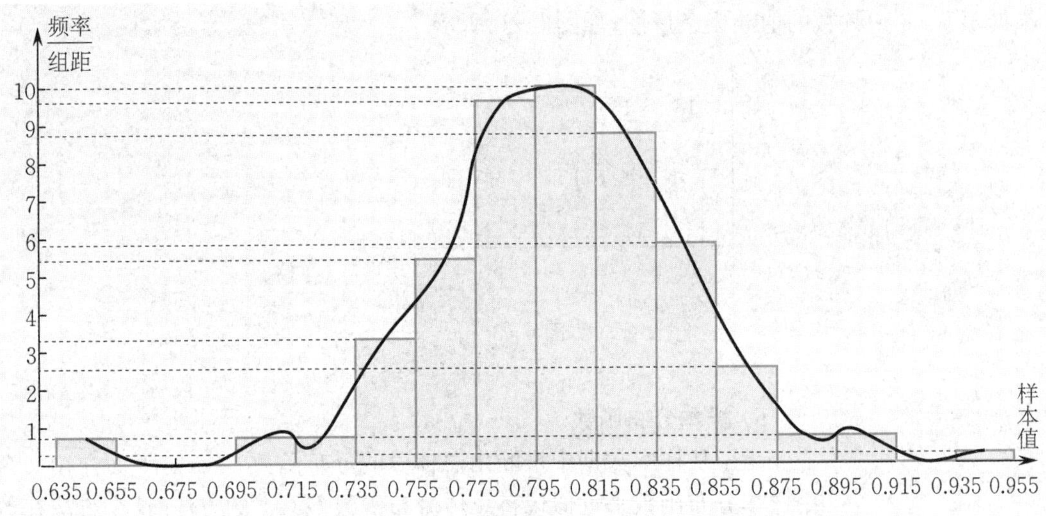

图 6-2

4）条形图

当样本数据在某个区间内取值时，直方图能较好地反映出样本数据的统计规律性. 但在有些问题中，样本数据只能取有限个值，这时采用直方图就不合理了，一般可采用条形图来反映样本数据的统计规律性. 下面通过一个例题来说明绘制条形图的方法.

例 6.7 把记录一分钟内碰撞某装置的宇宙粒子个数看作一次试验. 现连续记录 40 分钟，依次得数据如下：

3, 0, 0, 1, 0, 2, 1, 0, 1, 1,
0, 3, 4, 1, 2, 0, 2, 0, 3, 1,
1, 0, 1, 2, 0, 2, 1, 0, 1, 2,
3, 1, 0, 0, 2, 1, 0, 3, 1, 2.

试绘制其条形图.

解　从题设的这 40 个样本数据可以看到，它们只取 0,1,2,3,4 这 5 个值，因此绘制条形图比较合理. 由样本数据可得样本频数、频率分布表如表 6-6 所示.

表 6-6

宇宙粒子个数	频数	频率
0	13	13/40
1	13	13/40
2	8	8/40
3	5	5/40
4	1	1/40

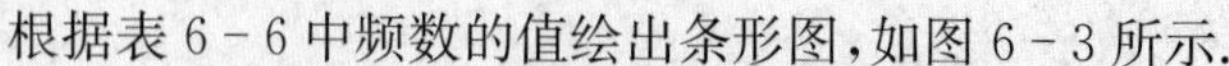
根据表 6 - 6 中频数的值绘出条形图，如图 6 - 3 所示.

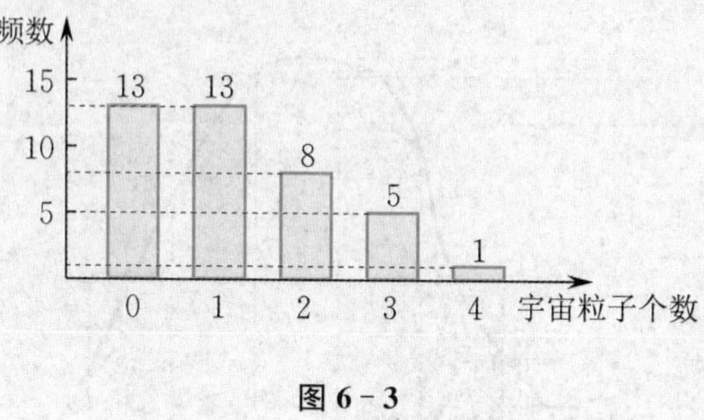

图 6 - 3

5）样本分布函数

为了从样本数据中推断出总体 ξ 的分布函数 $F_\xi(x)$，下面介绍一个用样本分布函数来近似代替总体分布函数 $F_\xi(x)$ 的方法. 这个方法在数理统计中经常用到.

定义 6.4 设 $(x_1, x_2, \cdots, x_n)$ 是总体 ξ 的一个样本值，将它们中所有两两不同的值按从小到大的次序重新排列为 $x_1^* < x_2^* < \cdots < x_m^*(m \leqslant n)$，并将它们的频数依次记为 $n_1, n_2, \cdots, n_m$. 令函数

$$F_n(x) = \begin{cases} 0, & x < x_1^*, \\ \sum\limits_{i=1}^{k} \dfrac{n_i}{n}, & x_k^* \leqslant x < x_{k+1}^*(k = 1, 2, \cdots, m-1), \\ 1, & x \geqslant x_m^*, \end{cases}$$

则称 $F_n(x)$ 为样本分布函数（或经验分布函数），$F_n(x)$ 的图形称为积累频率曲线，它是一条上升的阶梯曲线，其跃度为 $\dfrac{1}{n}$ 的整数倍.

对于任何实数 x，样本分布函数 $F_n(x)$ 的值等于 n 个样本值中不超过 x 的个数与样本容量 n 的比值. 由频率与概率的关系知道，$F_n(x)$ 可以作为未知的总体分布函数 $F_\xi(x)$ 的一个近似估计，且 n 越大，近似效果越好.

根据概率论的知识，总体分布函数 $F_\xi(x)$ 是事件 $\{\xi \leqslant x\}$ 发生的概率，故理论上可以证明，当 $n \to \infty$ 时，样本分布函数 $F_n(x)$ 依概率收敛于 $F_\xi(x)$，即对于任意给定的正数 ε，有

$$\lim_{n\to\infty} P\{|F_n(x) - F_\xi(x)| < \varepsilon\} = 1.$$

此外，还有数学家进一步证明了，当 $n \to \infty$ 时，样本分布函数与总体分布函数之间存在着更加密切的近似关系. 这些结论构成了数理统计中可以用样本来推断总体的理论基础.

例 6.8 随机观察总体 ξ，得到 10 个样本数据如下：

3.2， 2.5， -4， 2.5， 0， 2， 2， 2.5， 4， 2.

求样本分布函数.

解　将题设的10个样本数据由小到大排列为

$$-4<0<2=2=2<2.5=2.5=2.5<3.2<4,$$

于是得样本分布函数为

$$F_n(x)=\begin{cases}0, & x<-4,\\ \dfrac{1}{10}, & -4\leqslant x<0,\\ \dfrac{2}{10}, & 0\leqslant x<2,\\ \dfrac{5}{10}, & 2\leqslant x<2.5,\\ \dfrac{8}{10}, & 2.5\leqslant x<3.2,\\ \dfrac{9}{10}, & 3.2\leqslant x<4,\\ 1, & x\geqslant 4.\end{cases}$$

§6.2　统　计　量

1. 基本概念

由前面的讨论可见，样本是总体的代表，通过样本值对总体进行分析，可以找到一个分布来近似代替总体分布. 但仅此研究还不够深刻，还需把样本再进行一番“加工”，将样本中我们所关心的问题的信息集中起来，以便使问题的研究更加深入. 为此，本节引入数理统计中又一个重要概念 —— 统计量.

定义 6.5　设 $(\xi_1,\xi_2,\cdots,\xi_n)$ 是取自总体 ξ 的一个样本，$g(x_1,x_2,\cdots,x_n)$ 是一个连续函数，且这个函数不包含任何未知参数，则称样本 $(\xi_1,\xi_2,\cdots,\xi_n)$ 的函数 $g(\xi_1,\xi_2,\cdots,\xi_n)$ 为一个**统计量**.

应该注意到，统计量 $g(\xi_1,\xi_2,\cdots,\xi_n)$ 是一个随机变量. 若 $(x_1,x_2,\cdots,x_n)$ 是样本 $(\xi_1,\xi_2,\cdots,\xi_n)$ 的一个样本值，则 $g(x_1,x_2,\cdots,x_n)$ 是一个具体的数值，称其为统计量 $g(\xi_1,\xi_2,\cdots,\xi_n)$ 的一个观察值.

例 6.9　设 $(\xi_1,\xi_2,\cdots,\xi_n)$ 是取自服从正态分布 $N(\mu,\sigma^2)$ 的总体的一个样本，其中 μ 未知，σ^2 已知. 指出下列哪几项是统计量：

(1) $\frac{1}{3}\sum_{i=1}^{n}\xi_i$；

(2) $\frac{1}{\sigma^2}\sum_{i=1}^{n}(\xi_i-\bar{\xi})^2$，其中 $\bar{\xi}=\frac{1}{n}(\xi_1+\xi_2+\cdots+\xi_n)$；

(3) $\sum_{i=1}^{n}\xi_i^2$；

(4) $\sum_{i=1}^{n}(\xi_i-\mu)^2$；

(5) $\max\{\xi_1,\xi_2,\cdots,\xi_n\}$.

解　(1),(2),(3),(5) 都是统计量，(4) 不是统计量，因为它包含了总体分布 $N(\mu,\sigma^2)$ 中的未知参数 μ.

下面介绍几个常用的统计量.

定义 6.6　设$(\xi_1,\xi_2,\cdots,\xi_n)$是取自总体 ξ 的一个样本，则有

(1) 统计量

$$\bar{\xi}=\frac{1}{n}\sum_{i=1}^{n}\xi_i \tag{6-1}$$

称为样本均值(此统计量可给总体带来取值集中点的信息)；

(2) 统计量

$$S^2=\frac{1}{n-1}\sum_{i=1}^{n}(\xi_i-\bar{\xi})^2 \tag{6-2}$$

称为样本方差(此统计量可给总体带来取值偏离程度的信息)；

(3) 统计量

$$S=\sqrt{S^2}=\sqrt{\frac{1}{n-1}\sum_{i=1}^{n}(\xi_i-\bar{\xi})^2} \tag{6-3}$$

称为样本均方差或样本标准差；

(4) 统计量

$$A_k=\frac{1}{n}\sum_{i=1}^{n}\xi_i^k\quad(k=1,2,\cdots) \tag{6-4}$$

称为样本 k 阶(原点) 矩；

(5) 统计量

$$B_k=\frac{1}{n}\sum_{i=1}^{n}(\xi_i-\bar{\xi})^k\quad(k=1,2,\cdots) \tag{6-5}$$

称为样本 k 阶中心矩.

特别地，当 $k=1$ 时，样本一阶矩 $A_1=\frac{1}{n}\sum_{i=1}^{n}\xi_i$，即 A_1 就是样本均值 $\bar{\xi}$；当 $k=2$ 时，样本二阶中心矩 $B_2=\frac{1}{n}\sum_{i=1}^{n}(\xi_i-\bar{\xi})^2$，显然在 n 很大的情形下，B_2 与样本方差 S^2 非常接近，故常把 B_2 记作 $\widetilde{S}^2$，于是有

$$\widetilde{S}^2 = \frac{n-1}{n}S^2 \quad 或 \quad S^2 = \frac{n}{n-1}\widetilde{S}^2. \tag{6-6}$$

2. 常用统计量的性质

下面用概率论知识去证明上述几个常用统计量的一些简单性质.

定理 6.1 设$(\xi_1,\xi_2,\cdots,\xi_n)$是取自总体$\xi$的一个样本,$E(\xi)=\mu$, $D(\xi)=\sigma^2$,则有

(1) $E(\bar{\xi})=\mu, D(\bar{\xi})=\dfrac{\sigma^2}{n}$;

(2) $E(\widetilde{S}^2)=\dfrac{n-1}{n}\sigma^2, E(S^2)=\sigma^2$.

证 (1) $E(\bar{\xi})=E\left(\dfrac{1}{n}\sum\limits_{i=1}^{n}\xi_i\right)=\dfrac{1}{n}\sum\limits_{i=1}^{n}E(\xi)=\dfrac{1}{n}\sum\limits_{i=1}^{n}\mu=\mu$,

$$D(\bar{\xi})=D\left(\frac{1}{n}\sum_{i=1}^{n}\xi_i\right)=\frac{1}{n^2}\sum_{i=1}^{n}D(\xi_i)=\frac{1}{n^2}\sum_{i=1}^{n}\sigma^2=\frac{\sigma^2}{n}.$$

(2) 因为

$$\begin{aligned}\widetilde{S}^2&=\frac{1}{n}\sum_{i=1}^{n}(\xi_i-\bar{\xi})^2=\frac{1}{n}\sum_{i=1}^{n}(\xi_i^2-2\xi_i\bar{\xi}+\bar{\xi}^2)\\&=\frac{1}{n}\sum_{i=1}^{n}\xi_i^2-2\bar{\xi}^2+\bar{\xi}^2=\frac{1}{n}\sum_{i=1}^{n}\xi_i^2-\bar{\xi}^2,\end{aligned}$$

所以

$$\begin{aligned}E(\widetilde{S}^2)&=E\left(\frac{1}{n}\sum_{i=1}^{n}\xi_i^2-\bar{\xi}^2\right)\\&=\frac{1}{n}\sum_{i=1}^{n}E(\xi_i^2)-E(\bar{\xi}^2)\\&=\frac{1}{n}\sum_{i=1}^{n}\{D(\xi_i)+[E(\xi_i)]^2\}-\{D(\bar{\xi})+[E(\bar{\xi})]^2\}\\&=\frac{1}{n}(n\sigma^2+n\mu^2)-\frac{\sigma^2}{n}-\mu^2=\frac{n-1}{n}\sigma^2,\\E(S^2)&=E\left(\frac{n}{n-1}\widetilde{S}^2\right)=\frac{n}{n-1}E(\widetilde{S}^2)=\sigma^2.\end{aligned}$$

3. 样本均值与样本方差的计算

用样本推断总体时,常常需要计算样本均值$\bar{\xi}$与样本方差S^2(或样本二阶中心矩$\widetilde{S}^2$).一般可用(6-1)式、(6-2)式、(6-6)式去计算,但有些场合用这些公式计算比较麻烦,甚至会损失精度,下面介绍一种改进的算法.

首先根据样本$(\xi_1,\xi_2,\cdots,\xi_n)$的数值分布情况,选取适当的常数$a$和$b$,做如下线性变换:

$$\eta_i = b(\xi_i - a) \quad (i = 1,2,\cdots,n), \tag{6-7}$$

使得 $\eta_1,\eta_2,\cdots,\eta_n$ 较 $\xi_1,\xi_2,\cdots,\xi_n$ 大为简化，从而对变换后的数据更容易精确地计算出均值和方差：

$$\bar{\eta} = \frac{1}{n}\sum_{i=1}^{n}\eta_i, \quad S_\eta^2 = \frac{1}{n-1}\sum_{i=1}^{n}(\eta_i - \bar{\eta})^2.$$

然后由变换前后均值和方差的关系式

$$\bar{\xi} = a + \frac{1}{b}\bar{\eta}, \tag{6-8}$$

$$S^2 = \frac{1}{b^2}S_\eta^2, \tag{6-9}$$

就可得到样本均值 $\bar{\xi}$ 和样本方差 S^2.

下面证明(6-8)式和(6-9)式的由来.

事实上，在(6-7)式两边同时取均值可得

$$\bar{\eta} = b(\bar{\xi} - a),$$

故 $\bar{\xi} = a + \frac{1}{b}\bar{\eta}$. 于是，有

$$S^2 = \frac{1}{n-1}\sum_{i=1}^{n}(\xi_i - \bar{\xi})^2 = \frac{1}{n-1}\sum_{i=1}^{n}\left[\left(a + \frac{1}{b}\eta_i\right) - \left(a + \frac{1}{b}\bar{\eta}\right)\right]^2$$

$$= \frac{1}{b^2}\frac{1}{n-1}\sum_{i=1}^{n}(\eta_i - \bar{\eta})^2 = \frac{1}{b^2}S_\eta^2.$$

例 6.10 用某金属小球测定万有引力常数，得到如下数据：

6.683， 6.681， 6.675， 6.678， 6.679， 6.672.

求样本均值 $\bar{\xi}$ 和样本方差 S^2.

解 对题设样本数据 $\xi_1,\xi_2,\xi_3,\xi_4,\xi_5,\xi_6$ 做线性变换

$$\eta_i = 100(\xi_i - 6.6) \quad (i = 1,2,\cdots,6),$$

得到新的样本数据 $\eta_1,\eta_2,\eta_3,\eta_4,\eta_5,\eta_6$ 如下：

8.3， 8.1， 7.5， 7.8， 7.9， 7.2.

由此比较容易算得

$$\bar{\eta} = \frac{1}{6}(8.3 + 8.1 + 7.5 + 7.8 + 7.9 + 7.2) = 7.8,$$

$$\sum_{i=1}^{6}\eta_i^2 = 8.3^2 + 8.1^2 + 7.5^2 + 7.8^2 + 7.9^2 + 7.2^2 = 365.84,$$

$$\tilde{s}_\eta^2 = \frac{1}{6}\sum_{i=1}^{6}\eta_i^2 - \bar{\eta}^2 = \frac{1}{6}\times 365.84 - 7.8^2 \approx 0.133,$$

$$s_\eta^2 = \frac{n}{n-1}\tilde{s}_\eta^2 = \frac{6}{5}\times 0.133 \approx 0.16,$$

因此由(6-8)式和(6-9)式得

$$\bar{\xi} = 6.6 + \frac{1}{100}\times 7.8 = 6.678, \quad s^2 = \frac{1}{100^2}\times 0.16 = 1.6\times 10^{-5}.$$

§6.3 常用分布与上侧分位点

在研究数理统计的问题时，往往需要知道所讨论的统计量的分布．今后，将统计量的分布称为抽样分布．从理论上讲，只要知道总体 ξ 的分布，统计量的分布即可求得，但具体做起来并非那么容易．由于实际中常常遇到的情形是总体服从正态分布，因此后面主要研究来自正态总体(服从正态分布的总体)的抽样分布．在此之前，本节先介绍数理统计中常用的3个分布：χ^2 分布、t 分布和 F 分布(它们都与正态分布有密切的联系)，以及上侧分位点的概念，§6.4再讨论正态总体的抽样分布．

1. χ^2 分布

定义 6.7　设$(\xi_1,\xi_2,\cdots,\xi_n)$是取自服从标准正态分布 $N(0,1)$ 的总体的一个样本，则统计量

$$\xi=\xi_1^2+\xi_2^2+\cdots+\xi_n^2$$

所服从的分布称为 χ^2 分布，记作 $\chi^2(n)$，即 $\xi\sim\chi^2(n)$，其中参数 n 称为 χ^2 分布的自由度．

自由度为 n 的 χ^2 分布的密度函数为

$$f(x)=\begin{cases}\dfrac{1}{2^{\frac{n}{2}}\Gamma\left(\dfrac{n}{2}\right)}x^{\frac{n}{2}-1}\mathrm{e}^{-\frac{x}{2}}, & x>0,\\ 0, & x\leqslant 0,\end{cases}\tag{6-10}$$

其中 $\Gamma(s)$ 为 Γ 函数，定义为 $\Gamma(s)=\int_0^{+\infty}x^{s-1}\mathrm{e}^{-x}\mathrm{d}x\,(s>0)$．

χ^2 分布的密度函数(6-10)的图形如图6-4所示，显然它随着自由度 n 的不同而有所改变．

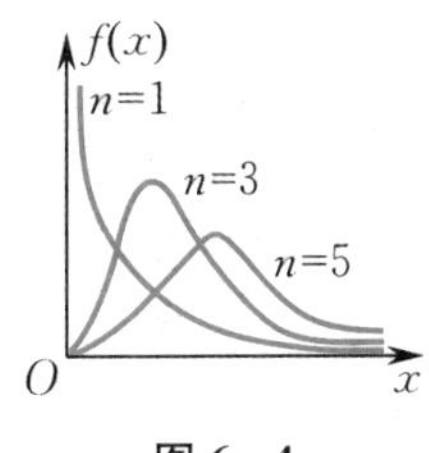

图 6-4

下面介绍 χ^2 分布的一些性质．

定理 6.2　(1) 若随机变量 $\xi\sim\chi^2(n)$，则

$$E(\xi)=n,\quad D(\xi)=2n;$$

(2) 若 ξ 与 η 相互独立，且 $\xi\sim\chi^2(m)$，$\eta\sim\chi^2(n)$，则

$$\xi+\eta\sim\chi^2(m+n).$$

性质(2)称为 χ^2 分布的可加性．

证　这里只对性质(1)给出证明．依 χ^2 分布的定义，有 $\xi=\xi_1^2+\xi_2^2+\cdots+\xi_n^2$，其中 $\xi_i\sim N(0,1)\,(i=1,2,\cdots,n)$，且 $\xi_1,\xi_2,\cdots,\xi_n$ 相互独

立. 于是,对于 $i=1,2,\cdots,n$,均有

$$E(\xi_i^2)=D(\xi_i)+[E(\xi_i)]^2=1+0=1,$$

$$E(\xi_i^4)=\int_{-\infty}^{+\infty}x^4\frac{1}{\sqrt{2\pi}}\mathrm{e}^{-\frac{x^2}{2}}\mathrm{d}x=\int_{-\infty}^{+\infty}\frac{x^3}{\sqrt{2\pi}}\mathrm{d}\left(-\mathrm{e}^{-\frac{x^2}{2}}\right)$$

$$=\frac{x^3}{\sqrt{2\pi}}\left(-\mathrm{e}^{-\frac{x^2}{2}}\right)\Bigg|_{-\infty}^{+\infty}+\int_{-\infty}^{+\infty}\frac{3x^2}{\sqrt{2\pi}}\mathrm{e}^{-\frac{x^2}{2}}\mathrm{d}x$$

$$=0+3E(\xi_i^2)=3,$$

$$D(\xi_i^2)=E(\xi_i^4)-[E(\xi_i^2)]^2=3-1^2=2.$$

由此可得

$$E(\xi)=E\left(\sum_{i=1}^{n}\xi_i^2\right)=\sum_{i=1}^{n}E(\xi_i^2)=n,$$

$$D(\xi)=D\left(\sum_{i=1}^{n}\xi_i^2\right)=\sum_{i=1}^{n}D(\xi_i^2)=2n.$$

2. t 分布

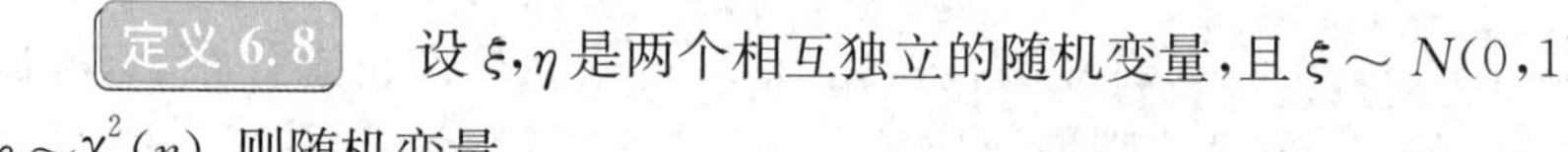

定义 6.8 设 ξ,η 是两个相互独立的随机变量,且 $\xi\sim N(0,1)$, $\eta\sim\chi^2(n)$,则随机变量

$$T=\frac{\xi}{\sqrt{\eta/n}}$$

所服从的分布称为 t 分布(或学生氏分布),记作 $t(n)$,即 $T\sim t(n)$,其中参数 n 称为 t 分布的自由度.

自由度为 n 的 t 分布的密度函数为

$$f(x)=\frac{\Gamma\left(\frac{n+1}{2}\right)}{\sqrt{n\pi}\,\Gamma\left(\frac{n}{2}\right)}\left(1+\frac{x^2}{n}\right)^{-\frac{n+1}{2}}\quad(-\infty<x<+\infty).\qquad(6-11)$$

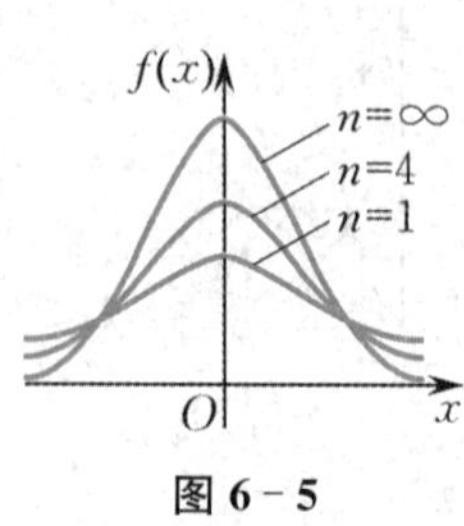

图 6-5

t 分布的密度函数(6-11)的图形如图 6-5 所示,显然它随着自由度 n 的不同而有所改变.

利用 Γ 函数的性质可以证明,当自由度 $n\to\infty$ 时,t 分布的极限分布为标准正态分布,即

$$\lim_{n\to\infty}f(x)=\frac{1}{\sqrt{2\pi}}\mathrm{e}^{-\frac{x^2}{2}}\quad(-\infty<x<+\infty).$$

一般说来,当 $n>45$ 时,t 分布就很接近标准正态分布.

下面介绍 t 分布的一些性质.

定理 6.3 (1) t 分布的密度函数为偶函数;

(2) 当 $n\geqslant 2$ 时,若随机变量 $T\sim t(n)$,则 $E(T)=0$.

证 (1) 由 t 分布的密度函数表达式(6-11)立即得证.

(2) 容易看出,当 $n=1$ 时,T 的数学期望不存在. 当 $n\geqslant 2$ 时,有

$$E(T)=\int_{-\infty}^{+\infty}xf(x)\mathrm{d}x=0.$$

3. F 分布

定义 6.9　设 ξ,η 是两个相互独立的随机变量，且 $\xi\sim\chi^2(n_1)$，$\eta\sim\chi^2(n_2)$，则随机变量

$$F=\frac{\xi/n_1}{\eta/n_2}$$

所服从的分布称为 F 分布，记作 $F(n_1,n_2)$，即 $F\sim F(n_1,n_2)$，其中参数 (n_1,n_2) 称为 F 分布的自由度.

自由度为 (n_1,n_2) 的 F 分布的密度函数为

$$f(x)=\begin{cases}\dfrac{\Gamma\left(\dfrac{n_1+n_2}{2}\right)}{\Gamma\left(\dfrac{n_1}{2}\right)\Gamma\left(\dfrac{n_2}{2}\right)}\left(\dfrac{n_1}{n_2}\right)^{\frac{n_1}{2}}x^{\frac{n_1}{2}-1}\left(1+\dfrac{n_1}{n_2}x\right)^{-\frac{n_1+n_2}{2}}, & x>0,\\ 0, & x\leqslant 0.\end{cases}\tag{6-12}$$

F 分布的密度函数(6-12)的图形如图 6-6 所示，显然它随着自由度 (n_1,n_2) 的不同而有所改变.

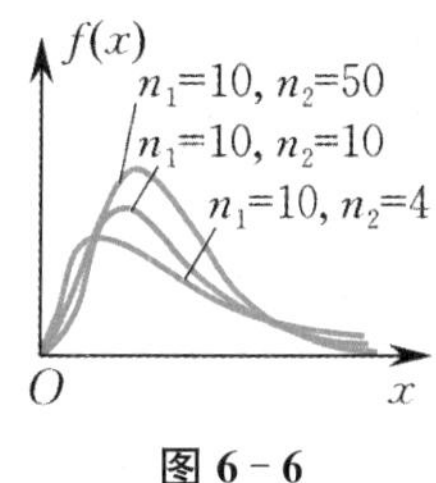

图 6-6

下面介绍 F 分布的一些性质.

定理 6.4　若 $F\sim F(n_1,n_2)$，则

$$\frac{1}{F}\sim F(n_2,n_1).$$

证　依 F 分布的定义 $F=\dfrac{\xi/n_1}{\eta/n_2}$，其中 $\xi\sim\chi^2(n_1)$，$\eta\sim\chi^2(n_2)$，于是有

$$\frac{1}{F}=\frac{\eta/n_2}{\xi/n_1}\sim F(n_2,n_1).$$

4. 上侧分位点

设随机变量 ξ 的分布已知. 在概率论中，常常需要对于给定的实数 x，求出概率 $P\{\xi\leqslant x\}=p$；而在数理统计中，常常需要对于给定的概率值 $p(0<p<1)$，求出使得 $P\{\xi\leqslant x\}=p$ 的实数 x. 对于正态分布，上述两个问题都可以通过查附表 3 来完成. 类似地，对于 χ^2 分布、t 分布和 F 分布，上述两个问题也都可以通过查表来完成.

定义 6.10　给定随机变量 ξ 和实数 $\alpha(0<\alpha<1)$，若实数 x_α 满足

$$P\{\xi>x_\alpha\}=\alpha,$$

则称 x_α 为 ξ 的概率分布的上侧 α 分位点(或上 α 分位数、临界值).

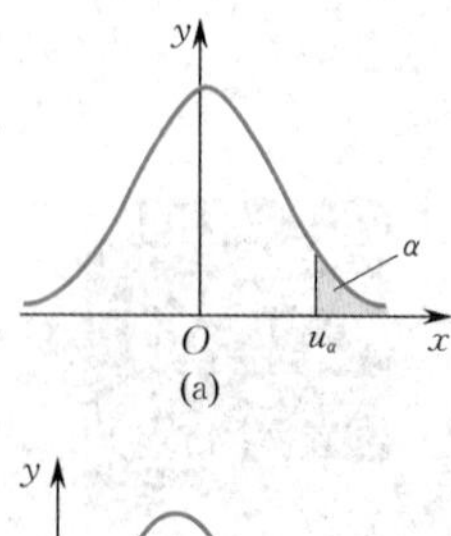

(a)

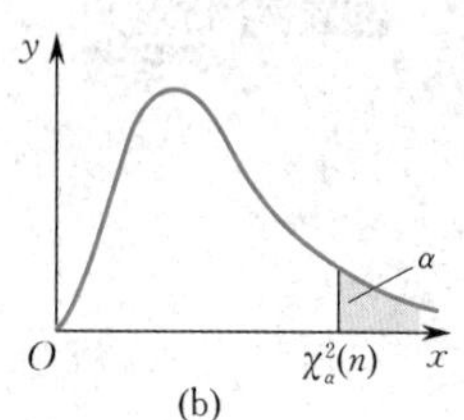

(b)

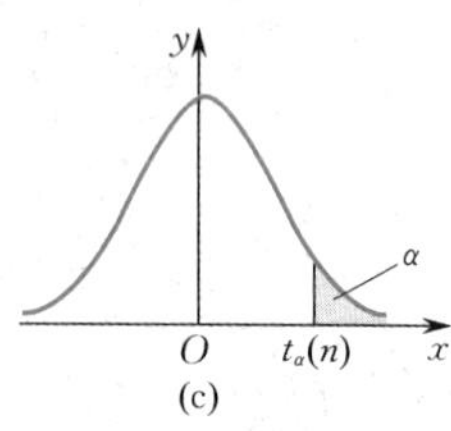

(c)

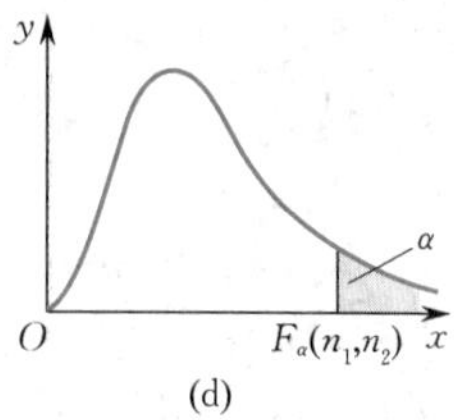

(d)

图 6-7

如图 6-7(a),(b),(c),(d) 所示,依次描绘了概率分布 $N(0,1)$, $\chi^2(n)$, $t(n)$ 和 $F(n_1,n_2)$ 的上侧 α 分位点 u_α, $\chi^2_\alpha(n)$, $t_\alpha(n)$ 和 $F_\alpha(n_1,n_2)$ 的图形.

1) 标准正态分布的上侧分位点

设随机变量 $\xi \sim N(0,1)$,则对于给定的实数 $\alpha(0<\alpha<1)$,使得

$$P\{\xi > u_\alpha\} = \alpha$$

成立的实数 u_α 就是标准正态分布的上侧 α 分位点.

定理 6.5 标准正态分布的上侧分位点满足以下公式:

$$u_{1-\alpha} = -u_\alpha \quad (0<\alpha<1).$$

证 设随机变量 $\xi \sim N(0,1)$,则由上侧分位点的定义知

$$P\{\xi > u_{1-\alpha}\} = 1-\alpha.$$

又由标准正态分布的对称性知

$$\begin{aligned} P\{\xi > -u_\alpha\} &= 1 - P\{\xi \leqslant -u_\alpha\} \\ &= 1 - P\{\xi > u_\alpha\} = 1-\alpha, \end{aligned}$$

故有 $u_{1-\alpha} = -u_\alpha$.

设随机变量 $\xi \sim N(0,1)$,则对于标准正态分布的上侧 α 分位点 u_α,由上侧 α 分位点的定义有

$$\Phi(u_\alpha) = P\{\xi \leqslant u_\alpha\} = 1 - P\{\xi > u_\alpha\} = 1-\alpha.$$

因此,标准正态分布的上侧分位点可通过查标准正态分布表(见附表 3)得到,即对于给定的实数 α,由 $1-\alpha$ 去查附表 3 就可得到上侧 α 分位点 u_α. 但要注意的是,查附表 3 只能得到 $0<\alpha<\frac{1}{2}$ 时的上侧 α 分位点 u_α;而 $\frac{1}{2}<\alpha<1$ 时的上侧 α 分位点 u_α 可利用定理 6.5 得到.

例 6.11 求标准正态分布的上侧分位点 $u_{0.025}$ 和 $u_{0.975}$.

解 令 $\alpha = 0.025$,则 $1-\alpha = 0.975$,查附表 3 得 $u_\alpha = 1.96$,即

$$u_{0.025} = 1.96.$$

于是,由定理 6.5 得

$$u_{0.975} = -u_{0.025} = -1.96.$$

2) χ^2 分布的上侧分位点

设随机变量 $\xi \sim \chi^2(n)$,则对于给定的实数 $\alpha(0<\alpha<1)$,使得

$$P\{\xi > \chi^2_\alpha(n)\} = \alpha$$

成立的实数 $\chi^2_\alpha(n)$ 就是自由度为 n 的 χ^2 分布的上侧 α 分位点.

对于给定的实数 α,可直接由 α 去查 χ^2 分布表(见附表 5)得到 $\chi^2(n)$ 分布的上侧 α 分位点 $\chi^2_\alpha(n)$.

例 6.12 求 χ^2 分布的上侧分位点 $\chi^2_{0.01}(10)$ 和 $\chi^2_{0.95}(20)$.

解　由 $\alpha=0.01, n=10$ 查附表 5 得

$$\chi^2_{0.01}(10)=23.209.$$

由 $\alpha=0.95, n=20$ 查附表 5 得

$$\chi^2_{0.95}(20)=10.851.$$

当自由度 $n>45$ 时,可用下面的近似公式去求上侧分位点 $\chi^2_\alpha(n)$:

$$\chi^2_\alpha(n)\approx\frac{1}{2}(u_\alpha+\sqrt{2n-1})^2, \tag{6-13}$$

其中 u_α 是标准正态分布的上侧分位点.

例 6.13 求 χ^2 分布的上侧分位点 $\chi^2_{0.05}(60)$.

解　因为 $n=60>45$,所以由(6-13)式得

$$\chi^2_{0.05}(60)\approx\frac{1}{2}(u_{0.05}+\sqrt{2\times60-1})^2=\frac{1}{2}(1.645+\sqrt{119})^2\approx78.798.$$

3) t 分布的上侧分位点

设随机变量 $\xi\sim t(n)$,则对于给定的实数 $\alpha(0<\alpha<1)$,使得

$$P\{\xi>t_\alpha(n)\}=\alpha$$

成立的实数 $t_\alpha(n)$ 就是自由度为 n 的 t 分布的上侧 α 分位点.

对于给定的实数 α,当 $0<\alpha<\frac{1}{2}$ 时,可直接由 α 去查 t 分布表(见附表 4)得到 t 分布的上侧 α 分位点 $t_\alpha(n)$;当 $\frac{1}{2}<\alpha<1$ 时,附表 4 中无法查到,此时可利用 t 分布的对称性去解决,类似于定理 6.5 的推导过程,由 t 分布的对称性可以证明以下公式:

$$t_{1-\alpha}(n)=-t_\alpha(n)\quad(0<\alpha<1).$$

例 6.14 求 t 分布的上侧分位点 $t_{0.05}(10)$,$t_{0.1}(10)$ 及 $t_{0.95}(20)$.

解　由 $\alpha=0.05, n=10$ 查附表 4 得

$$t_{0.05}(10)=1.8125.$$

由 $\alpha=0.1, n=10$ 查附表 4 得

$$t_{0.1}(10)=1.3722.$$

由 $\alpha=0.05, n=20$ 查附表 4 得

$$t_{0.05}(20)=1.7247,$$

于是有

$$t_{0.95}(20)=-t_{0.05}(20)=-1.7247.$$

当自由度 $n > 45$ 时,可用标准正态分布的上侧分位点来近似代替 t 分布的上侧分位点,即

$$t_\alpha(n) \approx u_\alpha. \tag{6-14}$$

例 6.15 求 t 分布的上侧分位点 $t_{0.01}(50)$.

解 因为 $n = 50 > 45$,所以由(6-14)式得

$$t_{0.01}(50) \approx u_{0.01} = 2.326.$$

4) F 分布的上侧分位点

设随机变量 $\xi \sim F(n_1, n_2)$,则对于给定的实数 $\alpha(0 < \alpha < 1)$,使得

$$P\{\xi > F_\alpha(n_1, n_2)\} = \alpha$$

成立的实数 $F_\alpha(n_1, n_2)$ 就是自由度为 (n_1, n_2) 的 F 分布的上侧 α 分位点.

对于给定的实数 α,当 $0 < \alpha < \frac{1}{2}$ 时,可直接由 α 去查 F 分布表(见附表 6)得到 F 分布的上侧 α 分位点 $F_\alpha(n_1, n_2)$;当 $\frac{1}{2} < \alpha < 1$ 时,附表 6 中无法查到,此时可利用下面给出的定理 6.6 解决.

定理 6.6 F 分布的上侧分位点满足以下公式:

$$F_{1-\alpha}(n_1, n_2) = \frac{1}{F_\alpha(n_2, n_1)} \quad (0 < \alpha < 1).$$

证 设随机变量 $\xi \sim F(n_1, n_2)$,则由定理 6.4 知 $\frac{1}{\xi} \sim F(n_2, n_1)$,于是有

$$\begin{aligned} P\left\{F > \frac{1}{F_\alpha(n_2, n_1)}\right\} &= P\left\{\frac{1}{F} < F_\alpha(n_2, n_1)\right\} \\ &= 1 - P\left\{\frac{1}{F} > F_\alpha(n_2, n_1)\right\} \\ &= 1 - \alpha. \end{aligned}$$

又由上侧分位点的定义知

$$P\{F > F_{1-\alpha}(n_1, n_2)\} = 1 - \alpha,$$

故得证.

例 6.16 求 F 分布的上侧分位点 $F_{0.01}(5,4)$ 和 $F_{0.95}(3,7)$.

解 由 $\alpha = 0.01, n_1 = 5, n_2 = 4$ 查附表 6 得

$$F_{0.01}(5,4) = 15.52.$$

由 $\alpha = 0.05, n_1 = 7, n_2 = 3$ 查附表 6 得

$$F_{0.05}(7,3) = 8.89,$$

故由定理 6.6 得

$$F_{0.95}(3,7) = \frac{1}{F_{0.05}(7,3)} = \frac{1}{8.89} \approx 0.1125.$$

§6.4 正态总体的抽样分布

现就正态总体的情形，给出几个常用统计量的抽样分布.

1. 单个正态总体的情况

定理 6.7　设总体 $\xi \sim N(\mu,\sigma^2)$，其中 $\sigma>0$. 如果 $(\xi_1,\xi_2,\cdots,\xi_n)$ 是取自 ξ 的一个样本，则样本均值

$$\bar{\xi} \sim N\left(\mu,\frac{\sigma^2}{n}\right),\quad \text{即}\quad \frac{\bar{\xi}-\mu}{\sigma/\sqrt{n}} \sim N(0,1).$$

证　因为 $\bar{\xi}=\dfrac{1}{n}(\xi_1+\xi_2+\cdots+\xi_n)$，所以 $\bar{\xi}$ 作为 $\xi_1,\xi_2,\cdots,\xi_n$ 的一个线性组合，也服从正态分布. 又由定理 6.1 得

$$E(\bar{\xi})=\mu,\quad D(\bar{\xi})=\frac{\sigma^2}{n},$$

故

$$\bar{\xi} \sim N\left(\mu,\frac{\sigma^2}{n}\right),\quad \text{即}\quad \frac{\bar{\xi}-\mu}{\sigma/\sqrt{n}} \sim N(0,1).$$

定理 6.8　设总体 $\xi \sim N(\mu,\sigma^2)$，其中 $\sigma>0$. 如果 $(\xi_1,\xi_2,\cdots,\xi_n)$ 是取自 ξ 的一个样本，则有

(1) $\dfrac{1}{\sigma^2}\sum\limits_{i=1}^{n}(\xi_i-\mu)^2 \sim \chi^2(n)$；

(2) $\dfrac{1}{\sigma^2}\sum\limits_{i=1}^{n}(\xi_i-\bar{\xi})^2 = \dfrac{(n-1)S^2}{\sigma^2} = \dfrac{n\widetilde{S}^2}{\sigma^2} \sim \chi^2(n-1)$；

(3) $\bar{\xi}$ 与 S^2 相互独立.

证　这里只给出(1)的证明. 由 $\xi_i \sim N(\mu,\sigma^2)\,(i=1,2,\cdots,n)$ 且相互独立，得

$$\frac{\xi_i-\mu}{\sigma} \sim N(0,1)\quad (i=1,2,\cdots,n)$$

且相互独立. 再由 χ^2 分布的定义可知

$$\frac{1}{\sigma^2}\sum_{i=1}^{n}(\xi_i-\mu)^2 \sim \chi^2(n).$$

注　这里给定理 6.8(2) 中统计量 $\dfrac{(n-1)S^2}{\sigma^2}$ 所服从的 χ^2 分布的自由度做个说明. 因为 $\xi_1-\bar{\xi},\xi_2-\bar{\xi},\cdots,\xi_n-\bar{\xi}$ 之间有一个约束关系

$$\sum_{i=1}^{n}(\xi_i-\bar{\xi})^2=\sum_{i=1}^{n}\xi_i-n\bar{\xi}=0,$$

所以当这 n 个正态随机变量 $\xi_1,\xi_2,\cdots,\xi_n$ 中有 $n-1$ 个取值都给定时，剩下的一个取值就跟着确定了，故 $\frac{(n-1)S^2}{\sigma^2}$ 所服从的 χ^2 分布的自由度为 $n-1$.

定理 6.9 设总体 $\xi\sim N(\mu,\sigma^2)$，其中 $\sigma>0$. 如果 $(\xi_1,\xi_2,\cdots,\xi_n)$ 为取自 ξ 的一个样本，则

$$\frac{\bar{\xi}-\mu}{S/\sqrt{n}}\sim t(n-1).$$

证 由定理 6.7 和定理 6.8 知

$$\frac{\bar{\xi}-\mu}{\sigma/\sqrt{n}}\sim N(0,1),\quad \frac{(n-1)S^2}{\sigma^2}\sim\chi^2(n-1),$$

且 $\frac{\bar{\xi}-\mu}{\sigma/\sqrt{n}}$ 与 $\frac{(n-1)S^2}{\sigma^2}$ 相互独立，于是由 t 分布的定义得

$$\frac{\bar{\xi}-\mu}{\sigma/\sqrt{n}}\Big/\sqrt{\frac{(n-1)S^2/\sigma^2}{n-1}}=\frac{\bar{\xi}-\mu}{S/\sqrt{n}}\sim t(n-1).$$

2. 两个正态总体的情况

设总体 $\xi\sim N(\mu_1,\sigma_1^2)$，$\eta\sim N(\mu_2,\sigma_2^2)$，其中 $\sigma_1>0,\sigma_2>0$，且 ξ 与 η 相互独立，$(\xi_1,\xi_2,\cdots,\xi_{n_1})$ 为取自总体 ξ 的一个样本，$(\eta_1,\eta_2,\cdots,\eta_{n_2})$ 为取自总体 η 的一个样本，记

$$\bar{\xi}=\frac{1}{n_1}\sum_{i=1}^{n_1}\xi_i,\quad \bar{\eta}=\frac{1}{n_2}\sum_{i=1}^{n_2}\eta_i,$$

$$S_1^2=\frac{1}{n_1-1}\sum_{i=1}^{n_1}(\xi_i-\bar{\xi})^2,\quad S_2^2=\frac{1}{n_2-1}\sum_{i=1}^{n_2}(\eta_i-\bar{\eta})^2,$$

$$\begin{aligned}S_\omega^2&=\frac{1}{n_1+n_2-2}\left[\sum_{i=1}^{n_1}(\xi_i-\bar{\xi})^2+\sum_{i=1}^{n_2}(\eta_i-\bar{\eta})^2\right]\\&=\frac{(n_1-1)S_1^2+(n_2-1)S_2^2}{n_1+n_2-2}.\end{aligned}$$

定理 6.10 在上述两个正态总体的假设条件下，有

(1) $\dfrac{(\bar{\xi}-\bar{\eta})-(\mu_1-\mu_2)}{\sqrt{\dfrac{\sigma_1^2}{n_1}+\dfrac{\sigma_2^2}{n_2}}}\sim N(0,1)$；

(2) $\dfrac{\dfrac{1}{n_1\sigma_1^2}\sum\limits_{i=1}^{n_1}(\xi_i-\mu_1)^2}{\dfrac{1}{n_2\sigma_2^2}\sum\limits_{i=1}^{n_2}(\eta_i-\mu_2)^2}\sim F(n_1,n_2)$；

(3) $$\frac{\frac{1}{(n_1-1)\sigma_1^2}\sum_{i=1}^{n_1}(\xi_i-\bar{\xi})^2}{\frac{1}{(n_2-1)\sigma_2^2}\sum_{i=1}^{n_2}(\eta_i-\bar{\eta})^2}=\frac{S_1^2/\sigma_1^2}{S_2^2/\sigma_2^2}\sim F(n_1-1,n_2-1).$$

证　(1) 由定理 6.7 得

$$\bar{\xi}\sim N\left(\mu_1,\frac{\sigma_1^2}{n_1}\right),\quad \bar{\eta}\sim N\left(\mu_2,\frac{\sigma_2^2}{n_2}\right),$$

于是有

$$\bar{\xi}-\bar{\eta}\sim N\left(\mu_1-\mu_2,\frac{\sigma_1^2}{n_1}+\frac{\sigma_2^2}{n_2}\right),$$

故

$$\frac{(\bar{\xi}-\bar{\eta})-(\mu_1-\mu_2)}{\sqrt{\frac{\sigma_1^2}{n_1}+\frac{\sigma_2^2}{n_2}}}\sim N(0,1).$$

(2) 由定理 6.8(1) 得

$$\frac{1}{\sigma_1^2}\sum_{i=1}^{n_1}(\xi_i-\mu_1)^2\sim\chi^2(n_1),$$

$$\frac{1}{\sigma_2^2}\sum_{i=1}^{n_2}(\eta_i-\mu_2)^2\sim\chi^2(n_2),$$

而且这两者相互独立，于是由 F 分布的定义即得证.

(3) 由定理 6.8(2) 得

$$\frac{1}{\sigma_1^2}\sum_{i=1}^{n_1}(\xi_i-\bar{\xi})^2\sim\chi^2(n_1-1),$$

$$\frac{1}{\sigma_2^2}\sum_{i=1}^{n_2}(\eta_i-\bar{\eta})^2\sim\chi^2(n_2-1),$$

而且这两者相互独立，于是由 F 分布的定义即得证.

定理 6.11　在上述两个正态总体的假设条件下，若这两个正态总体具有相等的方差，即 $\sigma_1^2=\sigma_2^2=\sigma^2$(称具有方差齐性)，则有

(1) $$\frac{(\bar{\xi}-\bar{\eta})-(\mu_1-\mu_2)}{S_\omega\sqrt{\frac{1}{n_1}+\frac{1}{n_2}}}\sim t(n_1+n_2-2);$$

(2) $$\frac{\frac{1}{n_1-1}\sum_{i=1}^{n_1}(\xi_i-\bar{\xi})^2}{\frac{1}{n_2-1}\sum_{i=1}^{n_2}(\eta_i-\bar{\eta})^2}=\frac{S_1^2}{S_2^2}\sim F(n_1-1,n_2-1).$$

证　(1) 由定理 6.8(2) 得

$$\frac{1}{\sigma^2}\sum_{i=1}^{n_1}(\xi_i-\bar{\xi})^2\sim\chi^2(n_1-1),$$

$$\frac{1}{\sigma^2}\sum_{i=1}^{n_2}(\eta_i-\overline{\eta})^2 \sim \chi^2(n_2-1),$$

而且这两者相互独立，于是由 χ^2 分布的可加性得

$$\frac{1}{\sigma^2}\left[\sum_{i=1}^{n_1}(\xi_i-\overline{\xi})^2+\sum_{i=1}^{n_2}(\eta_i-\overline{\eta})^2\right] \sim \chi^2(n_1+n_2-2).$$

而

$$\frac{(\overline{\xi}-\overline{\eta})-(\mu_1-\mu_2)}{S_\omega\sqrt{\dfrac{1}{n_1}+\dfrac{1}{n_2}}} = \frac{\left[(\overline{\xi}-\overline{\eta})-(\mu_1-\mu_2)\right]\Big/\left(\sigma\sqrt{\dfrac{1}{n_1}+\dfrac{1}{n_2}}\right)}{\sqrt{\dfrac{1}{\sigma^2}\left[\displaystyle\sum_{i=1}^{n_1}(\xi_i-\overline{\xi})^2+\sum_{i=1}^{n_2}(\eta_i-\overline{\eta})^2\right]\Big/(n_1+n_2-2)}},$$

上式中的分子服从标准正态分布 $N(0,1)$，因此由 t 分布的定义即得证.

(2) 这是定理 6.10(3) 中 $\sigma_1^2=\sigma_2^2$ 的特殊情况.

为了后面章节的应用方便，现将有关的几个统计量及其所服从的分布列于表 6-7 中.

表 6-7

单个正态总体	两个正态总体
$\dfrac{\overline{\xi}-\mu}{\sigma/\sqrt{n}} \sim N(0,1)$	$\dfrac{(\overline{\xi}-\overline{\eta})-(\mu_1-\mu_2)}{\sqrt{\dfrac{\sigma_1^2}{n_1}+\dfrac{\sigma_2^2}{n_2}}} \sim N(0,1)$
$\dfrac{\overline{\xi}-\mu}{S/\sqrt{n}} \sim t(n-1)$	$\dfrac{(\overline{\xi}-\overline{\eta})-(\mu_1-\mu_2)}{\sqrt{\dfrac{(n_1-1)S_1^2+(n_2-1)S_2^2}{n_1+n_2-2}\cdot\left(\dfrac{1}{n_1}+\dfrac{1}{n_2}\right)}} \sim t(n_1+n_2-2)$
$\dfrac{1}{\sigma^2}\sum_{i=1}^{n}(\xi_i-\mu)^2 \sim \chi^2(n)$	$\dfrac{\dfrac{1}{n_1\sigma_1^2}\sum_{i=1}^{n_1}(\xi_i-\mu_1)^2}{\dfrac{1}{n_2\sigma_2^2}\sum_{i=1}^{n_2}(\eta_i-\mu_2)^2} \sim F(n_1,n_2)$
$\dfrac{1}{\sigma^2}\sum_{i=1}^{n}(\xi_i-\overline{\xi})^2=\dfrac{(n-1)S^2}{\sigma^2}=\dfrac{n\widetilde{S}^2}{\sigma^2} \sim \chi^2(n-1)$	$\dfrac{\dfrac{1}{(n_1-1)\sigma_1^2}\sum_{i=1}^{n_1}(\xi_i-\overline{\xi})^2}{\dfrac{1}{(n_2-1)\sigma_2^2}\sum_{i=1}^{n_2}(\eta_i-\overline{\eta})^2} \sim F(n_1-1,n_2-1)$

注 对于一般的非正态总体 ξ，若已知 $E(\xi)=\mu$，$D(\xi)=\sigma^2$ $(\sigma>0)$，则只要取自总体 ξ 的样本容量 n 足够大，就近似地有

(1) $\bar{\xi} \sim N\left(\mu, \frac{\sigma^2}{n}\right)$,即$\frac{\bar{\xi}-\mu}{\sigma/\sqrt{n}} \sim N(0,1)$;

(2) $\frac{\bar{\xi}-\mu}{S/\sqrt{n}} \sim N(0,1)$.

对于两个一般的非正态总体,也有类似的结论,这里就不一一列举了.

习 题 六

1. 设总体 ξ 的分布律为 $P\{\xi=m\}=q^{m-1}p(m=1,2,\cdots)$,其中 $0<p<1, q=1-p$,求取自总体 ξ 的样本 $(\xi_1,\xi_2,\cdots,\xi_n)$ 的联合分布律.

2. 设总体 ξ 的密度函数为 $f(x)=\frac{1}{\sqrt{2\pi}\sigma}x^{-1}e^{-\frac{(\ln x-\mu)^2}{2\sigma^2}}$,其中 $\mu,\sigma>0$ 为参数,求取自总体 ξ 的样本 $(\xi_1,\xi_2,\cdots,\xi_n)$ 的联合概率密度.

3. 某班有 30 名学生,他们的年龄(单位:岁)如下:

16, 18, 15, 17, 17, 19, 16, 17, 18, 17,
17, 17, 16, 16, 15, 17, 17, 16, 17, 17,
18, 17, 16, 17, 17, 16, 18, 17, 17, 16.

(1) 做出样本频数分布表.
(2) 求样本均值与样本方差.
(3) 绘出频率分布直方图.
(4) 绘出频率分布曲线.

4. 某射手独立重复地对同一靶子射击 18 次,他击中靶子的环数如表 6-8 所示.

表 6-8

环数	10	9	8	7	6	5	4
频数	1	3	0	8	4	1	1

(1) 做出样本频率分布表.
(2) 求样本分布函数,并做图.

5. 设 $\xi \sim N(\mu,\sigma^2)$,其中 μ 已知,σ^2 未知. 若 $(\xi_1,\xi_2,\cdots,\xi_n)$ 是取自总体 ξ 的样本,问:下列哪些项是统计量? 并简述其理由:

(1) $\xi_1+\xi_2+\sigma$;

(2) $\sum_{i=1}^{n}(\xi_i-\mu)$;

(3) $\min\{\xi_1,\xi_2,\xi_3\}$;

(4) $\frac{\xi_1+\xi_2+\xi_3}{\sigma^2}$;

(5) $\sum_{i=1}^{n}\frac{(\xi_i-\mu)^2}{\sigma^2}$;

(6) $\sum_{i=1}^{n}\frac{(\xi_i-\mu)^2}{\widetilde{S}^2}$.

6. 在冰的溶解热研究中,测量从 -72 ℃ 的冰变成 0 ℃ 的水所需的热量(单位:J)ξ. 取

13 块冰分别做实验,得到热量 ξ 的样本数据如下:

79.98, 80.04, 80.02, 80.04, 80.03, 80.03, 80.04,
79.97, 80.05, 80.03, 80.02, 80.00, 80.02.

用线性变换 $\eta_i = 100(\xi_i - 80)$ 对上述样本数据做简化计算,求样本均值 $\bar{\xi}$ 和样本方差 s^2.

7. 已知一个样本容量为 10 的样本频数分布表如表 6-9 所示.

表 6-9

ξ	23.5	26.1	28.2	30.4
n_i	2	3	4	1

用线性变换 $\eta_i = 10(\xi_i - 27)$ 对上述样本数据做简化计算,求样本均值 $\bar{\xi}$ 和样本方差 s^2.

8. 当样本容量为 2 时,证明:

(1) $\widetilde{S}^2 = \frac{1}{4}(\xi_1 - \xi_2)^2$;

(2) $S^2 = 2\widetilde{S}^2$.

9. 设总体 ξ 服从区间 $(-1,1)$ 上的均匀分布,求取自总体 ξ 的样本 $(\xi_1, \xi_2, \cdots, \xi_n)$ 的样本均值 $\bar{\xi}$ 的数学期望和方差.

10. 设 $(\xi_1, \xi_2, \cdots, \xi_n)$ 是取自总体 ξ 的一个样本,$\bar{\xi} = \frac{1}{n}\sum_{i=1}^{n}\xi_i$,$S^2 = \frac{1}{n-1}\sum_{i=1}^{n}(\xi_i - \bar{\xi})^2$. 试在下列两种情况下分别求 $E(\bar{\xi})$,$D(\bar{\xi})$,$E(S^2)$:

(1) $\xi \sim N(\mu, \sigma^2)$;

(2) $\xi \sim B(1, p)$.

11. 从总体 $\xi \sim N(52, 6.3^2)$ 中抽取一个样本容量为 36 的样本,求样本均值 $\bar{\xi}$ 落在 50.8 到 53.8 之间的概率.

12. 设总体 $\xi \sim N(0, 0.3^2)$,$(\xi_1, \xi_2, \cdots, \xi_{10})$ 是从总体 ξ 中抽取的一个样本,求 $P\left\{\sum_{i=1}^{10}\xi_i^2 > 1.44\right\}$.

13. 求下列各题中有关分布的上侧 α 分位点:

(1) $\chi^2_{0.05}(6)$,$\chi^2_{0.01}(9)$;

(2) $t_{0.01}(12)$,$t_{0.05}(8)$;

(3) $F_{0.025}(5,10)$,$F_{0.95}(10,5)$.

14. 通过查表求下列各式中常数 c 的值:

(1) 设 $\xi \sim \chi^2(24)$,$P\{\xi > c\} = 0.10$;

(2) 设 $\xi \sim \chi^2(40)$,$P\{\xi < c\} = 0.95$;

(3) 设 $\xi \sim t(6)$,$P\{\xi > c\} = 0.05$;

(4) 设 $\xi \sim F(10,10)$,$P\{\xi > c\} = 0.05$;

(5) 设 $\xi \sim t(10)$,$P\{\xi > c\} = 0.95$.

15. 设 $\xi_1, \xi_2, \cdots, \xi_n$ 是相互独立的随机变量,且它们都服从正态分布 $N(0, \sigma^2)$,证明:

(1) $\frac{1}{\sigma^2}\sum_{i=1}^{n}\xi_i^2 \sim \chi^2(n)$;

(2) $\frac{1}{n\sigma^2}\left(\sum_{i=1}^{n}\xi_i\right)^2 \sim \chi^2(1)$.

16. 设 $\xi_1,\xi_2,\cdots,\xi_n$ 是相互独立的随机变量,且它们都服从参数为 $a(a>0)$ 的指数分布.

(1) 求证:$2a\xi_i \sim \chi^2(2)$.

(2) 求证:$2a\sum_{i=1}^{n}\xi_i \sim \chi^2(2n)$.

(3) 求 $E\left(\sum_{i=1}^{n}\xi_i\right),D\left(\sum_{i=1}^{n}\xi_i\right)$.

17. 设 $\xi_1,\xi_2,\cdots,\xi_n$ 是相互独立的随机变量,且它们都服从标准正态分布,求常数 c 的值,使得 $\frac{c(\xi_1+\xi_2)}{\sqrt{\xi_3^2+\xi_4^2+\xi_5^2}}$ 服从 t 分布.

18. 设总体 $\xi \sim N(0,\sigma^2)$,(ξ_1,ξ_2) 为取自 ξ 的一个样本,证明:$\frac{(\xi_1+\xi_2)^2}{(\xi_1-\xi_2)^2} \sim F(1,1)$.

19. 已知随机变量 $\xi \sim t(n)$,证明:$\xi^2 \sim F(1,n)$.

第七章

参数估计

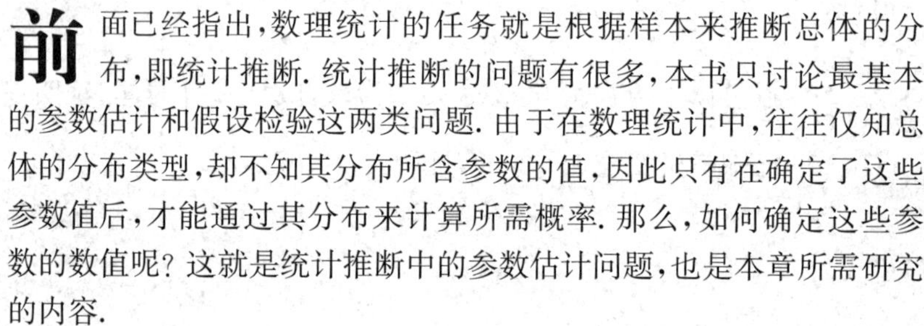

前面已经指出，数理统计的任务就是根据样本来推断总体的分布，即统计推断. 统计推断的问题有很多，本书只讨论最基本的参数估计和假设检验这两类问题. 由于在数理统计中，往往仅知总体的分布类型，却不知其分布所含参数的值，因此只有在确定了这些参数值后，才能通过其分布来计算所需概率. 那么，如何确定这些参数的数值呢? 这就是统计推断中的参数估计问题，也是本章所需研究的内容.

参数估计常用以下两种方式进行：一是**点估计**，就是以样本的某一函数值作为总体中未知参数的估计值；二是**区间估计**，就是把总体的数字特征（待估的参数）确定在某一个范围内.

§7.1 点估计

1. 点估计的概念

定义 7.1 设总体 ξ 的分布中含有未知参数 θ,$(\xi_1,\xi_2,\cdots,\xi_n)$ 是取自总体 ξ 的一个样本. 若用这个样本构造的一个统计量 $\hat{\theta}(\xi_1,\xi_2,\cdots,\xi_n)$ 来估计 θ,则称 $\hat{\theta}$ 为 θ 的估计量.

定义 7.2 用样本的一组样本值 $(x_1,x_2,\cdots,x_n)$ 可得到估计量 $\hat{\theta}(\xi_1,\xi_2,\cdots,\xi_n)$ 的一个观察值 $\hat{\theta}(x_1,x_2,\cdots,x_n)$,称其为 θ 的估计值,即 θ 的一个近似值,仍记作 $\hat{\theta}$,即

$$\hat{\theta}=\hat{\theta}(x_1,x_2,\cdots,x_n).$$

注 估计量与估计值不加区别,统称为估计.

这种通过用样本 $(\xi_1,\xi_2,\cdots,\xi_n)$ 构造一个统计量 $\hat{\theta}(\xi_1,\xi_2,\cdots,\xi_n)$ 来对参数 θ 做估计的方法,就称为参数 θ 的点估计法. 构造参数估计量的方法有很多,下面介绍两个常用的点估计法.

2. 矩估计法

在概率论中已指出,总体 ξ 的数学期望(均值)是随机变量 ξ 的取值求概率意义上的加权平均. 而样本均值 $\bar{\xi}$ 是对抽取的样本求算术平均,这两者在理论上有如下关系:对于任意的正数 ε,有

$$\lim_{n\to\infty}P\{|\bar{\xi}-E(\xi)|<\varepsilon\}=1,$$

即当 n 很大时,样本均值 $\bar{\xi}$ 的值接近总体的数学期望 $E(\xi)$ 的可能性很大. 因此,用样本均值 $\bar{\xi}$ 来估计 $E(\xi)$ 是有其依据的. 将这个依据推广,就得到"用样本 k 阶矩 $A_k=\frac{1}{n}\sum_{i=1}^{n}\xi_i^k$ 来估计总体 k 阶矩 $E(\xi^k)$"的思想. 基于这一思想而形成的点估计方法就称为矩估计法. 这个方法是英国统计学家皮尔逊于 1894 年提出的. 此法简便易行,又具有某些良好的性质,因此一直沿用至今.

矩估计法的具体步骤如下(设总体 ξ 的分布含有 m 个未知参数 θ_1, $\theta_2,\cdots,\theta_m$):

(1) 列出矩估计式. 求总体 ξ 的前 m 阶矩为

$$\alpha_k=E(\xi^k)\triangleq g_k(\theta_1,\theta_2,\cdots,\theta_m)\quad(k=1,2,\cdots,m).\qquad(7-1)$$

(2) 求解关于未知参数的方程组. 将未知参数 $\theta_1,\theta_2,\cdots,\theta_m$ 表示为 $\alpha_1,\alpha_2,\cdots,\alpha_m$ 的函数,即解方程组(7-1)得

$$\theta_k = g_k(\alpha_1,\alpha_2,\cdots,\alpha_m) \quad (k=1,2,\cdots,m).$$

(3) 求出矩估计. 用样本矩 $A_k = \frac{1}{n}\sum_{i=1}^{n}\xi_i^k (k=1,2,\cdots,m)$ 代替总体相应的矩 α_k 得到未知参数 θ_k 的矩估计为

$$\hat{\theta}_k = g_k(A_1,A_2,\cdots,A_m) \quad (k=1,2,\cdots,m).$$

例 7.1 求总体 ξ 的数学期望 $E(\xi)$ 和方差 $D(\xi)$ 的矩估计.

解 记 $E(\xi)=\theta_1, D(\xi)=\theta_2$.

(1) 列出矩估计式:

$$\begin{cases}\alpha_1 = E(\xi) = \theta_1, \\ \alpha_2 = E(\xi^2) = D(\xi) + [E(\xi)]^2 = \theta_2 + \theta_1^2.\end{cases} \tag{7-2}$$

(2) 求解关于未知参数 θ_1,θ_2 的方程组(7-2),得

$$\begin{cases}\theta_1 = \alpha_1, \\ \theta_2 = \alpha_2 - \alpha_1^2.\end{cases}$$

(3) 用样本矩 A_1,A_2 分别代替总体相应的矩 α_1,α_2,即得 θ_1 和 θ_2 的矩估计为

$$\hat{\theta}_1 = A_1 = \bar{\xi},$$

$$\hat{\theta}_2 = A_2 - A_1^2 = \frac{1}{n}\sum_{i=1}^{n}\xi_i^2 - \bar{\xi}^2.$$

更进一步,经计算得

$$\hat{\theta}_2 = \frac{1}{n}\sum_{i=1}^{n}(\xi_i - \bar{\xi})^2 = \widetilde{S}^2.$$

注 注意到例 7.1 对总体的分布类型并没有限制,所以例 7.1 的结果对于任何总体(只要数学期望和方差存在)都适用.

例 7.2 已知一批元件的长度测量误差(单位:cm)ξ 服从正态分布 $N(\mu,\sigma^2)$,其中 μ,σ^2 为未知参数. 现从总体 ξ 中抽取一组样本容量为 6 的样本值:

$$-1.20,\quad -0.85,\quad -0.30,\quad 0.45,\quad 0.82,\quad 0.12.$$

求出 μ,σ^2 的矩估计值.

解 根据例 7.1 的结果,分别用样本均值 $\bar{\xi}$ 和样本二阶中心矩 $\widetilde{S}^2$ 来估计 μ 和 σ^2,得

$$\begin{aligned}\bar{\xi} &= \frac{1}{6}[(-1.20)+(-0.85)+(-0.30)+0.45+0.82+0.12] \\ &= \frac{1}{6}\times(-0.96) = -0.16(\text{cm}),\end{aligned}$$

$$\tilde{s}^2=\frac{1}{6}[(-1.20+0.16)^2+(-0.85+0.16)^2+(-0.30+0.16)^2$$
$$+(0.45+0.16)^2+(0.82+0.16)^2+(0.12+0.16)^2]$$
$$=\frac{1}{6}(1.04^2+0.69^2+0.14^2+0.61^2+0.98^2+0.28^2)$$
$$=\frac{1}{6}\times 2.9882\approx 0.498(\text{cm})^2,$$

即$\hat{\mu}=\bar{\xi}=-0.16(\text{cm})$，$\hat{\sigma}^2=\tilde{s}^2\approx 0.498(\text{cm})^2$.

例 7.3 设总体 ξ 服从参数为 a 的指数分布，求未知参数 a 的矩估计.

解　已知 ξ 的密度函数为

$$f(x)=\begin{cases}a\mathrm{e}^{-ax}, & x>0,\\ 0, & x\leqslant 0.\end{cases}$$

(1) 列出矩估计式：

$$\alpha_1=E(\xi)=\int_{-\infty}^{+\infty}xf(x)\mathrm{d}x=\int_0^{+\infty}a\mathrm{e}^{-ax}x\mathrm{d}x=\frac{1}{a}. \tag{7-3}$$

(2) 求解关于未知参数 a 的方程(7－3)，得 $a=\dfrac{1}{\alpha_1}$.

(3) 用样本矩 A_1 代替总体矩 α_1，即得 a 的矩估计为

$$\hat{a}=\frac{1}{A_1}=\frac{1}{\bar{\xi}}.$$

例 7.4 设总体 ξ 服从区间 (a,b) 上的均匀分布，求未知参数 a 和 b 的矩估计.

解　已知 ξ 的密度函数为

$$f(x)=\begin{cases}\dfrac{1}{b-a}, & a<x<b,\\ 0, & x\leqslant a \text{ 或 } x\geqslant b.\end{cases}$$

(1) 列出矩估计式：

$$\begin{cases}\alpha_1=E(\xi)=\displaystyle\int_{-\infty}^{+\infty}xf(x)\mathrm{d}x=\int_a^b\frac{x}{b-a}\mathrm{d}x=\frac{1}{2}(a+b),\\ \alpha_2=E(\xi^2)=\displaystyle\int_{-\infty}^{+\infty}x^2f(x)\mathrm{d}x=\int_a^b\frac{x^2}{b-a}\mathrm{d}x=\frac{1}{3}(a^2+ab+b^2).\end{cases} \tag{7-4}$$

(2) 求解关于未知参数 a,b 的方程组(7－4)，得

$$\begin{cases}a=\alpha_1-\sqrt{3(\alpha_2-\alpha_1^2)},\\ b=\alpha_1+\sqrt{3(\alpha_2-\alpha_1^2)}.\end{cases}$$

(3) 用样本矩 A_1,A_2 分别代替总体矩 α_1,α_2，即得 a 和 b 的矩估计为

$$\hat{a}=A_1-\sqrt{3(A_2-A_1^2)},$$
$$\hat{b}=A_1+\sqrt{3(A_2-A_1^2)}.$$

更进一步，经计算得

$$\hat{a}=\bar{\xi}-\sqrt{3\tilde{S}^2},\quad \hat{b}=\bar{\xi}+\sqrt{3\tilde{S}^2}.$$

3. 最大似然估计法

最大似然估计法(也称为极大似然估计法)是数理统计中最重要、应用最广泛的点估计法之一. 该方法最初由高斯于 1821 年提出,但未引起重视. 之后,费希尔(Fisher)于 1912 年再次提出最大似然的思想,并证明了它的一些性质,使其得到广泛的研究与应用. 从下面两个通俗的例子中可体会到最大似然的思想.

例 7.5 比较射击技术谁好的过程可以看作求一个点估计. 假设有两个同学一起进行实弹射击,两人共同射击一个目标,事先并不知道谁的射击技术较好,让每人各打一发,结果只有一个人击中了目标,通常,就认为击中目标的同学的射击技术比未击中目标的同学的射击技术更好.

例 7.6 医生给病人看病的过程可以看作求一个点估计. 在看病时,医生先要询问病人的发病症状,测量病人的体温、心跳次数、血压高低,必要时还要拍片、验血等,这就相当于数理统计中的抽样,样本值相当于询问与检查的结果. 病人究竟得什么病是未知的,但总是若干种病之一,如果医生在询问与检查结果的基础上根据医学知识与经验认为该病人得某种病的可能性最大,那么医生便可判断该病人得了这种病.

下面给出最大似然估计法的一般意义.

定义 7.3 设总体 ξ 的分布含有未知参数 θ,$(\xi_1,\xi_2,\cdots,\xi_n)$ 是取自总体 ξ 的一个样本,$(x_1,x_2,\cdots,x_n)$ 是对应的一组样本值. 若估计值 $\hat{\theta}(x_1,x_2,\cdots,x_n)$(简记为 $\hat{\theta}$)能使一个表示该样本值出现的可能性大小的函数 $L(\theta)$(称为似然函数)达到最大值,即

$$L(\hat{\theta})=\max\{L(\theta)\},$$

则称 $\hat{\theta}(x_1,x_2,\cdots,x_n)$ 为 θ 的最大似然估计(值),对应的统计量 $\hat{\theta}(\xi_1,\xi_2,\cdots,\xi_n)$ 称为 θ 的最大似然估计(量).

下面分别就总体为离散型随机变量和连续型随机变量这两种情形,讨论最大似然估计法的具体步骤.

(1) 求似然函数 $L(\theta)$.

设总体 ξ 为离散型随机变量,其概率分布为

$$P\{\xi=x\}=p(x;\theta),$$

其中 θ 为未知参数. 对于给定的样本值 $(x_1,x_2,\cdots,x_n)$,其出现的可能性大小为

$$\begin{aligned}&P\{\xi_1=x_1,\xi_2=x_2,\cdots,\xi_n=x_n\}\\&=\prod_{i=1}^{n}P\{\xi_i=x_i\}=\prod_{i=1}^{n}p(x_i;\theta).\end{aligned}$$

上式就是所求的似然函数,显然它是关于未知参数 θ 的函数,记作 $L(\theta)$,

即

$$L(\theta)=\prod_{i=1}^{n}p(x_i;\theta). \tag{7-5}$$

设总体 ξ 为连续型随机变量，其密度函数为 $f(x;\theta)$，其中 θ 为未知参数. 对于给定的样本值 $(x_1,x_2,\cdots,x_n)$，根据密度函数的定义，当 Δx 很小时，其出现的可能性大小可近似表示为

$$\prod_{i=1}^{n}P\{x_i-\Delta x<\xi_i\leqslant x_i\}\approx(\Delta x)^n\prod_{i=1}^{n}f(x_i;\theta).$$

为了应用方便，可忽略 $(\Delta x)^n$，只取 $\prod\limits_{i=1}^{n}f(x_i;\theta)$ 作为所求的似然函数，记作 $L(\theta)$，即

$$L(\theta)=\prod_{i=1}^{n}f(x_i;\theta). \tag{7-6}$$

综上，由 (7-5) 式与 (7-6) 式定义的似然函数 $L(\theta)$ 反映了样本值 $(x_1,x_2,\cdots,x_n)$ 被取到的概率. 因此，根据最大似然的思想，似然函数 $L(\theta)$ 的最大值点 $\hat{\theta}$ 就是未知参数 θ 的最大似然估计.

(2) 求 $L(\theta)$ 的最大值点 $\hat{\theta}$.

当似然函数 $L(\theta)$ 是 θ 的可微函数时，由微积分知识得，$L(\theta)$ 的最大值点 $\hat{\theta}$ 必然满足方程

$$\frac{\mathrm{d}L}{\mathrm{d}\theta}=0. \tag{7-7}$$

方程 (7-7) 称为**似然方程**，由它解出 θ，经过检验后可得到 $L(\theta)$ 的最大值点 $\hat{\theta}$，$\hat{\theta}$ 就是 θ 的最大似然估计.

因为 $L(\theta)$ 是乘积形式，而对数函数又是其自变量的单调函数，所以由**对数似然方程**

$$\frac{\mathrm{d}(\ln L)}{\mathrm{d}\theta}=0 \tag{7-8}$$

求解 $\hat{\theta}$ 比由方程 (7-7) 求解 $\hat{\theta}$ 要方便得多.

一般地，设总体含有 m 个未知参数 $\theta_1,\theta_2,\cdots,\theta_m$，则最大似然估计法同样适用，此时的似然函数为

$$L=L(\theta_1,\theta_2,\cdots,\theta_m),$$

它是关于 $\theta_1,\theta_2,\cdots,\theta_m$ 的 m 元函数，其最大值点由对数似然方程组

$$\begin{cases}\dfrac{\partial(\ln L)}{\partial\theta_1}=0,\\ \dfrac{\partial(\ln L)}{\partial\theta_2}=0,\\ \quad\cdots\cdots\\ \dfrac{\partial(\ln L)}{\partial\theta_m}=0\end{cases} \tag{7-9}$$

解得,在通常情况下,其唯一解 $\hat{\theta}_1,\hat{\theta}_2,\cdots,\hat{\theta}_m$ 就分别是未知参数 $\theta_1,\theta_2,\cdots,\theta_m$ 的最大似然估计.

例 7.7 设离散型随机变量 ξ 服从(0-1)分布,从 ξ 中抽得样本容量为 n 的样本 $(\xi_1,\xi_2,\cdots,\xi_n)$ 的一组样本值为 $(x_1,x_2,\cdots,x_n)$,即 $x_i=0$ 或 $1(i=1,2,\cdots,n)$,求参数 p 的最大似然估计,其中 $p=P\{\xi=1\}$.

解 显然 ξ 的分布律为

$$P\{\xi=x\}=p^x(1-p)^{1-x}\quad(x=0,1),$$

于是参数 p 的似然函数为

$$L(p)=\prod_{i=1}^{n}p^{x_i}(1-p)^{1-x_i}=p^{\sum\limits_{i=1}^{n}x_i}(1-p)^{n-\sum\limits_{i=1}^{n}x_i}.$$

令 $y=\sum\limits_{i=1}^{n}x_i$,并对上式取对数,得

$$\ln L(p)=y\ln p+(n-y)\ln(1-p).$$

求解对数似然方程

$$\frac{\mathrm{d}(\ln L)}{\mathrm{d}p}=\frac{y}{p}-\frac{n-y}{1-p}=0,$$

得 $p=\dfrac{y}{n}=\dfrac{1}{n}\sum\limits_{i=1}^{n}x_i=\overline{x}$. 因为这是唯一解,所以 p 的最大似然估计为

$$\hat{p}=\overline{x}.$$

例 7.8 设总体 ξ 服从指数分布,其密度函数为

$$f(x;a)=\begin{cases}a\mathrm{e}^{-ax}, & x>0,\\0, & x\leqslant 0,\end{cases}$$

其中 a 为未知参数,且 $a>0$,求 a 的最大似然估计.

解 由题意知,a 的似然函数为

$$L(a)=a^n\prod_{i=1}^{n}\mathrm{e}^{-ax_i}=a^n\mathrm{e}^{-a\sum\limits_{i=1}^{n}x_i}.$$

令 $y=\sum\limits_{i=1}^{n}x_i$,并对上式取对数,得

$$\ln L(a)=n\ln a-ay.$$

求解对数似然方程

$$\frac{\mathrm{d}(\ln L)}{\mathrm{d}a}=\frac{n}{a}-y=0,$$

得它的唯一解为 $a=\dfrac{n}{y}=\left(\dfrac{1}{n}\sum\limits_{i=1}^{n}x_i\right)^{-1}=\dfrac{1}{\overline{x}}$,这就是所求的最大似然估计,即

$$\hat{a}=\frac{1}{\overline{x}}.$$

例 7.9 设总体 ξ 服从正态分布,其密度函数为

$$f(x;\mu,\sigma^2)=\frac{1}{\sqrt{2\pi}\sigma}\mathrm{e}^{-\frac{1}{2\sigma^2}(x-\mu)^2},$$

记 $\theta_1=\mu,\theta_2=\sigma^2$，求未知参数 θ_1,θ_2 的最大似然估计.

解　由题意知，θ_1 和 θ_2 的似然函数为

$$L(\theta_1,\theta_2)=\left(\frac{1}{\sqrt{2\pi\theta_2}}\right)^n\prod_{i=1}^{n}\mathrm{e}^{-\frac{1}{2\theta_2}(x_i-\theta_1)^2}=(2\pi)^{-\frac{n}{2}}\theta_2^{-\frac{n}{2}}\mathrm{e}^{-\frac{1}{2\theta_2}\sum\limits_{i=1}^{n}(x_i-\theta_1)^2}.$$

对上式取对数，得

$$\ln L(\theta_1,\theta_2)=-\frac{n}{2}\ln(2\pi)-\frac{n}{2}\ln\theta_2-\frac{1}{2\theta_2}\sum_{i=1}^{n}(x_i-\theta_1)^2.$$

求解对数似然方程组

$$\begin{cases}\dfrac{\partial(\ln L)}{\partial\theta_1}=\dfrac{1}{\theta_2}\sum\limits_{i=1}^{n}(x_i-\theta_1)=0,\\[2ex]\dfrac{\partial(\ln L)}{\partial\theta_2}=-\dfrac{n}{2\theta_2}+\dfrac{1}{2\theta_2^2}\sum\limits_{i=1}^{n}(x_i-\theta_1)^2=0,\end{cases}$$

得它的唯一解为

$$\begin{cases}\theta_1=\dfrac{1}{n}\sum\limits_{i=1}^{n}x_i=\overline{x},\\[2ex]\theta_2=\dfrac{1}{n}\sum\limits_{i=1}^{n}(x_i-\overline{x})^2,\end{cases}$$

这就是 $\theta_1=\mu,\theta_2=\sigma^2$ 的最大似然估计，即

$$\hat{\mu}=\overline{x},\quad \hat{\sigma}^2=\frac{1}{n}\sum_{i=1}^{n}(x_i-\overline{x})^2.$$

这里有两点需要注意：

(1) 在例 7.9 的求解过程中，我们把 σ^2 看成一个参数 θ_2. 事实上，也可以把 σ 作为参数，求它的最大似然估计，可以证明，不论是直接求 σ^2 的最大似然估计 $\hat{\sigma}^2$，还是先求出 σ 的最大似然估计 $\hat{\sigma}$ 再平方，其结果是一样的. 这称为最大似然估计的不变性. 它还可以推广到一般情况：若 $\hat{\theta}$ 是 θ 的最大似然估计，而 $g(\theta)$ 在 θ 的定义域上是 θ 的单调函数，则 $g(\hat{\theta})$ 是 $g(\theta)$ 的最大似然估计.

(2) 由前面的例 7.1、例 7.3、例 7.8 及例 7.9 不难发现，正态分布总体与指数分布总体的相应参数的矩估计与最大似然估计是一样的. 那么，对于其他总体，参数的矩估计与最大似然估计是否也一样呢？回答是否定的，举例如下.

例 7.10　设总体 $\xi\sim U(a,b)$，$(x_1,x_2,\cdots,x_n)$ 为取自总体 ξ 的一个样本值，求未知参数 a,b 的最大似然估计.（参数 a,b 的矩估计已由例 7.4 给出.）

解　已知 ξ 的密度函数为

$$f(x;a,b)=\begin{cases}\dfrac{1}{b-a}, & a<x<b,\\ 0, & x\leqslant a \text{ 或 } x\geqslant b,\end{cases}$$

于是参数 a,b 的似然函数为

$$L(a,b)=\begin{cases}\dfrac{1}{(b-a)^n}, & a<x_1,x_2,\cdots,x_n<b,\\ 0, & \text{其他}.\end{cases} \tag{7-10}$$

显然，似然函数 $L(a,b)$ 无法用微分法求出其最大值点，但由(7-10)式可以看出，当参数 a,b 的值尽可能地接近时，$L(a,b)$ 的值就尽可能地大，且 a,b 同时要满足 $a<x_1,x_2,\cdots,x_n<b$，所以当取 $a=\min\limits_{1\leqslant i\leqslant n}\{x_i\}$，$b=\max\limits_{1\leqslant i\leqslant n}\{x_i\}$时，$L(a,b)$ 达到最大值，即 a,b 的最大似然估计为

$$\hat{a}=\min_{1\leqslant i\leqslant n}\{x_i\},\quad \hat{b}=\max_{1\leqslant i\leqslant n}\{x_i\}.$$

注　从例 7.10 还可以看到，最大似然估计不一定能由似然方程解得，因为似然函数对未知参数可能不是单调函数或不可微.

前面介绍了两种点估计法：矩估计法和最大似然估计法. 它们都是参数估计中最常用的方法，各有其优缺点. 矩估计法的直观意义比较明显，但要求总体 k 阶矩存在；最大似然估计法具有一些理论上的优点，但要求似然函数可以求出最大值点. 这两种方法都必须掌握.

§7.2 点估计的评选标准

对于一个未知参数，用不同的点估计法常会得到不同的估计，在众多的估计中人们很自然地希望能选用最“优”的一个估计，这就涉及一个评选标准的问题，下面介绍 3 种标准.

1. 无偏性

定义 7.4 设 $\hat{\theta}$ 是参数 θ 的估计量，若

$$E(\hat{\theta})=\theta,$$

则称 $\hat{\theta}$ 为 θ 的无偏估计，或者称 $\hat{\theta}$ 具有无偏性.

估计量 $\hat{\theta}$ 具有无偏性的意义是：虽然 $\hat{\theta}$ 的取值由于随机性而偏离 θ 的真值，但其数学期望却等于 θ 的真值，即没有系统偏差.

例 7.11 设总体 ξ 的分布是任意的，已知它的数学期望 $E(\xi)$（记作 μ）与方差 $D(\xi)$（记作 σ^2）存在，$(\xi_1,\xi_2,\cdots,\xi_n)$ 是取自 ξ 的一个样本. 若分别用样本均值 $\bar{\xi}$ 与样本二阶中心矩 $\widetilde{S}^2$ 作为 μ 与 σ^2 的估计量，问 $\bar{\xi}$ 与 $\widetilde{S}^2$ 是否具有无偏性?

解 由定理 6.1 知，$E(\bar{\xi})=\mu, E(\widetilde{S}^2)=\dfrac{n-1}{n}\sigma^2$，故 $\bar{\xi}$ 是 μ 的无偏估计，$\widetilde{S}^2$ 不是 σ^2 的无偏估计.

实际上，S^2 才是 σ^2 的无偏估计（同样由定理 6.1 可知）. 因此，一般用 S^2 作为 σ^2 的估计，但在 n 很大时，S^2 与 $\widetilde{S}^2$ 相差不大，这时两者就不加以区别了.

例 7.12 设总体 ξ 的数学期望 $E(\xi)=\mu$，$(\xi_1,\xi_2,\cdots,\xi_n)$ 是取自 ξ 的一个样本，证明：$\hat{\mu}_2=\sum\limits_{i=1}^{n}c_i\xi_i$ 为 μ 的无偏估计，其中 $c_i\neq\dfrac{1}{n}(i=1,2,\cdots,n)$ 且 $\sum\limits_{i=1}^{n}c_i=1$.

证 因

$$E(\hat{\mu}_2)=E\Big(\sum_{i=1}^{n}c_i\xi_i\Big)=\sum_{i=1}^{n}c_iE(\xi_i)=\mu\sum_{i=1}^{n}c_i=\mu,$$

故 $\hat{\mu}_2$ 是 μ 的无偏估计.

2. 有效性

由例 7.12 的结果不难发现，对于一个参数 θ，可以有多个无偏估计，这就产生了哪一个无偏估计更优的问题. 如果两个无偏估计 $\hat{\theta}_1,\hat{\theta}_2$ 都围绕着 θ 波动，我们自然选择波动幅度小的那一个，这就提出有效性的概念.

定义 7.5 设 $\hat{\theta}_1,\hat{\theta}_2$ 都是参数 θ 的无偏估计，若

$$D(\hat{\theta}_1)<D(\hat{\theta}_2),$$

则称 $\hat{\theta}_1$ 较 $\hat{\theta}_2$ **有效**.

$\hat{\theta}_1$ 较 $\hat{\theta}_2$ 有效的意义是：$\hat{\theta}_1$ 虽然还不是 θ 的真值，但 $\hat{\theta}_1$ 在 θ 附近取值的密集程度较 $\hat{\theta}_2$ 高，也就是说，$\hat{\theta}_1$ 估计的精确度更高.

例 7.13 在例 7.11 中证明了 $\hat{\mu}_1=\bar{\xi}$ 是 μ 的无偏估计，在例 7.12 中证明了 $\hat{\mu}_2$ 是 μ 的无偏估计，证明：$\hat{\mu}_1$ 较 $\hat{\mu}_2$ 有效.

证 由定理 6.1 知，$D(\hat{\mu}_1)=D(\bar{\xi})=\dfrac{\sigma^2}{n}$. 而

$$D(\hat{\mu}_2)=D\Big(\sum_{i=1}^{n}c_i\xi_i\Big)=\sum_{i=1}^{n}D(c_i\xi_i)=\sum_{i=1}^{n}c_i^2D(\xi_i)=\sigma^2\sum_{i=1}^{n}c_i^2,$$

由柯西不等式，有

$$1 = \left(\sum_{i=1}^{n} 1 \cdot c_i\right)^2 \leqslant \sum_{i=1}^{n} 1^2 \cdot \sum_{i=1}^{n} c_i^2 = n\sum_{i=1}^{n} c_i^2,$$

则 $\frac{1}{n} < \sum_{i=1}^{n} c_i^2$，故 $D(\hat{\mu}_1) < D(\hat{\mu}_2)$，即 $\hat{\mu}_1$ 较 $\hat{\mu}_2$ 有效.

3. 一致性

在样本容量 n 确定的情况下，无偏性、有效性都是衡量一个估计优良性的重要准则. 而在样本容量 n 无限增大，即观察次数无限多时，一个好的估计应能在概率意义下越来越接近于被估计参数的真值，这就提出一致性的概念.

定义 7.6 设 $\hat{\theta}$ 为参数 θ 的估计量，若当样本容量 $n \to \infty$ 时，$\hat{\theta}$ 依概率收敛于 θ，即对于任意的正数 ε，有

$$\lim_{n\to\infty} P\{|\hat{\theta} - \theta| < \varepsilon\} = 1,$$

则称 $\hat{\theta}$ 为 θ 的一致估计量.

例 7.14 设总体 ξ 的数学期望 $E(\xi) = \mu$ 与方差 $D(\xi) = \sigma^2$ 都存在，$\xi_1, \xi_2, \cdots, \xi_n$ 是取自 ξ 的一个样本. 由概率论中有关理论可以证明，样本均值 $\bar{\xi}$ 作为总体 ξ 的数学期望 μ 的估计量是一致估计量，样本方差 S^2 作为总体 ξ 的方差 σ^2 的估计量也是一致估计量.

注 在相当一般的条件下，可以证明矩估计、最大似然估计都具有一致性.

§7.3 区间估计

1. 区间估计的概念

一个未知参数 θ 的点估计 $\hat{\theta}$ 还只是 θ 的一个近似，并且不知其精确程度. 现在希望能估计出一个范围，并以一定的可靠程度包含参数 θ 的真值. 例如，我们在估计某阶层人的月平均收入时可以说“月平均收入在 10 000 元左右”，也可以说“有 95% 的把握，其月平均收入在 8 000 元至 12 000 元之间”，前者就是点估计的说法，后者就是本节所要研究的区间估计的说法.

定义 7.7 设 θ 是总体 ξ 的未知参数，$\theta_1(\xi_1, \xi_2, \cdots, \xi_n)$ 与

$\theta_2(\xi_1,\xi_2,\cdots,\xi_n)$ 为由样本 $(\xi_1,\xi_2,\cdots,\xi_n)$ 所确定的两个统计量. 若对于给定的常数 $\alpha(0<\alpha<1)$，有

$$P\{\theta_1<\theta<\theta_2\}=1-\alpha, \tag{7-11}$$

则称随机区间 (θ_1,θ_2) 为参数 θ 的置信概率（或置信度）为 $1-\alpha$ 的置信区间，θ_1 与 θ_2 分别称为置信下限与置信上限.

注　人们往往把(7-11)式解释为：θ 落在区间 (θ_1,θ_2) 内的概率是 $1-\alpha$. 这个说法是不准确的，因为 θ_1 与 θ_2 都是统计量，即 (θ_1,θ_2) 是个随机区间，而 θ 则是一个客观存在的未知数，(θ_1,θ_2) 可能包含 θ，也可能不包含 θ，所以确切的解释应该是：随机区间 (θ_1,θ_2) 包含 θ 的概率为 $1-\alpha$.

置信概率反映了置信区间的可靠程度，其值由实际情况来定，常用的值有 $1-\alpha=0.9, 0.95, 0.99$ 等，即 $\alpha=0.1, 0.05, 0.01$ 等.

由于实际问题中大量出现总体 ξ 服从正态分布的情形，因此正态分布总体的数学期望 μ 和方差 σ^2 的区间估计就是本节研究的重点. 下面就单个正态总体情形与两个正态总体情形分别给出讨论.

2. 单个正态总体参数的区间估计

在下面的讨论中，均假设总体 ξ 服从正态分布 $N(\mu,\sigma^2)(\sigma>0)$，$(\xi_1,\xi_2,\cdots,\xi_n)$ 是取自总体 ξ 的一个样本.

1) σ^2 已知，求 μ 的置信区间

由定理 6.7 可知 $\bar{\xi}\sim N\left(\mu,\dfrac{\sigma^2}{n}\right)$，若取统计量

$$U=\frac{\bar{\xi}-\mu}{\sigma/\sqrt{n}},$$

则有 $U\sim N(0,1)$. 对于给定的置信概率 $1-\alpha(0<\alpha<1)$，通过查附表 3，可求出 $N(0,1)$ 的上侧 $\dfrac{\alpha}{2}$ 分位点 $u_{\frac{\alpha}{2}}$，使得（见图 7-1）

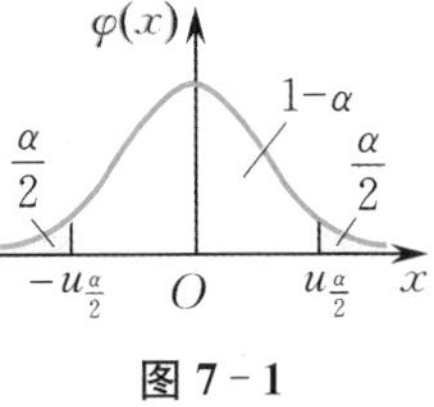

图 7-1

$$P\left\{\left|\frac{\bar{\xi}-\mu}{\sigma/\sqrt{n}}\right|<u_{\frac{\alpha}{2}}\right\}=1-\alpha,$$

从而有

$$P\left\{\bar{\xi}-u_{\frac{\alpha}{2}}\frac{\sigma}{\sqrt{n}}<\mu<\bar{\xi}+u_{\frac{\alpha}{2}}\frac{\sigma}{\sqrt{n}}\right\}=1-\alpha.$$

故 μ 的置信概率为 $1-\alpha$ 的置信区间就是

$$\left(\bar{\xi}-u_{\frac{\alpha}{2}}\frac{\sigma}{\sqrt{n}},\bar{\xi}+u_{\frac{\alpha}{2}}\frac{\sigma}{\sqrt{n}}\right). \tag{7-12}$$

例 7.15　已知某厂生产的滚珠直径(单位：mm) $\xi\sim N(\mu,(\sqrt{0.06})^2)$，从某天生产的滚珠中随机抽取 6 个，测得直径为

14.6，　15.1，　14.9，　14.8，　15.2，　15.1.

求 μ 的置信概率为 0.95 的置信区间.

解　经计算得

$$\bar{\xi}=\frac{1}{6}(14.6+15.1+14.9+14.8+15.2+15.1)=14.95.$$

令 $1-\alpha=0.95$，则 $\alpha=0.05$，查附表 3 得

$$u_{\frac{\alpha}{2}}=u_{0.025}=1.96.$$

因此，将 $\sigma=\sqrt{0.06}$，$n=6$，$u_{\frac{\alpha}{2}}=1.96$ 代入(7-12)式，即可求得 μ 的置信概率为 0.95 的置信区间为(14.754,15.146).

2) σ^2 未知，求 μ 的置信区间

当 σ^2 未知时，(7-12)式此时无法估计 μ 的置信区间. 但可以考虑用 S^2 代替 σ^2，则由定理 6.9 知

$$T=\frac{\bar{\xi}-\mu}{S/\sqrt{n}}\sim t(n-1).$$

对于给定的置信概率 $1-\alpha(0<\alpha<1)$，通过查附表 4，可求出 $t(n-1)$ 分布的上侧 $\frac{\alpha}{2}$ 分位点 $t_{\frac{\alpha}{2}}(n-1)$，使得

$$P\left\{\left|\frac{\bar{\xi}-\mu}{S/\sqrt{n}}\right|<t_{\frac{\alpha}{2}}(n-1)\right\}=1-\alpha.$$

故 μ 的置信概率为 $1-\alpha$ 的置信区间就是

$$\left(\bar{\xi}-t_{\frac{\alpha}{2}}(n-1)\frac{S}{\sqrt{n}},\bar{\xi}+t_{\frac{\alpha}{2}}(n-1)\frac{S}{\sqrt{n}}\right). \tag{7-13}$$

例 7.16　在例 7.15 中假设滚珠直径的方差 σ^2 未知，用同样的数据求 μ 的置信概率为 0.95 的置信区间.

解　经计算得

$$\bar{\xi}=14.95,$$

$$s^2=\frac{1}{5}[(14.6-14.95)^2+(15.1-14.95)^2+(14.9-14.95)^2+(14.8-14.95)^2+(15.2-14.95)^2+(15.1-14.95)^2]=0.051,$$

即 $s=\sqrt{s^2}=\sqrt{0.051}\approx 0.226$.

令 $1-\alpha=0.95$，则 $\alpha=0.05$，查附表 4 得

$$t_{\frac{\alpha}{2}}(n-1)=t_{0.025}(5)=2.5706.$$

因此，将 $s=0.226$，$n=6$，$t_{\frac{\alpha}{2}}(n-1)=2.5706$ 代入(7-13)式，即可求得 μ 的置信概率为 0.95 的置信区间为(14.713,15.187).

分析例 7.15 与例 7.16 的结果会发现，由同一组样本值，按同样的置信概率，对 μ 计算出的置信区间会因 σ^2 是否已知而不一样. 这是因为，当 σ^2 为已知时，我们掌握的信息多一些，在其他条件相同的情况下，对 μ

的估计精度要高一些，即表现为 μ 的置信区间长度要小一些；当 σ^2 为未知时，对 μ 的估计精度要低一些，即表现为 μ 的置信区间长度要大一些.

3) μ 已知，求 σ^2 的置信区间

这时选用统计量

$$\chi^2=\sum_{i=1}^{n}\frac{(\xi_i-\mu)^2}{\sigma^2},$$

则由定理 6.8 知 $\chi^2\sim\chi^2(n)$. 对于给定的置信概率 $1-\alpha(0<\alpha<1)$，通过查附表 5，可求出 $\chi^2(n)$ 分布的上侧分位点 $\chi^2_{\frac{\alpha}{2}}(n)$ 和 $\chi^2_{1-\frac{\alpha}{2}}(n)$，使得(见图 7-2)

$$P\left\{\chi^2_{1-\frac{\alpha}{2}}(n)<\sum_{i=1}^{n}\frac{(\xi_i-\mu)^2}{\sigma^2}<\chi^2_{\frac{\alpha}{2}}(n)\right\}=1-\alpha,$$

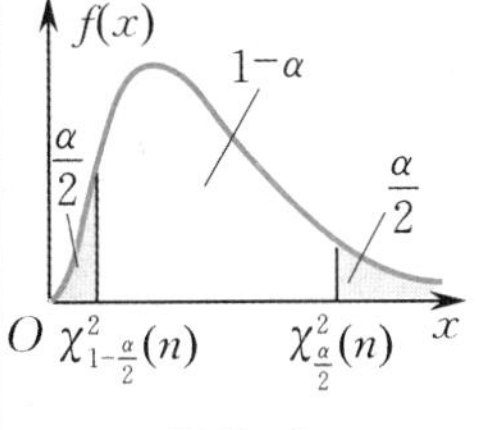

图 7-2

从而有

$$P\left\{\left[\chi^2_{\frac{\alpha}{2}}(n)\right]^{-1}\sum_{i=1}^{n}(\xi_i-\mu)^2<\sigma^2<\left[\chi^2_{1-\frac{\alpha}{2}}(n)\right]^{-1}\sum_{i=1}^{n}(\xi_i-\mu)^2\right\}=1-\alpha.$$

故 σ^2 的置信概率为 $1-\alpha$ 的置信区间就是

$$\left(\left[\chi^2_{\frac{\alpha}{2}}(n)\right]^{-1}\sum_{i=1}^{n}(\xi_i-\mu)^2,\left[\chi^2_{1-\frac{\alpha}{2}}(n)\right]^{-1}\sum_{i=1}^{n}(\xi_i-\mu)^2\right).\quad(7-14)$$

例 7.17 已知某厂生产的零件质量(单位:g) $\xi\sim N(12.5,\sigma^2)$，从某天生产的零件中随机抽取 4 个，得样本值为

12.6，　13.4，　12.8，　13.2.

求 σ^2 的置信概率为 0.95 的置信区间.

解　根据样本值，有

$$\begin{aligned}\sum_{i=1}^{4}(\xi_i-\mu)^2&=(12.6-12.5)^2+(13.4-12.5)^2+(12.8-12.5)^2+(13.2-12.5)^2\\&=1.4.\end{aligned}$$

令 $1-\alpha=0.95$，则 $\alpha=0.05$，查附表 5 得

$$\chi^2_{\frac{\alpha}{2}}(n)=\chi^2_{0.025}(4)=11.143,\quad \chi^2_{1-\frac{\alpha}{2}}(n)=\chi^2_{0.975}(4)=0.484.$$

因此，将有关数据代入(7-14)式，即可求得 σ^2 的置信概率为 0.95 的置信区间为(0.13,2.89).

4) μ 未知，求 σ^2 的置信区间

当 μ 未知时，(7-14)式无法估计 σ^2 的置信区间. 但可以考虑用 $\bar{\xi}$ 代替 μ，则由定理 6.8 知

$$\chi^2=\sum_{i=1}^{n}\frac{(\xi_i-\bar{\xi})^2}{\sigma^2}\sim\chi^2(n-1).$$

对于给定的置信概率 $1-\alpha(0<\alpha<1)$，通过查附表 5，可求出 $\chi^2(n-1)$ 分布的上侧分位点 $\chi^2_{\frac{\alpha}{2}}(n-1)$ 和 $\chi^2_{1-\frac{\alpha}{2}}(n-1)$，使得

$$P\left\{\chi^2_{1-\frac{\alpha}{2}}(n-1) < \sum_{i=1}^{n}\frac{(\xi_i-\bar{\xi})^2}{\sigma^2} < \chi^2_{\frac{\alpha}{2}}(n-1)\right\} = 1-\alpha.$$

故 σ^2 的置信概率为 $1-\alpha$ 的置信区间就是

$$\left(\left[\chi^2_{\frac{\alpha}{2}}(n-1)\right]^{-1}\sum_{i=1}^{n}(\xi_i-\bar{\xi})^2,\left[\chi^2_{1-\frac{\alpha}{2}}(n-1)\right]^{-1}\sum_{i=1}^{n}(\xi_i-\bar{\xi})^2\right). \tag{7-15}$$

例 7.18 在例 7.17 中假设 μ 未知，用同样的数据求 σ^2 的置信概率为 0.95 的置信区间.

解 经计算得

$$\bar{\xi} = \frac{1}{4}(12.6+13.4+12.8+13.2) = 13,$$

$$\sum_{i=1}^{4}(\xi_i-\bar{\xi})^2 = (12.6-13)^2+(13.4-13)^2+(12.8-13)^2+(13.2-13)^2 = 0.4.$$

令 $1-\alpha = 0.95$，则 $\alpha = 0.05$，查附表 5 得

$$\chi^2_{\frac{\alpha}{2}}(n-1) = \chi^2_{0.025}(3) = 9.348,\quad \chi^2_{1-\frac{\alpha}{2}}(n-1) = \chi^2_{0.975}(3) = 0.216.$$

因此，将有关数据代入(7-15)式，即可求得 σ^2 的置信概率为 0.95 的置信区间为(0.043,1.852).

为了方便应用，把单个正态总体下有关参数的区间估计的结果汇总列表(见表 7-1).

表 7-1

待估参数	条件	选用的统计量及其分布	置信概率为 $1-\alpha$ 的置信区间
μ	σ^2 已知	$U = \frac{\bar{\xi}-\mu}{\sigma/\sqrt{n}} \sim N(0,1)$	$(\bar{\xi}-u_{\frac{\alpha}{2}}K_1,\bar{\xi}+u_{\frac{\alpha}{2}}K_1)$ $\left(记\frac{\sigma}{\sqrt{n}} = K_1\right)$
	σ^2 未知	$T = \frac{\bar{\xi}-\mu}{S/\sqrt{n}} \sim t(n-1)$	$(\bar{\xi}-t_{\frac{\alpha}{2}}(n-1)K_2,\bar{\xi}+t_{\frac{\alpha}{2}}(n-1)K_2)$ $\left(记\frac{S}{\sqrt{n}} = K_2\right)$
σ^2	μ 已知	$\chi^2 = \frac{1}{\sigma^2}\sum_{i=1}^{n}(\xi_i-\mu)^2 \sim \chi^2(n)$	$\left(\frac{K_3}{\chi^2_{\frac{\alpha}{2}}(n)},\frac{K_3}{\chi^2_{1-\frac{\alpha}{2}}(n)}\right)$ $\left(记\sum_{i=1}^{n}(\xi_i-\mu)^2 = K_3\right)$
	μ 未知	$\chi^2 = \frac{1}{\sigma^2}\sum_{i=1}^{n}(\xi_i-\bar{\xi})^2 \sim \chi^2(n-1)$	$\left(\frac{K_4}{\chi^2_{\frac{\alpha}{2}}(n-1)},\frac{K_4}{\chi^2_{1-\frac{\alpha}{2}}(n-1)}\right)$ $\left(记\sum_{i=1}^{n}(\xi_i-\bar{\xi})^2 = K_4\right)$

3. 两个正态总体参数的区间估计

在两个正态总体的情况下，我们关心的未知参数往往是数学期望之差 $\mu_1-\mu_2$ 和方差之比$\dfrac{\sigma_1^2}{\sigma_2^2}$，因为它们可以用来反映这两个正态总体之间的差异.

在下面的研究中，均假设：总体 ξ 服从正态分布 $N(\mu_1,\sigma_1^2)(\sigma_1>0)$，$(\xi_1,\xi_2,\cdots,\xi_{n_1})$ 是取自总体 ξ 的一个样本；总体 η 服从正态分布 $N(\mu_2,\sigma_2^2)(\sigma_2>0)$，$(\eta_1,\eta_2,\cdots,\eta_{n_2})$ 是取自总体 η 的一个样本.

1) σ_1^2,σ_2^2 已知，求 $\mu_1-\mu_2$ 的置信区间

这里选取统计量

$$U=\frac{(\bar{\xi}-\bar{\eta})-(\mu_1-\mu_2)}{\sqrt{\dfrac{\sigma_1^2}{n_1}+\dfrac{\sigma_2^2}{n_2}}},$$

则由定理 6.10 知，$U\sim N(0,1)$. 对于给定的置信概率 $1-\alpha(0<\alpha<1)$，通过查附表 3，可求出 $N(0,1)$ 的上侧$\dfrac{\alpha}{2}$ 分位点 $u_{\frac{\alpha}{2}}$，使得

$$P\left\{\left|\frac{(\bar{\xi}-\bar{\eta})-(\mu_1-\mu_2)}{\sqrt{\dfrac{\sigma_1^2}{n_1}+\dfrac{\sigma_2^2}{n_2}}}\right|<u_{\frac{\alpha}{2}}\right\}=1-\alpha.$$

故 $\mu_1-\mu_2$ 的置信概率为 $1-\alpha$ 的置信区间就是

$$\left((\bar{\xi}-\bar{\eta})-u_{\frac{\alpha}{2}}\sqrt{\frac{\sigma_1^2}{n_1}+\frac{\sigma_2^2}{n_2}},(\bar{\xi}-\bar{\eta})+u_{\frac{\alpha}{2}}\sqrt{\frac{\sigma_1^2}{n_1}+\frac{\sigma_2^2}{n_2}}\right).\quad(7-16)$$

2) σ_1^2,σ_2^2 未知（已知 $\sigma_1^2=\sigma_2^2$），求 $\mu_1-\mu_2$ 的置信区间

这里选用统计量

$$T=\frac{(\bar{\xi}-\bar{\eta})-(\mu_1-\mu_2)}{S_w\sqrt{\dfrac{1}{n_1}+\dfrac{1}{n_2}}},$$

则由定理 6.11 知，$T\sim t(n_1+n_2-2)$. 对于给定的置信概率 $1-\alpha(0<\alpha<1)$，通过查附表 4，可求出 $t(n_1+n_2-2)$ 分布的上侧 $\dfrac{\alpha}{2}$ 分位点 $t_{\frac{\alpha}{2}}(n_1+n_2-2)$. 同理可知，$\mu_1-\mu_2$ 的置信概率为 $1-\alpha$ 的置信区间就是

$$\left((\bar{\xi}-\bar{\eta})-t_{\frac{\alpha}{2}}(n_1+n_2-2)S_w\sqrt{\frac{1}{n_1}+\frac{1}{n_2}},\right.$$
$$\left.(\bar{\xi}-\bar{\eta})+t_{\frac{\alpha}{2}}(n_1+n_2-2)S_w\sqrt{\frac{1}{n_1}+\frac{1}{n_2}}\right).\quad(7-17)$$

例 7.19 设甲、乙两台机床生产同一个型号的滚珠，从甲机床、乙机床生产的滚珠中分别抽取 8 个和 9 个滚珠，测得这些滚珠的直径(单位：mm) 如下：

甲机床：15.0，　14.8，　15.2，　15.4，　14.9，　15.1，　15.2，　14.8；

乙机床：15.2，　15.0，　14.8，　15.1，　15.0，　14.6，　14.8，　15.1，　14.5.

已知甲、乙两台机床生产的滚珠直径 ξ,η 都服从正态分布，在下面两种情况下分别求这两台机床生产的滚珠直径的数学期望之差 $\mu_1-\mu_2$ 的置信概率为 0.9 的置信区间：

(1) 已知甲、乙机床生产的滚珠直径 ξ,η 的标准差分别为 $\sigma_1=0.18$ 及 $\sigma_2=0.24$；

(2) σ_1,σ_2 未知，但已知 $\sigma_1=\sigma_2$.

解　这里 $n_1=8, n_2=9, \bar{\xi}=15.05, \bar{\eta}=14.9, s_1^2\approx 0.0457, s_2^2=0.0575$.

(1) 给定置信概率 $1-\alpha=0.9$，则 $\alpha=0.1$，查附表 3 得 $u_{\frac{\alpha}{2}}=u_{0.05}=1.645$，于是

$$u_{\frac{\alpha}{2}}\sqrt{\frac{\sigma_1^2}{n_1}+\frac{\sigma_2^2}{n_2}}=1.645\times\sqrt{\frac{0.18^2}{8}+\frac{0.24^2}{9}}\approx 0.168.$$

将有关数据代入(7-16)式，即可求得 $\mu_1-\mu_2$ 的置信概率为 0.9 的置信区间为

$$(-0.018, 0.318).$$

(2) 给定置信概率 $1-\alpha=0.9$，则 $\alpha=0.1$，查附表 4 得

$$t_{\frac{\alpha}{2}}(n_1+n_2-2)=t_{0.05}(15)=1.7531,$$

于是

$$s_\omega=\sqrt{\frac{(n_1-1)s_1^2+(n_2-1)s_2^2}{n_1+n_2-2}}=\sqrt{\frac{7\times 0.0457+8\times 0.0575}{8+9-2}}\approx 0.228,$$

$$t_{\frac{\alpha}{2}}(n_1+n_2-2)s_w\sqrt{\frac{1}{n_1}+\frac{1}{n_2}}=1.7531\times 0.228\times\sqrt{\frac{1}{8}+\frac{1}{9}}\approx 0.194.$$

将有关数据代入(7-17)式，即可求得 $\mu_1-\mu_2$ 的置信概率为 0.9 的置信区间为

$$(-0.044, 0.344).$$

3) μ_1,μ_2 已知，求 $\frac{\sigma_1^2}{\sigma_2^2}$ 的置信区间

这里选用统计量

$$F=\frac{\frac{1}{n_1\sigma_1^2}\sum_{i=1}^{n_1}(\xi_i-\mu_1)^2}{\frac{1}{n_2\sigma_2^2}\sum_{i=1}^{n_2}(\eta_i-\mu_2)^2},$$

则由定理 6.10 知，$F\sim F(n_1,n_2)$. 对于给定的置信概率 $1-\alpha(0<\alpha<1)$，通过查附表 6，可求出 $F(n_1,n_2)$ 分布的上侧分位点 $F_{\frac{\alpha}{2}}(n_1,n_2)$ 和 $F_{1-\frac{\alpha}{2}}(n_1,n_2)$，使得

$$P\left\{F_{1-\frac{\alpha}{2}}(n_1,n_2)<\frac{n_2\sigma_2^2\sum_{i=1}^{n_1}(\xi_i-\mu_1)^2}{n_1\sigma_1^2\sum_{i=1}^{n_2}(\eta_i-\mu_2)^2}<F_{\frac{\alpha}{2}}(n_1,n_2)\right\}=1-\alpha.$$

故 $\frac{\sigma_1^2}{\sigma_2^2}$ 的置信概率为 $1-\alpha$ 的置信区间就是

$$\left(\frac{1}{F_{\frac{\alpha}{2}}(n_1,n_2)}\frac{n_2\sum\limits_{i=1}^{n_1}(\xi_i-\mu_1)^2}{n_1\sum\limits_{i=1}^{n_2}(\eta_i-\mu_2)^2},\frac{1}{F_{1-\frac{\alpha}{2}}(n_1,n_2)}\frac{n_2\sum\limits_{i=1}^{n_1}(\xi_i-\mu_1)^2}{n_1\sum\limits_{i=1}^{n_2}(\eta_i-\mu_2)^2}\right).\tag{7-18}$$

4) μ_1,μ_2 未知，求$\frac{\sigma_1^2}{\sigma_2^2}$ 的置信区间

这里选用统计量

$$F=\frac{\frac{1}{(n_1-1)\sigma_1^2}\sum\limits_{i=1}^{n_1}(\xi_i-\bar{\xi})^2}{\frac{1}{(n_2-1)\sigma_2^2}\sum\limits_{i=1}^{n_2}(\eta_i-\bar{\eta})^2},$$

则由定理 6.10 知，$F\sim F(n_1-1,n_2-1)$. 对于给定的置信概率 $1-\alpha$ $(0<\alpha<1)$，通过查附表 6，可求出 $F(n_1-1,n_2-1)$ 分布的上侧分位点 $F_{\frac{\alpha}{2}}(n_1-1,n_2-1)$ 和 $F_{1-\frac{\alpha}{2}}(n_1-1,n_2-1)$. 同理可知，$\frac{\sigma_1^2}{\sigma_2^2}$ 的置信概率为 $1-\alpha$ 的置信区间就是

$$\left(\frac{1}{F_{\frac{\alpha}{2}}(n_1-1,n_2-1)}\frac{(n_2-1)\sum\limits_{i=1}^{n_1}(\xi_i-\bar{\xi})^2}{(n_1-1)\sum\limits_{i=1}^{n_2}(\eta_i-\bar{\eta})^2},\right.$$

$$\left.\frac{1}{F_{1-\frac{\alpha}{2}}(n_1-1,n_2-1)}\frac{(n_2-1)\sum\limits_{i=1}^{n_1}(\xi_i-\bar{\xi})^2}{(n_1-1)\sum\limits_{i=1}^{n_2}(\eta_i-\bar{\eta})^2}\right).\tag{7-19}$$

利用样本方差，(7-19) 式可简写为

$$\left(\frac{1}{F_{\frac{\alpha}{2}}(n_1-1,n_2-1)}\frac{S_1^2}{S_2^2},\frac{1}{F_{1-\frac{\alpha}{2}}(n_1-1,n_2-1)}\frac{S_1^2}{S_2^2}\right).\tag{7-20}$$

例 7.19(续)　在下面两种情况下分别求甲、乙两台机床生产的滚珠直径的方差之比$\frac{\sigma_1^2}{\sigma_2^2}$ 的置信概率为 0.9 的置信区间：

(3) 已知甲、乙两台机床生产的滚珠直径的数学期望分别是 $\mu_1=15.0$ 及 $\mu_2=14.9$；

(4) μ_1,μ_2 未知.

解　(3) 计算得

$$\sum_{i=1}^{8}(\xi_i-\mu_1)^2=0.34,\quad \sum_{i=1}^{9}(\eta_i-\mu_2)^2=0.46.$$

给定置信概率 $1-\alpha=0.9$，则 $\alpha=0.1$，查附表 6 得

$$F_{\frac{\alpha}{2}}(n_1,n_2)=F_{0.05}(8,9)=3.23,$$

$$F_{1-\frac{\alpha}{2}}(n_1,n_2)=F_{0.95}(8,9)=\frac{1}{F_{0.05}(9,8)}=\frac{1}{3.39}\approx 0.295.$$

将有关数据代入(7-18)式,可求得 $\frac{\sigma_1^2}{\sigma_2^2}$ 的置信概率为 0.9 的置信区间为

$$\left(\frac{0.34\times 9}{3.23\times 0.46\times 8},\frac{0.34\times 9}{0.295\times 0.46\times 8}\right)\quad \text{即}\quad (0.257,2.819).$$

(4) 计算得

$$s_1^2\approx 0.0457,\quad s_2^2\approx 0.0575.$$

给定置信概率 $1-\alpha=0.9$,则 $\alpha=0.1$,查附表 6 得

$$F_{\frac{\alpha}{2}}(n_1-1,n_2-1)=F_{0.05}(7,8)=3.50,$$

$$F_{1-\frac{\alpha}{2}}(n_1-1,n_2-1)=F_{0.95}(7,8)=\frac{1}{F_{0.05}(8,7)}=\frac{1}{3.73}\approx 0.268.$$

将有关数据代入(7-20)式,可求得 $\frac{\sigma_1^2}{\sigma_2^2}$ 的置信概率为 0.9 的置信区间为

$$\left(\frac{0.0457}{3.50\times 0.0575},\frac{0.0457}{0.268\times 0.0575}\right),\quad \text{即}\quad (0.227,2.966).$$

为了方便应用,把两个正态总体下有关参数的区间估计的结果汇总列表(见表 7-2).

表 7-2

待估参数	条件	选用的统计量及其分布	置信概率为 $1-\alpha$ 的置信区间
$\mu_1-\mu_2$	σ_1^2,σ_2^2 已知	$U=\dfrac{(\bar{\xi}-\bar{\eta})-(\mu_1-\mu_2)}{\sqrt{\dfrac{\sigma_1^2}{n_1}+\dfrac{\sigma_2^2}{n_2}}}\sim N(0,1)$	$((\bar{\xi}-\bar{\eta})-u_{\frac{\alpha}{2}}K_5,(\bar{\xi}-\bar{\eta})+u_{\frac{\alpha}{2}}K_5)$ $\left(\text{记}\sqrt{\dfrac{\sigma_1^2}{n_1}+\dfrac{\sigma_2^2}{n_2}}=K_5\right)$
	σ_1^2,σ_2^2 未知 $(\sigma_1^2=\sigma_2^2)$	$T=\dfrac{(\bar{\xi}-\bar{\eta})-(\mu_1-\mu_2)}{S_\omega\sqrt{\dfrac{1}{n_1}+\dfrac{1}{n_2}}}\sim t(n_1+n_2-2)$	$((\bar{\xi}-\bar{\eta})-t_{\frac{\alpha}{2}}(n)K_6,(\bar{\xi}-\bar{\eta})+t_{\frac{\alpha}{2}}(n)K_6)$ $\left(\begin{aligned}&\text{记 } n_1+n_2-2=n,\\&S_\omega\sqrt{\frac{1}{n_1}+\frac{1}{n_2}}=K_6\end{aligned}\right)$
$\dfrac{\sigma_1^2}{\sigma_2^2}$	μ_1,μ_2 已知	$F=\dfrac{\dfrac{1}{n_1\sigma_1^2}\sum\limits_{i=1}^{n_1}(\xi_i-\mu_1)^2}{\dfrac{1}{n_2\sigma_2^2}\sum\limits_{i=1}^{n_2}(\eta_i-\mu_2)^2}\sim F(n_1,n_2)$	$\left(\dfrac{K_7}{F_{\frac{\alpha}{2}}(n_1,n_2)},\dfrac{K_7}{F_{1-\frac{\alpha}{2}}(n_1,n_2)}\right)$ $\left(\text{记}\dfrac{n_2\sum\limits_{i=1}^{n_1}(\xi_i-\mu_1)^2}{n_1\sum\limits_{i=1}^{n_2}(\eta_i-\mu_2)^2}=K_7\right)$
	μ_1,μ_2 未知	$F=\dfrac{\dfrac{1}{(n_1-1)\sigma_1^2}\sum\limits_{i=1}^{n_1}(\xi_i-\bar{\xi})^2}{\dfrac{1}{(n_2-1)\sigma_2^2}\sum\limits_{i=1}^{n_2}(\eta_i-\bar{\eta})^2}\sim F(n_1-1,n_2-1)$	$\left(\dfrac{K_8}{F_{\frac{\alpha}{2}}(m_1,m_2)},\dfrac{K_8}{F_{1-\frac{\alpha}{2}}(m_1,m_2)}\right)$ $\left(\begin{aligned}&\text{记 } n_1-1=m_1,n_2-1=m_2,\\&\frac{(n_2-1)\sum\limits_{i=1}^{n_1}(\xi_i-\bar{\xi})^2}{(n_1-1)\sum\limits_{i=1}^{n_2}(\eta_i-\bar{\eta})^2}=K_8\end{aligned}\right)$

习　题　七

1. 设总体 ξ 的分布律如表 7-3 所示，其中 $0<\theta<\dfrac{1}{3}$ 为待估参数，求 θ 的矩估计.

表 7-3

ξ	-1	0	2
P	2θ	θ	$1-3\theta$

2. 设总体 ξ 的密度函数为

$$f(x)=\begin{cases}\dfrac{2}{\theta^2}(\theta-x), & 0<x<\theta,\\ 0, & \text{其他},\end{cases}$$

其中 $\theta>0$ 为待估参数，求 θ 的矩估计.

3. 设总体 ξ 的密度函数为

$$f(x)=\begin{cases}\dfrac{x}{\theta^2}\mathrm{e}^{-\frac{x^2}{2\theta^2}}, & x>0,\\ 0, & x\leqslant 0,\end{cases}$$

其中 $\theta>0$ 为待估参数，求 θ 的矩估计.

4. 设总体 ξ 在区间 $(a-b,3a+b)$ 上服从均匀分布，其中 $a>0,b>0$ 为待估参数，求 a,b 的矩估计.

5. 有一批灯泡使用寿命(单位:h) 的抽取样本：

1 458，1 395，1 562，1 614，1 351，1 490，1 478，1 382，1 536，1 496.

试用矩估计法求出这批灯泡使用寿命的数学期望 μ 及方差 σ^2 的矩估计.

6. 设 $(\xi_1,\xi_2,\cdots,\xi_n)$ 是取自总体 ξ 的一个样本，已知 $\xi\sim B(1,p)$，其中参数 $p(0<p<1)$ 未知，求 p 的矩估计与最大似然估计.

7. 设 $(\xi_1,\xi_2,\cdots,\xi_n)$ 是取自总体 ξ 的一个样本，已知 ξ 服从参数为 p 的几何分布，即 ξ 的分布律为

$$P\{\xi=k\}=p(1-p)^{k-1}\quad(k=1,2,\cdots),$$

其中 $p(0<p<1)$ 未知，求 p 的最大似然估计.

8. 设总体 ξ 的密度函数为

$$f(x)=\begin{cases}\theta x^{\theta-1}, & 0<x<1,\\ 0, & \text{其他},\end{cases}$$

其中 $\theta>0$ 为待估参数，若取得样本值为 $(x_1,x_2,\cdots,x_n)$，求参数 θ 的矩估计与最大似然估计.

9. 已知某电子设备的使用寿命(单位:h)ξ 服从指数分布，其密度函数为

$$f(x)=\begin{cases}\dfrac{1}{\theta}\mathrm{e}^{-\frac{x}{\theta}}, & x>0,\\ 0, & x\leqslant 0,\end{cases}$$

其中 $\theta>0$ 为待估参数.现随机抽取 10 台,测得使用寿命的数据如下:

1 050, 1 100, 1 080, 1 120, 1 200, 1 250, 1 040, 1 130, 1 300, 1 200.

求 θ 的最大似然估计.

10. 在某道口观察每 15 秒内通过的汽车数量(单位:辆),得到的数据如表 7-4 所示,求每 15 秒内通过该道口的汽车数量 ξ 的数学期望 μ 和方差 σ^2 的无偏估计.

表 7-4

汽车数量	0	1	2	3	4
频数	92	68	28	11	1

11. 根据第 9 题的数据求使用寿命的数学期望 μ 及方差 σ^2 的无偏估计.

12. 证明:如果总体 ξ 的数学期望 μ 已知,则总体 ξ 的方差 σ^2 的无偏估计为 $\hat{\sigma}^2=\dfrac{1}{n}\sum\limits_{i=1}^{n}(\xi_i-\mu)^2$,其中 $(\xi_1,\xi_2,\cdots,\xi_n)$ 是取自 ξ 的一个样本.

13. 设 $(\xi_1,\xi_2,\cdots,\xi_n)$ 为取自总体的一个样本,试确定待定系数 K,使得 $\hat{\sigma}^2=K\sum\limits_{i=1}^{n-1}(\xi_{i+1}-\xi_i)^2$ 为总体方差 σ^2 的无偏估计.

14. 设 $(\xi_1,\xi_2,\cdots,\xi_n)$ 为取自总体 ξ 的一个样本,$n\geqslant 2$,$\xi\sim B(1,p)$,其中参数 $p(0<p<1)$ 未知,证明:

(1) ξ_1 是 p 的无偏估计;

(2) ξ_1^2 不是 p^2 的无偏估计;

(3) $\xi_1\xi_2$ 是 p^2 的无偏估计.

15. 设总体 ξ 服从正态分布 $N(\mu,1)$,ξ_1,ξ_2 是从总体 ξ 抽取的一个样本,验证下面 3 个估计量都是 μ 的无偏估计,并求出每个估计量的方差,讨论哪一个最好:

(1) $\hat{\mu}_1=\dfrac{2}{3}\xi_1+\dfrac{1}{3}\xi_2$;

(2) $\hat{\mu}_2=\dfrac{1}{4}\xi_1+\dfrac{3}{4}\xi_2$;

(3) $\hat{\mu}_3=\dfrac{1}{2}\xi_1+\dfrac{1}{2}\xi_2$.

16. 设总体的数学期望 μ 和方差 σ^2 都存在,$(\xi_1,\xi_2,\cdots,\xi_n)$ 为取自总体的一个样本,验证下面 3 个估计量都是 μ 的无偏估计,并指出哪一个最好:

(1) $\hat{\mu}_1=\dfrac{1}{5}\xi_1+\dfrac{3}{10}\xi_2+\dfrac{1}{2}\xi_3$;

(2) $\hat{\mu}_2=\dfrac{1}{3}\xi_1+\dfrac{1}{4}\xi_2+\dfrac{5}{12}\xi_3$;

(3) $\hat{\mu}_3=\dfrac{1}{3}\xi_1+\dfrac{1}{6}\xi_2+\dfrac{1}{2}\xi_3$.

17. 设 $\hat{\theta}_1$ 与 $\hat{\theta}_2$ 是参数 θ 的两个独立的无偏估计，并且 $D(\hat{\theta}_1)=2D(\hat{\theta}_2)$，试确定常数 c_1,c_2，使得 $c_1\hat{\theta}_1+c_2\hat{\theta}_2$ 是 θ 的无偏估计，并且在所有这样的线性估计中方差最小.

18. 用某仪器间接测量温度(单位:℃)，重复测量 5 次，得如下数据：

$$1\,250,\quad 1\,265,\quad 1\,245,\quad 1\,260,\quad 1\,275.$$

假定重复测量所得温度 $\xi\sim N(\mu,\sigma^2)$，在下面两种情况中求总体温度真值 μ 的置信概率为 0.95 的置信区间：

(1) 根据以往长期经验，已知 $\sigma=11$；

(2) σ 未知.

19. 从一批钢索中抽样 10 根，测得其折断力(单位:N) 为

$$578,\quad 572,\quad 570,\quad 568,\quad 572,\quad 570,\quad 570,\quad 596,\quad 584,\quad 572.$$

(1) 若折断力 $\xi\sim N(580,\sigma^2)$，求方差 σ^2 和标准差 σ 的置信概率为 0.95 的置信区间；

(2) 若折断力 $\xi\sim N(\mu,\sigma^2)$，求方差 σ^2 和标准差 σ 的置信概率为 0.95 的置信区间.

20. 假定到某地旅游的一个游客的消费额(单位:元)$\xi\sim N(\mu,\sigma^2)$，且 $\sigma=500$，今要对该地每一个游客的平均消费额 μ 进行估计，为了能以不小于 0.95 的置信概率确信此估计的绝对误差小于 50 元，问:至少需要随机调查多少个游客?

21. 有甲、乙两批导线，从甲批中抽取 4 根，从乙批中抽取 5 根，测得其电阻(单位:Ω)数据如下：

甲批:0.143，　0.142，　0.143，　0.137；

乙批:0.140，　0.142，　0.136，　0.137，　0.140.

设这两批导线的电阻分别服从正态分布 $N(\mu_1,\sigma_1^2)$ 及 $N(\mu_2,\sigma_2^2)$，且相互独立.

(1) 求两批导线电阻的数学期望之差 $\mu_1-\mu_2$ 的置信概率为 0.95 的置信区间(假定 $\sigma_1=\sigma_2$)；

(2) 若 $\sigma_1^2=0.000\,009$，$\sigma_2^2=0.000\,005$，求 $\mu_1-\mu_2$ 的置信概率为 0.95 的置信区间.

22. 根据 21 题的数据，

(1) 若 μ_1,μ_2 未知，求方差之比 $\dfrac{\sigma_1^2}{\sigma_2^2}$ 的置信概率为 0.95 的置信区间；

(2) 若 $\mu_1=0.141$，$\mu_2=0.139$，求方差之比 $\dfrac{\sigma_1^2}{\sigma_2^2}$ 的置信概率为 0.95 的置信区间.

23. 设总体 ξ 的数学期望 $E(\xi)=\mu$，方差 $D(\xi)=\sigma^2$，从总体 ξ 中抽取一个样本 $(\xi_1,\xi_2,\cdots,\xi_n)$，若样本容量 n 相当大，当 σ^2 已知时，求 μ 的区间估计.

第八章

假设检验

参数估计能够解决一类总体分布已知而参数未知的问题，但在实际应用中还有很多仅用参数估计是不能解决的统计问题，这里引进统计推断中另一个重要问题——假设检验问题.

§ 8.1 假设检验的基本概念

1. 假设检验的思想方法

先通过一个实例来了解解决假设检验一类问题的基本思想方法.

例 8.1 某地早稻收割前根据长势估计平均亩产量为 310 kg. 收割时,随机地抽取 10 块地,测得每块地的实际亩产量(单位:kg) 为 $\xi_1,\xi_2,\cdots,\xi_{10}$,计算出 $\bar{\xi}=\frac{1}{10}\sum_{i=1}^{10}\xi_i=320$(kg),如果已知该地早稻的亩产量 ξ 服从正态分布 $N(\mu,12^2)$,试问:所估平均亩产量是否正确?

解　由于亩产量 $\xi\sim N(\mu,12^2)$,如果估计正确,则应当有 $\mu=310$. 我们先将问题表示为两个假设:

$$H_0:\mu=\mu_0=310;\quad H_1:\mu\neq 310.$$

下一步就要分析实际数据(10 块地的实际亩产量),是接受 H_0 还是接受 H_1(拒绝 H_0).

由第七章内容知,样本均值 $\bar{\xi}$ 是总体均值的优良估计. 但即使估产正确,$\bar{\xi}$ 也不一定正好等于 310,$\bar{\xi}$ 应靠近 310. 也就是说,如果 H_0 为真,则由定理 6.7 知

$$\bar{\xi}\sim N\left(310,\frac{12^2}{10}\right),\quad 即\quad U=\frac{\bar{\xi}-310}{12/\sqrt{10}}\sim N(0,1),$$

这时应该有

$$\left|\frac{\bar{\xi}-310}{12/\sqrt{10}}\right|<k;$$

否则,就要拒绝 H_0,而接受 H_1. 现在的问题是常数 k 应取多大呢? 这里取一个小概率 $\alpha=0.05$,查附表 3 得 $P\{|U|\geqslant 1.96\}=0.05$,故可取 $k=1.96$.

上述分析过程告诉我们,如果假设 H_0 是正确的,那么事件 $\left\{\left|\frac{\bar{\xi}-310}{12/\sqrt{10}}\right|\geqslant 1.96\right\}$ 发生的概率为 0.05, 即大约平均试验 20 次(每次都随机抽查 10 块地的亩产量), 事件 $\left\{\left|\frac{\bar{\xi}-310}{12/\sqrt{10}}\right|\geqslant 1.96\right\}$ 才会发生 1 次. 而本题给出的数据是只试验一次就有

$$\left|\frac{\bar{\xi}-310}{12/\sqrt{10}}\right|=\left|\frac{320-310}{12/\sqrt{10}}\right|\approx 2.64>1.96,$$

所以我们有理由不相信假设 H_0 是真的,故拒绝 H_0,即认为所估平均亩产量 310 kg 是不正确的.

由例 8.1 可看出假设检验的基本思想方法：在提出假设，选取统计量的基础上，选定一个小的正数 $\alpha(0<\alpha<1)$，由

$$P\left\{\left|\frac{\bar{\xi}-\mu_0}{\sigma/\sqrt{n}}\right|\geqslant k\right\}=\alpha \quad 或 \quad P\left\{\left|\frac{\bar{\xi}-\mu_0}{\sigma/\sqrt{n}}\right|<k\right\}=1-\alpha$$

确定常数 k 的值，当样本观察值 $\bar{\xi}$ 满足 $\left|\frac{\bar{\xi}-\mu_0}{\sigma/\sqrt{n}}\right|\geqslant k$ 时，就拒绝 H_0；当 $\bar{\xi}$ 满足 $\left|\frac{\bar{\xi}-\mu_0}{\sigma/\sqrt{n}}\right|<k$ 时，就接受 H_0. 此时，由不等式

$$\left|\frac{\bar{\xi}-\mu_0}{\sigma/\sqrt{n}}\right|\geqslant k$$

所确定的关于 $\bar{\xi}$ 的区域

$$\left(-\infty,\mu_0-k\frac{\sigma}{\sqrt{n}}\right)\cup\left(\mu_0+k\frac{\sigma}{\sqrt{n}},+\infty\right) \tag{8-1}$$

称为 H_0 的拒绝域，记作 $\overline{Z}$；由不等式

$$\left|\frac{\bar{\xi}-\mu_0}{\sigma/\sqrt{n}}\right|<k$$

所确定的关于 $\bar{\xi}$ 的区域

$$\left(\mu_0-k\frac{\sigma}{\sqrt{n}},\mu_0+k\frac{\sigma}{\sqrt{n}}\right) \tag{8-2}$$

称为 H_0 的接受域，记作 Z.

在上述的讨论中，H_0 称为原假设（或零假设），H_1 称为备择假设（或备选假设、对立假设）；正数 α 称为显著性水平（或检验水平），它是用来衡量原假设与实际情况差异是否明显的标准；常数 k 称为临界值.

由上面假设检验的过程可以看出，它运用了以下两个思想：

(1) 反证法思想. 为了检验一个原假设 H_0 是否成立，先假定 H_0 成立，而后看由此得到什么结果. 如果导致一个不合理的现象出现，那么就表明原假设 H_0 是不正确的，即原假设 H_0 是不能成立的，因此我们就拒绝原假设 H_0，而接受备择假设 H_1. 如果由此没有导致一个不合理的现象出现，则不能拒绝原假设 H_0，即我们要接受原假设 H_0，而拒绝备择假设 H_1.

(2) 小概率原理的思想. 小概率原理的含义是：小概率事件在一次试验中几乎不可能发生（§2.2 中曾有过介绍），这就区别于纯数学中的反证法，前面所说的不合理现象，并不是形式逻辑中绝对的矛盾，而是基于人们在实践中广泛应用的小概率原理. 人们自然会产生这样的问题：概率小到什么程度才能被当作小概率事件呢？这要根据实际情况而定. 例如，即使下雨的概率为 10%，仍有人会因为它发生的概率太小而不带雨具，但某航空公司的事故率为 1%，人们就因为它发生的概率太大而不敢乘坐该航空公司的飞机. 通常把概率不超过 0.05（或 0.01）的事件当作小概率事件. 为此在假设检验时，必须先确定小概率，即显著

性水平 α 的值，也就是说，将发生概率不超过 α 的事件认为是小概率事件.

上述关于假设检验运用到的两个基本思想可以概括为一句话，那就是选用“概率统计中的反证法”.

2. 两类错误

由于概率论与数理统计中研究的对象都是随机变量，且假设检验中对总体做出判断的依据是一个样本，因此假设检验不可能绝对正确，这就意味着可能产生错误. 一般来说会犯以下两类错误：

(1) 第一类错误是 H_0 正确，但拒绝它. 这类错误也称为“弃真错误”或“以真为假的错误”，它发生的概率恰好为显著性水平 α，即

$$P(\text{拒绝 } H_0 \mid H_0 \text{ 为真}) = \alpha;$$

(2) 第二类错误是 H_0 不正确，但接受它. 这类错误也称为“存伪错误”或“以假为真的错误”，它发生的概率记作 β，即

$$P(\text{接受 } H_0 \mid H_0 \text{ 为假}) = \beta.$$

犯错误是不可避免的，当然我们希望犯错误的概率越小越好，但在样本容量 n 确定的情况下，α 和 β 不可能同时减小(实际上，α 变小 β 就变大，β 变小 α 就变大). 一般做法是，先固定 α(如取 $\alpha = 0.05$ 或 0.01 等)，而后通过增大样本容量 n 来减小 β. 这里就不再深入讨论下去了.

3. 假设检验的基本步骤

根据前面所述的假设检验的思想方法，归纳出如下有关假设检验的基本步骤：

(1) 提出假设，即根据问题，提出原假设 H_0 与备择假设 H_1，为了方便起见，可省略 H_1；

(2) 选取统计量，即根据问题，选出相应的统计量 W 及其分布(在原假设 H_0 成立的前提下，该统计量的分布应已知)；

(3) 确定临界值，即根据给定的显著性水平 α，由

$$P\{|W| \geqslant w_{\frac{\alpha}{2}}\} = \alpha \quad \text{或} \quad P\{|W| < w_{\frac{\alpha}{2}}\} = 1 - \alpha$$

求出临界值 $w_{\frac{\alpha}{2}}$；

(4) 求出观察值，即根据样本值求出统计量的观察值 w_1；

(5) 做出判断，即将上面求出的临界值与观察值比较，做出拒绝或接受原假设 H_0 的决定(若 $|w_1| > w_{\frac{\alpha}{2}}$，则拒绝原假设 H_0；若 $|w_1| < w_{\frac{\alpha}{2}}$，则接受原假设 H_0；若 $|w_1| = w_{\frac{\alpha}{2}}$ 或 $|w_1|$ 与 $w_{\frac{\alpha}{2}}$ 很接近，为了慎重，则一般先不下结论，再进行一次抽样检验).

§8.2 单个正态总体参数的假设检验

在下面的讨论中，均假设总体 ξ 服从正态分布 $N(\mu,\sigma^2)(\sigma>0)$，$(\xi_1,\xi_2,\cdots,\xi_n)$ 是取自总体 ξ 的一个样本. 下面讨论单个正态总体参数 μ，σ^2 的假设检验问题.

1. σ^2 已知，关于 μ 的假设检验 $H_0:\mu=\mu_0$

根据假设检验的基本步骤，下面给出此假设检验问题的具体解题步骤：

(1) 提出假设：

$$H_0:\mu=\mu_0.$$

(2) 选取统计量：

$$U=\frac{\bar{\xi}-\mu_0}{\sigma/\sqrt{n}}\sim N(0,1).$$

(3) 确定临界值：对于给定的显著性水平 $\alpha(0<\alpha<1)$，由附表 3 查得临界值 $u_{\frac{\alpha}{2}}$，使得

$$P\{|U|\geqslant u_{\frac{\alpha}{2}}\}=\alpha,\quad 即\quad P\{|U|<u_{\frac{\alpha}{2}}\}=1-\alpha.$$

(4) 求出观察值：由给定的样本求出统计量 U 的观察值 u_1.

(5) 做出判断：若 $|u_1|<u_{\frac{\alpha}{2}}$，则接受 H_0；若 $|u_1|>u_{\frac{\alpha}{2}}$，则拒绝 H_0.

上述这种检验方法通常称为 **u 检验法**.

例 8.2 某砖厂生产的砖的抗压强度 ξ 服从正态分布 $N(\mu,1.1^2)$，今从该厂生产的砖中随机抽取 6 块，测得其抗压强度(单位：MPa) 数据如下：

32.56， 29.66， 31.64， 30.00， 31.87， 31.03.

检验这批砖的平均抗压强度是否为 32.50 MPa. 取显著性水平 $\alpha=0.05$.

解 (1) 提出假设：

$$H_0:\mu=\mu_0=32.50.$$

(2) 选取统计量：

$$U=\frac{\bar{\xi}-\mu_0}{\sigma/\sqrt{n}}\sim N(0,1).$$

(3) 确定临界值：对于给定的显著性水平 $\alpha=0.05$，查附表 3 得到满足 $P\{|U|\geqslant u_{\frac{\alpha}{2}}\}=0.05$ 的临界值为

$$u_{\frac{\alpha}{2}}=u_{0.025}=1.96.$$

(4) 求出观察值：

$$\bar{\xi}=\frac{1}{6}\times(32.56+29.66+31.64+30.00+31.87+31.03)\approx 31.13,$$

统计量 U 的观察值为

$$u_1=\frac{\bar{\xi}-\mu_0}{\sigma/\sqrt{n}}=\frac{31.13-32.50}{1.1/\sqrt{6}}\approx -3.05.$$

(5) 做出判断：因为 $|u_1|=3.05>1.96$，所以拒绝 H_0，即可以认为这批产品的平均抗压强度不是 32.50 MPa.

2. σ^2 未知，关于 μ 的假设检验 $H_0:\mu=\mu_0$

根据假设检验的基本步骤，下面给出此假设检验问题的具体解题步骤：

(1) 提出假设：

$$H_0:\mu=\mu_0.$$

(2) 选取统计量：因为 σ^2 未知，这时 $U=\dfrac{\bar{\xi}-\mu_0}{\sigma/\sqrt{n}}$ 不是统计量，所以不能用 u 检验法. 但可以考虑用 S^2 来代替 σ^2，即选取统计量

$$T=\frac{\bar{\xi}-\mu_0}{S/\sqrt{n}}\sim t(n-1).$$

(3) 确定临界值：对于给定的显著性水平 $\alpha(0<\alpha<1)$，由附表 4 查得临界值 $t_{\frac{\alpha}{2}}(n-1)$，使得

$$P\{|T|\geqslant t_{\frac{\alpha}{2}}(n-1)\}=\alpha,\quad 即\quad P\{|T|<t_{\frac{\alpha}{2}}(n-1)\}=1-\alpha.$$

(4) 求出观察值：由给定的样本求出统计量 T 的观察值 t_1.

(5) 做出判断：若 $|t_1|<t_{\frac{\alpha}{2}}(n-1)$，则接受 H_0；若 $|t_1|>t_{\frac{\alpha}{2}}(n-1)$，则拒绝 H_0.

上述这种检验方法通常称为 t 检验法.

例 8.3 用热敏电阻测温仪间接测量地热勘探井底温度. 设测量值(单位：℃)$\xi\sim N(\mu,\sigma^2)$，今重复测量 7 次，测得温度如下：

112.0，　113.4，　111.2，　112.0，　114.5，　112.9，　113.6.

而用某种精确方法测量温度的真值 $\mu_0=112.6$，问：用热敏电阻测温仪间接测量温度有无系统偏差？取显著性水平 $\alpha=0.05$.

解　(1) 提出假设：

$$H_0:\mu=\mu_0=112.6.$$

(2) 选取统计量：

$$T=\frac{\bar{\xi}-\mu_0}{S/\sqrt{n}}\sim t(n-1).$$

(3) 确定临界值：对于给定的显著性水平 $\alpha=0.05$ 及自由度 $n-1=7-1=6$，查附表 4 得

$$t_{\frac{\alpha}{2}(n-1)} = t_{0.025}(6) = 2.4469.$$

(4) 求出观察值：

$$\bar{\xi} = \frac{1}{7} \times (112.0 + 113.4 + \cdots + 113.6) = 112.8,$$

$$s^2 = \frac{1}{6} \times [(112.0 - 112.8)^2 + (113.4 - 112.8)^2 + \cdots + (113.6 - 112.8)^2] \approx 1.136^2,$$

统计量 T 的观察值为

$$t_1 = \frac{\bar{\xi} - \mu_0}{s/\sqrt{n}} = \frac{112.8 - 112.6}{1.136/\sqrt{7}} \approx 0.4658.$$

(5) 做出判断：因为 $|t_1| = 0.4658 < 2.4469$，所以接受 H_0，即可以认为用热敏电阻测温仪间接测量温度无系统偏差.

3. μ 已知，关于 σ^2 的假设检验 $H_0: \sigma^2 = \sigma_0^2$

根据假设检验的基本步骤，下面给出此假设检验问题的具体解题步骤：

(1) 提出假设：

$$H_0: \sigma^2 = \sigma_0^2.$$

(2) 选取统计量：

$$\chi^2 = \frac{1}{\sigma_0^2} \sum_{i=1}^{n} (\xi_i - \mu)^2 \sim \chi^2(n).$$

(3) 确定临界值：对于给定的显著性水平 $\alpha(0 < \alpha < 1)$，由附表 5 查得临界值 $\chi^2_{\frac{\alpha}{2}}(n)$ 与 $\chi^2_{1-\frac{\alpha}{2}}(n)$，使得

$$P\{\chi^2 \geqslant \chi^2_{\frac{\alpha}{2}}(n)\} = \frac{\alpha}{2} \quad \text{及} \quad P\{\chi^2 \leqslant \chi^2_{1-\frac{\alpha}{2}}(n)\} = \frac{\alpha}{2},$$

即

$$P\{\chi^2_{1-\frac{\alpha}{2}}(n) < \chi^2 < \chi^2_{\frac{\alpha}{2}}(n)\} = 1 - \alpha.$$

(4) 求出观察值：由给定的样本求出统计量 χ^2 的观察值 χ_1^2.

(5) 做出判断：若 $\chi^2_{1-\frac{\alpha}{2}}(n) < \chi_1^2 < \chi^2_{\frac{\alpha}{2}}(n)$，则接受 H_0；若 $\chi_1^2 > \chi^2_{\frac{\alpha}{2}}(n)$ 或 $\chi_1^2 < \chi^2_{1-\frac{\alpha}{2}}(n)$，则拒绝 H_0.

上述这种检验方法通常称为 χ^2 检验法.

例 8.4 某涤纶厂生产的涤纶纤度（纤维的粗细程度，单位：旦尼尔）ξ 在正常生产的条件下服从正态分布 $N(1.405, 0.048^2)$，某日随机地抽取 5 根纤维，测得其纤度数据为

$$1.32,\quad 1.55,\quad 1.36,\quad 1.40,\quad 1.44.$$

问：这一天生成的涤纶纤度 ξ 的方差是否正常？取显著性水平 $\alpha = 0.05$.

解 (1) 提出假设：

$$H_0: \sigma^2 = \sigma_0^2 = 0.048^2.$$

(2) 选取统计量:

$$\chi^2=\frac{1}{\sigma_0^2}\sum_{i=1}^{n}(\xi_i-\mu)^2\sim\chi^2(n).$$

(3) 确定临界值:对于给定的显著性水平 $\alpha=0.05$ 及自由度 $n=5$,查附表 5 得

$$\chi^2_{\frac{\alpha}{2}}(n)=\chi^2_{0.025}(5)=12.833,\quad \chi^2_{1-\frac{\alpha}{2}}(n)=\chi^2_{0.975}(5)=0.831.$$

(4) 求出观察值:易求得统计量 χ^2 的观察值为

$$\begin{aligned}\chi_1^2&=\frac{1}{0.048^2}[(1.32-1.405)^2+(1.55-1.405)^2+(1.36-1.405)^2\\&\quad+(1.40-1.405)^2+(1.44-1.405)^2]\\&\approx 13.683.\end{aligned}$$

(5) 做出判断:因为 $\chi_1^2=13.683>12.833$,所以拒绝 H_0,即可以认为这一天生产的涤纶纤度 ξ 的方差不正常.

4. μ 未知,关于 σ^2 的假设检验 $H_0:\sigma^2=\sigma_0^2$

根据假设检验的基本步骤,下面给出此假设检验问题的具体解题步骤:

(1) 提出假设:

$$H_0:\sigma^2=\sigma_0^2.$$

(2) 选取统计量:

$$\chi^2=\frac{1}{\sigma_0^2}\sum_{i=1}^{n}(\xi_i-\bar{\xi})^2\sim\chi^2(n-1).$$

(3) 确定临界值:对于给定的显著性水平 $\alpha(0<\alpha<1)$,由附表 5 查得临界值 $\chi^2_{\frac{\alpha}{2}}(n-1)$ 与 $\chi^2_{1-\frac{\alpha}{2}}(n-1)$,使得

$$P\{\chi^2\geqslant\chi^2_{\frac{\alpha}{2}}(n-1)\}=\frac{\alpha}{2}\quad 及\quad P\{\chi^2\leqslant\chi^2_{1-\frac{\alpha}{2}}(n-1)\}=\frac{\alpha}{2},$$

即

$$P\{\chi^2_{1-\frac{\alpha}{2}}(n-1)<\chi^2<\chi^2_{\frac{\alpha}{2}}(n-1)\}=1-\alpha.$$

(4) 求出观察值:由给定的样本求出统计量 χ^2 的观察值 χ_1^2.

(5) 做出判断:若 $\chi^2_{1-\frac{\alpha}{2}}(n-1)<\chi_1^2<\chi^2_{\frac{\alpha}{2}}(n-1)$,则接受 H_0;若 $\chi_1^2>\chi^2_{\frac{\alpha}{2}}(n-1)$ 或 $\chi_1^2<\chi^2_{1-\frac{\alpha}{2}}(n-1)$,则拒绝 H_0.

例 8.5 在例 8.4 中假设总体 ξ 的数学期望 μ 未知,问:总体 ξ 的方差是否正常?取显著性水平 $\alpha=0.05$.

解　(1) 提出假设:

$$H_0:\sigma^2=\sigma_0^2.$$

(2) 选取统计量:

$$\chi^2=\frac{1}{\sigma_0^2}\sum_{i=1}^{n}(\xi_i-\bar{\xi})^2\sim\chi^2(n-1).$$

(3) 确定临界值：对于给定的显著性水平 $\alpha=0.05$ 及自由度 $n-1=4$，查附表 5 得

$$\chi^2_{\frac{\alpha}{2}}(n-1)=\chi^2_{0.025}(4)=11.143,\quad \chi^2_{1-\frac{\alpha}{2}}(n-1)=\chi^2_{0.975}(4)=0.484.$$

(4) 求出观察值：

$$\bar{\xi}=\frac{1}{5}\times(1.32+1.55+1.36+1.40+1.44)=1.414,$$

统计量 χ^2 的观察值为

$$\begin{aligned}\chi_1^2&=\frac{1}{0.048^2}\times[(1.32-1.414)^2+(1.55-1.414)^2+(1.36-1.414)^2\\&\quad+(1.40-1.414)^2+(1.44-1.414)^2]\\&\approx 13.51.\end{aligned}$$

(5) 做出判断：因为 $\chi_1^2=13.51>11.143$，所以拒绝 H_0，即可以认为这一天生产的涤纶纤度 ξ 的方差不正常.

为了方便应用，现将单个正态总体下有关参数的假设检验的结果归纳列表(见表 8-1).

表 8-1

原假设 H_0	条件	选用的统计量及其分布	临界值	判断结果
$\mu=\mu_0$	σ^2 已知	$U=\frac{\bar{\xi}-\mu_0}{\sigma/\sqrt{n}}\sim N(0,1)$ (u 检验法)	$u_{\frac{\alpha}{2}}$	当 $\|u_1\|<u_{\frac{\alpha}{2}}$ 时，接受 H_0；当 $\|u_1\|>u_{\frac{\alpha}{2}}$ 时，拒绝 H_0
	σ^2 未知	$T=\frac{\bar{\xi}-\mu_0}{S/\sqrt{n}}\sim t(n-1)$ (t 检验法)	$t_{\frac{\alpha}{2}}(n-1)$	当 $\|t_1\|<t_{\frac{\alpha}{2}}(n-1)$ 时，接受 H_0；当 $\|t_1\|>t_{\frac{\alpha}{2}}(n-1)$ 时，拒绝 H_0
$\sigma^2=\sigma_0^2$	μ 已知	$\chi^2=\frac{1}{\sigma_0^2}\sum_{i=1}^{n}(\xi_i-\mu)^2\sim\chi^2(n)$ (χ^2 检验法)	$\chi^2_{1-\frac{\alpha}{2}}(n),\chi^2_{\frac{\alpha}{2}}(n)$	当 $\chi^2_{1-\frac{\alpha}{2}}(n)<\chi_1^2<\chi^2_{\frac{\alpha}{2}}(n)$ 时，接受 H_0；当 $\chi_1^2<\chi^2_{1-\frac{\alpha}{2}}(n)$ 或 $\chi_1^2>\chi^2_{\frac{\alpha}{2}}(n)$ 时，拒绝 H_0
	μ 未知	$\chi^2=\frac{1}{\sigma_0^2}\sum_{i=1}^{n}(\xi_i-\bar{\xi})^2\sim\chi^2(n-1)$ (χ^2 检验法)	$\chi^2_{1-\frac{\alpha}{2}}(n-1)$，$\chi^2_{\frac{\alpha}{2}}(n-1)$	当 $\chi^2_{1-\frac{\alpha}{2}}(n-1)<\chi_1^2<\chi^2_{\frac{\alpha}{2}}(n-1)$ 时，接受 H_0；当 $\chi_1^2<\chi^2_{1-\frac{\alpha}{2}}(n-1)$ 或 $\chi_1^2>\chi^2_{\frac{\alpha}{2}}(n-1)$ 时，拒绝 H_0

§8.3 两个正态总体参数的假设检验

在下面的讨论中,均假设:总体 ξ 服从正态分布 $N(\mu_1,\sigma_1^2)(\sigma_1>0)$,$(\xi_1,\xi_2,\cdots,\xi_{n_1})$ 是取自总体 ξ 的一个样本;总体 η 服从正态分布 $N(\mu_2,\sigma_2^2)(\sigma_2>0)$,$(\eta_1,\eta_2,\cdots,\eta_{n_2})$ 是取自总体 η 的一个样本. 下面讨论两个正态总体参数的假设检验.

1. σ_1^2,σ_2^2 已知,关于 μ_1,μ_2 的假设检验 $H_0:\mu_1=\mu_2$

根据假设检验的基本步骤,下面给出此假设检验问题的具体解题步骤:

(1) 提出假设:

$$H_0:\mu_1=\mu_2.$$

(2) 选取统计量:

$$U=\frac{\bar{\xi}-\bar{\eta}}{\sqrt{\dfrac{\sigma_1^2}{n_1}+\dfrac{\sigma_2^2}{n_2}}}\sim N(0,1).$$

(3) 确定临界值:对于给定的显著性水平 $\alpha(0<\alpha<1)$,由附表3查得临界值 $u_{\frac{\alpha}{2}}$,使得

$$P\{|U|\geqslant u_{\frac{\alpha}{2}}\}=\alpha,\quad 即\quad P\{|U|<u_{\frac{\alpha}{2}}\}=1-\alpha.$$

(4) 求出观察值:由给定的样本求出统计量 U 的观察值 u_1.

(5) 做出判断:若 $|u_1|<u_{\frac{\alpha}{2}}$,则接受 H_0;若 $|u_1|>u_{\frac{\alpha}{2}}$,则拒绝 H_0.

例 8.6 设甲、乙两厂生产的灯泡的使用寿命(单位:h)ξ 和 η 分别服从正态分布 $N(\mu_1,84^2)$ 和 $N(\mu_2,96^2)$,现从两厂生产的灯泡中各取 60 只,测得甲厂灯泡的平均使用寿命为 $\bar{\xi}=1\,295(\mathrm{h})$,乙厂灯泡的平均使用寿命为 $\bar{\eta}=1\,230(\mathrm{h})$. 问:在显著性水平 $\alpha=0.05$ 下能否认为两厂生产的灯泡的平均使用寿命无显著差异?

解　(1) 提出假设:

$$H_0:\mu_1=\mu_2.$$

(2) 选取统计量:

$$U=\frac{\bar{\xi}-\bar{\eta}}{\sqrt{\dfrac{\sigma_1^2}{n_1}+\dfrac{\sigma_2^2}{n_2}}}\sim N(0,1).$$

(3) 确定临界值:对于给定的显著性水平 $\alpha=0.05$,查附表3得

$$u_{\frac{\alpha}{2}}=u_{0.025}=1.96.$$

(4) 求出观察值:易求得统计量 U 的观察值为

$$u_1=\frac{\bar{\xi}-\bar{\eta}}{\sqrt{\frac{\sigma_1^2}{n_1}+\frac{\sigma_2^2}{n_2}}}=\frac{1\,295-1\,230}{\sqrt{\frac{84^2}{60}+\frac{96^2}{60}}}\approx 3.95.$$

(5) 做出判断:因为 $u_1=3.95>1.96$,所以拒绝 H_0,即可以认为两厂生产的灯泡的平均使用寿命有显著差异.

2. σ_1^2,σ_2^2 未知(已知 $\sigma_1^2=\sigma_2^2$),关于 μ_1,μ_2 的假设检验 $H_0:\mu_1=\mu_2$

根据假设检验的基本步骤,下面给出此假设检验问题的具体解题步骤:

(1) 提出假设:

$$H_0:\mu_1=\mu_2.$$

(2) 选取统计量:

$$T=\frac{\bar{\xi}-\bar{\eta}}{S_\omega\sqrt{\frac{1}{n_1}+\frac{1}{n_2}}}\sim t(n_1+n_2-2).$$

(3) 确定临界值:对于给定的显著性水平 $\alpha(0<\alpha<1)$,由附表 4 查得临界值 $t_{\frac{\alpha}{2}}(n_1+n_2-2)$,使得

$$P\{|T|\geqslant t_{\frac{\alpha}{2}}(n_1+n_2-2)\}=\alpha,$$

即

$$P\{|T|<t_{\frac{\alpha}{2}}(n_1+n_2-2)\}=1-\alpha.$$

(4) 求出观察值:由给定的样本求出统计量 T 的观察值 t_1.

(5) 做出判断:若 $|t_1|<t_{\frac{\alpha}{2}}(n_1+n_2-2)$,则接受 H_0;若 $|t_1|>t_{\frac{\alpha}{2}}(n_1+n_2-2)$,则拒绝 H_0.

例 8.7 某卷烟厂生产两种香烟,现分别对这两种香烟的尼古丁含量(单位:mg/ 盒)做 6 次测量,得到的测量结果为

甲厂:25, 28, 23, 26, 29, 22;

乙厂:28, 23, 30, 35, 21, 27.

若这两种香烟的尼古丁含量 ξ,η 均服从正态分布,且方差相等,问:这两种香烟的尼古丁平均含量有无显著差异? 取显著性水平 $\alpha=0.05$.

解 (1) 提出假设:

$$H_0:\mu_1=\mu_2.$$

(2) 选取统计量:

$$T=\frac{\bar{\xi}-\bar{\eta}}{S_\omega\sqrt{\frac{1}{n_1}+\frac{1}{n_2}}}\sim t(n_1+n_2-2).$$

(3) 确定临界值:对于显著性水平 $\alpha=0.05$,查附表4得

$$t_{\frac{\alpha}{2}}(n_1+n_2-2)=t_{0.025}(6+6-2)=t_{0.025}(10)=2.2281.$$

(4) 求出观察值:

$$\bar{\xi}=\frac{1}{6}\times(25+28+23+26+29+22)=25.5,$$

$$\bar{\eta}=\frac{1}{6}\times(28+23+30+35+21+27)\approx 27.3,$$

$$(n_1-1)s_1^2=(25-25.5)^2+\cdots+(22-25.5)^2=37.5,$$

$$(n_2-1)s_2^2=(28-27.3)^2+\cdots+(27-27.3)^2=125.3,$$

统计量 T 的观察值为

$$t_1=\frac{\bar{\xi}-\bar{\eta}}{s_\omega\sqrt{\frac{1}{n_1}+\frac{1}{n_2}}}=\frac{\bar{\xi}-\bar{\eta}}{\sqrt{\frac{(n_1-1)s_1^2+(n_2-1)s_2^2}{n_1+n_2-2}}\sqrt{\frac{1}{n_1}+\frac{1}{n_2}}}$$

$$=\frac{25.5-27.3}{\sqrt{\frac{37.5+125.3}{6+6-2}}\sqrt{\frac{1}{6}+\frac{1}{6}}}=\frac{-1.8}{2.33}=-0.7726.$$

(5) 做出判断:因为 $|t_1|=0.7726<2.2281$,所以接受 H_0,即可以认为这两种香烟的尼古丁平均含量无显著差异.

3. μ_1,μ_2 已知,关于 σ_1^2,σ_2^2 的假设检验 $H_0:\sigma_1^2=\sigma_2^2$

根据假设检验的基本步骤,下面给出此假设检验问题的具体解题步骤:

(1) 提出假设:

$$H_0:\sigma_1^2=\sigma_2^2.$$

(2) 选取统计量:

$$F=\frac{\frac{1}{n_1}\sum_{i=1}^{n_1}(\xi_i-\mu_1)^2}{\frac{1}{n_2}\sum_{i=1}^{n_2}(\eta_i-\mu_2)^2}\sim F(n_1,n_2).$$

(3) 确定临界值:对于给定的显著性水平 $\alpha(0<\alpha<1)$,由附表6查得临界值 $F_{\frac{\alpha}{2}}(n_1,n_2)$ 及 $F_{1-\frac{\alpha}{2}}(n_1,n_2)$,使得

$$P\{F\geqslant F_{\frac{\alpha}{2}}(n_1,n_2)\}=\frac{\alpha}{2}\quad 及\quad P\{F\leqslant F_{1-\frac{\alpha}{2}}(n_1,n_2)\}=\frac{\alpha}{2},$$

即

$$P\{F_{1-\frac{\alpha}{2}}(n_1,n_2)<F<F_{\frac{\alpha}{2}}(n_1,n_2)\}=1-\alpha.$$

(4) 求出观察值:由给定的样本求出统计量 F 的观察值 f_1.

(5) 做出判断:若 $F_{1-\frac{\alpha}{2}}(n_1,n_2)<f_1<F_{\frac{\alpha}{2}}(n_1,n_2)$,则接受 H_0;若 $f_1<F_{1-\frac{\alpha}{2}}(n_1,n_2)$ 或 $f_1>F_{\frac{\alpha}{2}}(n_1,n_2)$,则拒绝 H_0.

上述这种检验方法通常称为 F 检验法.

例 8.8 在例 8.7 中假设两种香烟的尼古丁含量 ξ,η 的数学期望分别为 $\mu_1=25$，$\mu_2=27$，问：这两种香烟的尼古丁含量的方差有无显著差异？取显著性水平 $\alpha=0.05$.

解 (1) 提出假设：

$$H_0:\sigma_1^2=\sigma_2^2.$$

(2) 选取统计量：

$$F=\frac{\frac{1}{n_1}\sum_{i=1}^{n_1}(\xi_i-\mu_1)^2}{\frac{1}{n_2}\sum_{i=1}^{n_2}(\eta_i-\mu_2)^2}\sim F(n_1,n_2).$$

(3) 确定临界值：对于显著性水平 $\alpha=0.05$，查附表 6 得

$$F_{\frac{\alpha}{2}}(n_1,n_2)=F_{0.025}(6,6)=5.82,$$

$$F_{1-\frac{\alpha}{2}}(n_1,n_2)=F_{0.975}(6,6)=\frac{1}{F_{0.025}(6,6)}=\frac{1}{5.82}\approx 0.17.$$

(4) 求出观察值：

$$f_1=\frac{\frac{1}{6}\times[(25-25)^2+(28-25)^2+\cdots+(22-25)^2]}{\frac{1}{6}\times[(28-27)^2+(23-27)^2+\cdots+(27-27)^2]}=\frac{39}{126}\approx 0.31.$$

(5) 做出判断：因为 $0.17<f_1=0.31<5.82$，所以接受 H_0，即可以认为这两种香烟的尼古丁含量的方差无显著差异.

4. μ_1,μ_2 未知，关于 σ_1^2,σ_2^2 的假设检验 $H_0:\sigma_1^2=\sigma_2^2$

根据假设检验的基本步骤，下面给出此假设检验问题的具体解题步骤：

(1) 提出假设：

$$H_0:\sigma_1^2=\sigma_2^2.$$

(2) 选取统计量：

$$F=\frac{\frac{1}{n_1-1}\sum_{i=1}^{n_1}(\xi_i-\bar{\xi})^2}{\frac{1}{n_2-1}\sum_{i=1}^{n_2}(\eta_i-\bar{\eta})^2}=\frac{S_1^2}{S_2^2}\sim F(n_1-1,n_2-1).$$

(3) 确定临界值：对于给定的显著性水平 $\alpha(0<\alpha<1)$，由附表 6 查得临界值 $F_{\frac{\alpha}{2}}(n_1-1,n_2-1)$ 及 $F_{1-\frac{\alpha}{2}}(n_1-1,n_2-1)$，使得

$$P\{F\geqslant F_{\frac{\alpha}{2}}(n_1-1,n_2-1)\}=\frac{\alpha}{2} \quad 及 \quad P\{F\leqslant F_{1-\frac{\alpha}{2}}(n_1-1,n_2-1)\}=\frac{\alpha}{2},$$

即 $P\{F_{1-\frac{\alpha}{2}}(n_1-1,n_2-1)<F<F_{\frac{\alpha}{2}}(n_1-1,n_2-1)\}=1-\alpha.$

(4) 求出观察值：由给定的样本求出统计量 F 的观察值 f_1.

(5) 做出判断：若

$$F_{1-\frac{\alpha}{2}}(n_1-1,n_2-1)<f_1<F_{\frac{\alpha}{2}}(n_1-1,n_2-1),$$

则接受 H_0；若

$$f_1<F_{1-\frac{\alpha}{2}}(n_1-1,n_2-1)\quad \text{或}\quad f_1>F_{\frac{\alpha}{2}}(n_1-1,n_2-1),$$

则拒绝 H_0.

例 8.9 在例 8.7 中假设两种香烟的尼古丁含量 ξ,η 的数学期望 μ_1,μ_2 未知，问：这两种香烟的尼古丁含量的方差有无显著差异？取显著性水平 $\alpha=0.05$.

解　(1) 提出假设：

$$H_0:\sigma_1^2=\sigma_2^2.$$

(2) 选取统计量：

$$F=\frac{\dfrac{1}{n_1-1}\sum_{i=1}^{n_1}(\xi_i-\overline{\xi})^2}{\dfrac{1}{n_2-1}\sum_{i=1}^{n_2}(\eta_i-\overline{\eta})^2}\sim F(n_1-1,n_2-1).$$

(3) 确定临界值：对于显著性水平 $\alpha=0.05$，查附表 6 得

$$F_{\frac{\alpha}{2}}(n_1-1,n_2-1)=F_{0.025}(5,5)=7.15,$$

$$F_{1-\frac{\alpha}{2}}(n_1-1,n_2-1)=F_{0.975}(5,5)=\frac{1}{F_{0.025}(5,5)}=\frac{1}{7.15}\approx 0.14.$$

(4) 求出观察值：易求得 $s_1^2=7.5,s_2^2=25.068$，从而统计量 F 的观察值为

$$f_1=\frac{s_1^2}{s_2^2}=\frac{7.5}{25.068}\approx 0.299.$$

(5) 做出判断：因为 $0.14<f_1=0.299<7.15$，所以接受 H_0，即可以认为这两种香烟的尼古丁含量的方差无显著差异.

注　在两个正态总体的假设检验中有一点值得注意：若参数 μ_1，μ_2,σ_1,σ_2 均未知，为了检验 μ_1 和 μ_2 有无显著差异，我们可先检验它们的方差 σ_1^2 和 σ_2^2 是否有显著差异，然后在接受假设 $\sigma_1^2=\sigma_2^2$ 的基础上，再进一步检验假设 $\mu_1=\mu_2$.

为了方便应用，现将两个正态总体下有关参数的假设检验的结果归纳列表(见表 8-2).

表 8-2

原假设 H_0	条件	选用的统计量及其分布	临界值	判断结果
$\mu_1=\mu_2$	σ_1^2,σ_2^2 已知	$U=\dfrac{\bar{\xi}-\bar{\eta}}{\sqrt{\dfrac{\sigma_1^2}{n_1}+\dfrac{\sigma_2^2}{n_2}}}$ $\sim N(0,1)$ (u 检验法)	$u_{\frac{\alpha}{2}}$	当 $\lvert u_1\rvert<u_{\frac{\alpha}{2}}$ 时,接受 H_0;当 $\lvert u_1\rvert>u_{\frac{\alpha}{2}}$ 时,拒绝 H_0
	σ_1^2,σ_2^2 未知	$T=\dfrac{\bar{\xi}-\bar{\eta}}{S_\omega\sqrt{\dfrac{1}{n_1}+\dfrac{1}{n_2}}}$ $\sim t(n_1+n_2-2)$ (t 检验法)	$t_{\frac{\alpha}{2}}(n_1+n_2-2)$	当 $\lvert t_1\rvert<t_{\frac{\alpha}{2}}(n_1+n_2-2)$ 时,接受 H_0;当 $\lvert t_1\rvert>t_{\frac{\alpha}{2}}(n_1+n_2-2)$ 时,拒绝 H_0
$\sigma_1^2=\sigma_2^2$	μ_1,μ_2 已知	$F=\dfrac{\dfrac{1}{n_1}\sum\limits_{i=1}^{n_1}(\xi_i-\mu_1)^2}{\dfrac{1}{n_2}\sum\limits_{i=1}^{n_2}(\eta_i-\mu_2)^2}$ $\sim F(n_1,n_2)$ (F 检验法)	$F_{1-\frac{\alpha}{2}}(n_1,n_2)$, $F_{\frac{\alpha}{2}}(n_1,n_2)$	当 $F_{1-\frac{\alpha}{2}}(n_1,n_2)<f_1<F_{\frac{\alpha}{2}}(n_1,n_2)$ 时,接受 H_0;当 $f_1<F_{1-\frac{\alpha}{2}}(n_1,n_2)$ 或 $f_1>F_{\frac{\alpha}{2}}(n_1,n_2)$ 时,拒绝 H_0
	μ_1,μ_2 未知	$F=\dfrac{\dfrac{1}{n_1-1}\sum\limits_{i=1}^{n_1}(\xi_i-\bar{\xi})^2}{\dfrac{1}{n_2-1}\sum\limits_{i=1}^{n_2}(\eta_i-\bar{\eta})^2}$ $\sim F(n_1-1,n_2-1)$ (F 检验法)	$F_{1-\frac{\alpha}{2}}(n_1-1,n_2-1)$, $F_{\frac{\alpha}{2}}(n_1-1,n_2-1)$	当 $F_{1-\frac{\alpha}{2}}(n_1-1,n_2-1)<f_1<F_{\frac{\alpha}{2}}(n_1-1,n_2-1)$ 时,接受 H_0;当 $f_1<F_{1-\frac{\alpha}{2}}(n_1-1,n_2-1)$ 或 $f_1>F_{\frac{\alpha}{2}}(n_1-1,n_2-1)$ 时,拒绝 H_0

§8.4 总体分布的假设检验

前面讨论的关于参数的假设检验,都是事先假定总体的分布类型为已知的,而且所讨论的总体都认为是服从正态分布的. 但有些时候,事先并不知道总体服从什么类型的分布,这就需要根据样本对总体分布函数 $F(x)$ 进行检验. 这种检验称为分布的拟合(优度)检验,它是非参数假设检验中较为重要的一种. 这里介绍一种常用的总体分布假设检验方法:χ^2 拟合检验法,其步骤与参数假设检验的步骤基本相同,仍为 5 个步骤.

(1) 提出假设:

$$H_0:F_\xi(x)=F(x),$$

即假设被检验总体 ξ 的分布函数为已知的分布函数 $F(x)$.

(2) 选取统计量：在第六章中已经知道，我们可以用样本分布函数 $F_n(x)$ 来近似代替总体分布函数 $F_\xi(x)$，而且样本容量 n 越大，近似效果就越好. 为此，需选取一个统计量，使得它在 H_0 成立时能够反映 $F_n(x)$ 与 $F(x)$ 的偏离程度，从而通过这个统计量，可以判断 $F_n(x)$ 与 $F(x)$ 之间的差异是由于样本随机性引起的，还是由于 $F_\xi(x)\neq F(x)$ 引起的.

具体构思如下：在数轴上选取 $k-1$ 个分点 $t_1,t_2,\cdots,t_{k-1}$，将实轴分成 k 个区间

$$(-\infty,t_1],\quad (t_1,t_2],\quad \cdots,\quad (t_{k-2},t_{k-1}],\quad (t_{k-1},+\infty),$$

记 $p_i(i=1,2,\cdots,k)$ 为总体 ξ 的取值落在第 i 个区间上的概率，则在 H_0 成立的条件下，有

$$\begin{aligned}
&p_1=P\{\xi\leqslant t_1\}=F(t_1),\\
&p_2=P\{t_1<\xi\leqslant t_2\}=F(t_2)-F(t_1),\\
&\cdots\cdots\\
&p_{k-1}=P\{t_{k-2}<\xi\leqslant t_{k-1}\}=F(t_{k-1})-F(t_{k-2}),\\
&p_k=P\{\xi>t_{k-1}\}=1-F(t_{k-1}).
\end{aligned}$$

记 $m_i(i=1,2,\cdots,k)$ 为 n 个样本值落在第 i 个区间上的个数，也就是组频数. 如果样本容量 n 较大，那么在 H_0 成立的条件下，由概率论知识知道，$\left|\dfrac{m_i}{n}-p_i\right|$ 的值应该比较小，从而加权平方和 $\sum\limits_{i=1}^{k}\dfrac{n}{p_i}\left(\dfrac{m_i}{n}-p_i\right)^2$ 也比较小，故选取统计量为

$$\chi^2=\sum_{i=1}^{k}\frac{n}{p_i}\left(\frac{m_i}{n}-p_i\right)^2=\sum_{i=1}^{k}\frac{(m_i-np_i)^2}{np_i}.$$

这个统计量是皮尔逊于 1900 年给出的，他还证明了，在 H_0 成立的条件下，这个统计量 χ^2 服从 $\chi^2(k-r-1)$ 分布，其中 r 为总体分布函数 $F(x)$ 中需要用样本进行估计的未知参数的个数.

注　上述选取统计量的过程中有 3 个需要满足的一般要求：① 样本容量要求 $n\geqslant 50$，最好 $n\geqslant 100$；② 区间数(分组数)随 k 而定，最好要求 $5\leqslant k\leqslant 16$；③ 分点的选取应使得 k 个区间中每个区间内都有样本值，且组频数要求不能少于 5，最好不能少于 10.

(3) 确定临界值：对于给定的显著性水平 $\alpha(0<\alpha<1)$，由附表 5 查得临界值 $\chi^2_\alpha(k-r-1)$，使得

$$P\left\{\sum_{i=1}^{k}\frac{(m_i-np_i)^2}{np_i}\geqslant\chi^2_\alpha(k-r-1)\right\}=\alpha,$$

即

$$P\left\{\sum_{i=1}^{k}\frac{(m_i-np_i)^2}{np_i}<\chi^2_\alpha(k-r-1)\right\}=1-\alpha.$$

(4) 求出观察值：由给定的样本求出统计量 χ^2 的观察值 χ^2_1.

(5) 做出判断：若 $\chi^2_1<\chi^2_\alpha(k-r-1)$，则接受 H_0；若 $\chi^2_1>$

$\chi^2_\alpha(k-r-1)$，则拒绝 H_0.

例 8.10 随机地抽取了 1975 年 2 月份新生儿(男)50 名，测其体重数据(单位：g)如下：

2 520， 3 540， 2 600， 3 320， 3 120， 3 400， 2 900， 2 420， 3 280， 3 100，
2 980， 3 160， 3 100， 3 460， 2 740， 3 060， 3 700， 3 460， 3 500， 1 600，
3 100， 3 700， 3 280， 2 880， 3 120， 3 800， 3 740， 2 940， 3 580， 2 980，
3 700， 3 460， 2 940， 3 300， 2 980， 3 480， 3 220， 3 060， 3 400， 2 680，
3 340， 2 500， 2 960， 2 900， 4 600， 2 780， 3 340， 2 500， 3 300， 3 640.

试以显著性水平 $\alpha=0.05$ 检验新生儿(男) 的体重是否服从正态分布.

解 用 ξ 表示新生儿(男) 的体重.

(1) 提出假设：

$$H_0:\xi\sim N(\mu,\sigma^2).$$

用样本均值 $\bar{\xi}$ 及样本方差 S^2 作为总体分布中未知参数 μ 及 σ^2 的估计，经计算得

$$\hat{\mu}=\bar{\xi}\approx 3\,160,\quad \hat{\sigma}^2=s^2\approx 465.5^2,$$

即要求检验假设 $H_0:\xi\sim N(3\,160,465.5^2)$.

(2) 选取统计量：

$$\chi^2=\sum_{i=1}^{k}\frac{(m_i-np_i)^2}{np_i}\sim\chi^2(k-r-1),$$

这里有 2 个未知参数，即 $r=2$. 取 $k=7$，即在数轴上选取 6 个分点 $t_i(i=1,2,\cdots,6)$：

$$2\,450,\quad 2\,700,\quad 2\,950,\quad 3\,200,\quad 3\,450,\quad 3\,700,$$

它们将数轴分成 7 个区间：

$$(-\infty,2\,450],\quad (2\,450,2\,700],\quad \cdots,\quad (3\,700,+\infty).$$

(3) 确定临界值：对于给定的显著性水平 $\alpha=0.05$，查附表 5 得临界值

$$\chi^2_\alpha(k-r-1)=\chi^2_{0.05}(7-2-1)=\chi^2_{0.05}(4)=9.488.$$

(4) 求出观察值：这时需计算 $p_i(i=1,2,\cdots,7)$，为此先计算 $F(t_i)(i=1,2,\cdots,6)$.

$$F(t_1)=\Phi\left(\frac{2\,450-3\,160}{465.5}\right)\approx\Phi(-1.53)=1-0.937\,0=0.063\,0,$$

$$F(t_2)=\Phi\left(\frac{2\,700-3\,160}{465.5}\right)\approx\Phi(-0.99)=1-0.838\,9=0.161\,1,$$

$$F(t_3)=\Phi\left(\frac{2\,950-3\,160}{465.5}\right)\approx\Phi(-0.45)=1-0.673\,6=0.326\,4,$$

$$F(t_4)=\Phi\left(\frac{3\,200-3\,160}{465.5}\right)\approx\Phi(0.09)=0.535\,9,$$

$$F(t_5)=\Phi\left(\frac{3\,450-3\,160}{465.5}\right)\approx\Phi(0.62)=0.732\,4,$$

$$F(t_6)=\Phi\left(\frac{3\,700-3\,160}{465.5}\right)\approx\Phi(1.16)=0.877\,0.$$

因此，

$p_1 = F(t_1) = 0.0630$, $\quad p_2 = F(t_2) - F(t_1) = 0.0981$,

$p_3 = F(t_3) - F(t_2) = 0.1653$, $p_4 = F(t_4) - F(t_3) = 0.2095$,

$p_5 = F(t_5) - F(t_4) = 0.1965$, $p_6 = F(t_6) - F(t_5) = 0.1446$,

$p_7 = 1 - F(t_6) = 0.1230$.

为了清楚起见，列表计算统计量 χ^2 的观察值 χ_1^2（见表 8-3），其中 $n = 50$.

表 8-3

区间编号	m_i	p_i	np_i	$(m_i - np_i)^2/np_i$
1	2	0.063 0	3.150	0.420
2	5	0.098 1	4.905	0.002
3	7	0.165 3	8.265	0.194
4	12	0.209 5	10.475	0.222
5	10	0.196 5	9.825	0.003
6	11	0.144 6	7.230	1.966
7	3	0.123 0	6.150	1.613
总计	50	1.000	50	4.420

(5) 做出判断：因为 $\chi_1^2 = 4.420 < 9.488$，所以接受 H_0，即可以认为新生儿（男）的体重服从正态分布 $N(3\,160, 465.5^2)$.

χ^2 拟合检验法不仅适用于连续型随机变量的总体分布的情形，而且适用于离散型随机变量的总体分布的情形（这时 $p_i = P\{\xi = x_i\}$）. 下面讨论两个具体例子.

例 8.11 有一个著名的试验，在每次长达 7.5 s 的时间间隔内观察一放射性物质放射出的质点数，共观察 2 608 次，其中射出质点数为 $x_i(i = 0,1,2,\cdots)$ 的观察次数为 m_i，它们的分布如表 8-4 所示. 试问：在长达 7.5 s 的时间间隔内放射出的质点数 ξ 是否服从泊松分布？取显著性水平 $\alpha = 0.05$.

表 8-4

质点数 x_i	0	1	2	3	4	5	6	7	8	9	$\geqslant 10$
观察次数 m_i	57	203	383	525	532	408	273	139	45	27	16

解　(1) 提出假设：H_0：总体 ξ 服从泊松分布，它的分布律为

$$P\{\xi = x_i\} = \frac{\lambda^{x_i}}{x_i!}e^{-\lambda} \quad (x_i = 0,1,2,\cdots).$$

这里 λ 为未知参数，用最大似然估计法求出 λ 的估计值为

$$\hat{\lambda} = \bar{\xi} = \frac{1}{n}\sum_i m_i x_i = \frac{10\,086}{2\,608} \approx 3.87,$$

即要求检验假设 $H_0: \xi \sim P(\lambda) = P(3.87)$.

(2) 选取统计量：

$$\chi^2=\sum_i \frac{(m_i-np_i)^2}{np_i}\sim\chi^2(k-r-1),$$

这里 $k=11, r=1$.

(3) 确定临界值:对于显著性水平 $\alpha=0.05$,查附表 5 得临界值

$$\chi^2_{0.05}(9)=16.919.$$

(4) 求出观察值:为了方便起见,列表计算统计量 χ^2 的观察值 χ^2_1(见表 8 - 5),其中 $p_i=P\{\xi=x_i\}=\frac{3.87^{x_i}e^{-3.87}}{x_i!}(i=0,1,2,\cdots)$.

表 8 - 5

x_i	m_i	p_i	np_i	$(m_i-np_i)^2/np_i$
0	57	0.021	54.77	0.091
1	203	0.081	211.25	0.322
2	383	0.156	406.85	1.398
3	525	0.201	524.21	0.001
4	532	0.195	508.56	1.080
5	408	0.151	393.81	0.511
6	273	0.097	252.97	1.584
7	139	0.054	140.83	0.024
8	45	0.026	67.81	7.673
9	27	0.011	28.68	0.100
$\geqslant 10$	16	0.007	18.26	0.280
总计	2 608	1.000	2 608	13.064

(5) 做出判断:因为 $\chi^2_1=13.064<16.919$,所以接受 H_0,即可以认为放射出的质点数 ξ 服从泊松分布 $P(3.87)$.

最后还要指出,当 $r=0$ 时仍可用 χ^2 拟合检验法. $r=0$ 表示要检验的总体 ξ 服从某个确定的分布(不带有总体参数),这种通常是离散型随机变量的分布,举例如下.

例 8.12 抛掷一枚硬币 100 次,正面出现的情况有 60 次. 问:这枚硬币是否匀称? 取显著性水平 $\alpha=0.05$.

解 (1) 提出假设:若硬币是匀称的,则正面出现的概率应为 $\frac{1}{2}$. 用 $\{\xi=1\}$ 表示"正面出现"的事件,用 $\{\xi=0\}$ 表示"反面出现"的事件,故要求检验假设

$$H_0: P\{\xi=1\}=P\{\xi=0\}=\frac{1}{2}.$$

(2) 选取统计量:

$$\chi^2=\frac{(m_1-np_1)^2}{np_1}+\frac{(m_2-np_2)^2}{np_2}\sim\chi^2(k-r-1),$$

这里 $k=2,r=0$,故

$$\chi^2\sim\chi^2(2-0-1)=\chi^2(1).$$

(3) 确定临界值:对于显著性水平 $\alpha=0.05$,查附表 5 得临界值

$$\chi^2_{0.05}(1)=3.841.$$

(4) 求出观察值:这里 $p_1=P\{\xi=0\}=\frac{1}{2}$,$p_2=P\{\xi=1\}=\frac{1}{2}$,$n=100$,$np_1=50$,$np_2=50$,$m_1=60$,$m_2=40$,于是统计量 χ^2 的观察值为

$$\chi_1^2=\frac{(60-50)^2}{50}+\frac{(40-50)^2}{50}=4.$$

(5) 做出判断:因为 $\chi_1^2=4>3.841$,所以拒绝 H_0,即可以认为这枚硬币是不匀称的.

习　题　八

1. 已知某种零件的长度(单位:cm)$\xi\sim N(32.05,1.1^2)$,现从中抽查 6 件,测得它们的长度为

32.56,　29.66,　31.64,　30.00,　31.87,　31.03.

试问:这批零件的平均长度是否为 32.05 cm? 分别采用两个不同的显著性水平 $\alpha=0.05$,$\alpha=0.01$.

2. 从服从正态分布 $N(\mu,1)$ 的总体 ξ 中抽取 100 个样品,计算得 $\bar{\xi}=5.32$,试检验假设 $H_0:\mu=5$ 是否成立.取显著性水平 $\alpha=0.01$.

3. 某糖厂用自动打包机装糖,已知每袋糖的重量(单位:g)ξ 服从正态分布 $N(\mu,\sigma^2)$,今随机地抽查 9 袋,称出它们的重量为 $\xi_1,\xi_2,\cdots,\xi_9$,并由此算得 $\bar{\xi}=48.5$(g),$s=2.5$(g).取显著性水平 $\alpha=0.05$,在下列两种情况下分别检验假设 $H_0:\mu=50$ 是否成立:

(1) 已知 $\sigma^2=4$;

(2) σ^2 未知.

4. 监测站对某条河流每日的溶解氧浓度(单位:mg/L) 记录 30 个数据,由此算得 $\bar{\xi}=2.52$(mg/L),$s=2.05$(mg/L).已知这条河流的每日溶解氧浓度 ξ 服从正态分布 $N(\mu,\sigma^2)$,试在显著性水平 $\alpha=0.05$ 下检验假设 $H_0:\mu=2.7$.

5. 某厂生产钢索的断裂强度 ξ 服从正态分布 $N(\mu,\sigma^2)$,其中 $\sigma=40$.现对一批经过改良的这种钢管容量为 9 的一个样本测得其断裂强度平均值 $\bar{\xi}$,与以往正常生产的断裂强度 ξ 的数学期望 μ 相比,$\bar{\xi}$ 较 μ 大 20.设总体方差不变,问:在显著性水平 $\alpha=0.01$ 下能否认为这批钢索质量有显著提高?

6. 某公司用自动灌装机灌装营养液,设自动灌装机的正常灌装量(单位:g)$\xi\sim N(100,1.2^2)$,现测量 9 支灌装样品的灌装量为

99.3,　98.7,　100.5,　101.2,　98.3,　99.7,　102.1,　100.5,　99.5.

问：在显著性水平 $\alpha = 0.01$ 下，

(1) 灌装量是否符合标准？

(2) 灌装精度是否在标准范围内？

7. 从一批轴料中取 15 件测量其椭圆度(单位：mm)，计算得 $\tilde{s} = 0.023$(mm). 问：该批轴料椭圆度的总体方差与规定的 $\sigma^2 = 0.04$ 有无显著差异？取显著性水平 $\alpha = 0.05$(已知椭圆度服从正态分布).

8. 从一批保险丝中抽取 10 根试验其熔断时间(单位：s)，结果为

43， 65， 75， 78， 71， 59， 57， 69， 55， 57.

若熔断时间服从正态分布，问：在显著性水平 $\alpha = 0.05$ 下，可否认为熔断时间的标准差为 9 s？

9. 某工厂用自动包装机包装葡萄糖，规定标准重为每袋净重 500 g，现随机地抽取 10 袋，测得各袋净重(单位：g) 为

495， 510， 505， 498， 503， 492， 502， 505， 497， 506.

设每袋净重服从正态分布 $N(\mu,\sigma^2)$，在下列两种情况下分别检验包装机工作是否正常(取显著性水平 $\alpha = 0.05$)：

(1) 已知每袋葡萄糖净重的标准差 $\sigma = 5$(g)；

(2) σ 未知.

10. 在上面第 9 题中，能否在下列两种情况下分别认为每袋葡萄糖净重的标准差 $\sigma = 5$(g)(取显著性水平 $\alpha = 0.05$)：

(1) 已知每袋葡萄糖净重的均值 $\mu = 500$(g)；

(2) μ 未知.

11. 两个工厂用同样的生产过程生产塑料，假定两个工厂的塑料强度 ξ,η 都服从正态分布，生产已定型且方差都已知，收集到的数据如下：

$$n_1 = 9, \bar{\xi} = 39, \sigma_1 = 3;\quad n_2 = 16, \bar{\eta} = 35, \sigma_2 = 5.$$

问：两个工厂生产的塑料的平均强度是否相等？取显著性水平 $\alpha = 0.05$.

12. 测得两批样本电子器材的电阻(单位：Ω) 为

A 批：0.140， 0.138， 0.143， 0.142， 0.144， 0.137；

B 批：0.135， 0.140， 0.142， 0.136， 0.138， 0.142.

设这批器材的电阻 ξ,η 分别服从正态分布 $N(\mu_1,\sigma_1^2)$ 与 $N(\mu_2,\sigma_2^2)$，且样本独立，取显著性水平 $\alpha = 0.05$.

(1) 检验假设 $H_0:\sigma_1^2 = \sigma_2^2$.

(2) 检验假设 $H_0:\mu_1 = \mu_2$.

13. 某种橡胶配方中，原用氧化锌 5 g，现改为 1 g，今分别对两种配方各做若干实验，测得拉断伸长率(单位：%) 为

原配方：540， 533， 525， 520， 545， 531， 541， 529， 534；

现配方：565， 577， 580， 575， 556， 542， 560， 532， 570， 561.

设同一批拉断伸长率服从正态分布，问：在这两种配方下，拉断伸长率是否服从同一分布？取显著性水平 $\alpha = 0.01$.

14. 两台车床生产同一规格的炮弹弹体. 今从第一台车床任取 5 发,测得平均重量 $\bar{\xi}=17.681(\mathrm{kg})$,样本方差 $s_1^2=0.06^2(\mathrm{kg})^2$;从第二台车床任取 8 发,测得平均重量 $\bar{\eta}=17.630(\mathrm{kg})$,样本方差 $s_2^2=0.05^2(\mathrm{kg})^2$. 设两台车床生产的炮弹弹体重量 ξ,η 都服从正态分布,且方差相等,问:这两台车床生产的弹体平均重量是否相等?取显著性水平 $\alpha=0.05$.

15. 两台车床加工同一种零件,已知它们生产的零件外径(单位:mm)ξ,η 均服从正态分布. 今从中抽测的零件外径为

第一台:41.5, 42.3, 41.7, 43.1, 42.4, 42.2, 41.8, 43.0, 42.9;

第二台:34.5, 38.2, 34.2, 34.1, 35.1, 33.8.

试问:

(1) 两台车床生产的零件外径的精度是否存在显著差异?取显著性水平 $\alpha=0.10$;

(2) 假定 ξ,η 的数学期望分别为 $\mu_1=42(\mathrm{mm})$,$\mu_2=34(\mathrm{mm})$,此时两台车床生产的零件外径的精度是否存在显著差异?取显著性水平 $\alpha=0.10$.

16. 某种物品在处理前与处理后分别抽样分析其含脂率为

处理前 ξ_i:0.19, 0.18, 0.21, 0.30, 0.41, 0.12, 0.27;

处理后 η_i:0.15, 0.13, 0.07, 0.24, 0.19, 0.06, 0.08, 0.12.

假定处理前后的含脂率 ξ,η 都服从正态分布,且标准差不变,取显著性水平 $\alpha=0.05$,问:

(1) 处理后含脂率的均值是否显著降低?

(2) 处理前后的含脂率的标准差是否有显著差异?

17. 某交通警察对一个道口行人情况观察 200 次(每次观察时间为上午 7:30 至 8:00),记录违反交通规则人数情况如表 8-6 所示. 问:该道口在早上 7:30 至 8:00 违反交通规则的人数是否服从泊松分布?取显著性水平 $\alpha=0.05$.

表 8-6

人数 ξ_i	0	1	2	3	4
频数 n_i	109	65	22	3	1

18. 将一骰子掷 120 次,得到的结果如表 8-7 所示. 试在显著性水平 $\alpha=0.05$ 下检验这颗骰子是否匀称?

表 8-7

点数	1	2	3	4	5	6
出现次数	23	26	21	20	15	15

19. 某公司全体员工 3 个月的考勤记录如表 8-8 所示. 问:能否认为星期一的缺勤人数是其他工作日的缺勤人数的两倍?取显著性水平 $\alpha=0.05$.

表 8-8

工作日	星期一	星期二	星期三	星期四	星期五
缺勤人数	304	176	139	141	130

附　　表

附表 1　几种常用的概率分布

分　布	参　数	分布律或密度函数	数学期望	方　差
(0-1)分布	$0<p<1$	$P\{X=k\}=p^k(1-p)^{1-k}$, $k=0,1$	p	$p(1-p)$
二项分布	$n\geqslant 1$, $0<p<1$	$P\{X=k\}=\mathrm{C}_n^k p^k(1-p)^{n-k}$, $k=0,1,2,\cdots,n$	np	$np(1-p)$
负二项分布	$r\geqslant 1$, $0<p<1$	$P\{X=k\}=\mathrm{C}_{k-1}^{r-1} p^r(1-p)^{k-r}$, $k=r,r+1,\cdots$	$\dfrac{r}{p}$	$\dfrac{r(1-p)}{p^2}$
几何分布	$0<p<1$	$P\{X=k\}=p(1-p)^{k-1}$, $k=1,2,\cdots$	$\dfrac{1}{p}$	$\dfrac{1-p}{p^2}$
超几何分布	N,M,n $(M\leqslant N,n\leqslant M)$	$P\{X=k\}=\dfrac{\mathrm{C}_M^k\mathrm{C}_{N-M}^{n-k}}{\mathrm{C}_N^n}$, $k=0,1,2,\cdots,n$	$\dfrac{nM}{N}$	$\dfrac{nM}{N}\left(1-\dfrac{M}{N}\right)\left(\dfrac{N-n}{N-1}\right)$
泊松分布	$\lambda>0$	$P\{X=k\}=\dfrac{\lambda^k\mathrm{e}^{-\lambda}}{k!}$, $k=0,1,2,\cdots$	λ	λ
均匀分布	$a<b$	$f(x)=\begin{cases}\dfrac{1}{b-a}, & a<x<b,\\ 0, & \text{其他}\end{cases}$	$\dfrac{a+b}{2}$	$\dfrac{(b-a)^2}{12}$
正态分布	μ 为实数, $\sigma>0$	$f(x)=\dfrac{1}{\sqrt{2\pi}\sigma}\mathrm{e}^{-\frac{(x-\mu)^2}{2\sigma^2}}$	μ	σ^2
Γ 分布	$\alpha>0$, $\beta>0$	$f(x)=\begin{cases}\dfrac{1}{\beta^\alpha\Gamma(\alpha)}x^{\alpha-1}\mathrm{e}^{-\frac{x}{\beta}}, & x>0,\\ 0, & \text{其他}\end{cases}$	$\alpha\beta$	$\alpha\beta^2$

续表

分　布	参　数	分布律或密度函数	数学期望	方　差
指数分布	$a>0$	$f(x)=\begin{cases} a\mathrm{e}^{-ax}, & x>0, \\ 0, & \text{其他} \end{cases}$	$\dfrac{1}{a}$	$\dfrac{1}{a^2}$
χ^2 分布	$n\geqslant 1$	$f(x)=\begin{cases} \dfrac{1}{2^{n/2}\Gamma(n/2)}x^{n/2-1}\mathrm{e}^{-x/2}, & x>0, \\ 0, & \text{其他} \end{cases}$	n	$2n$
威布尔分布	$\eta>0$, $\beta>0$	$f(x)=\begin{cases} \dfrac{\beta}{\eta}\left(\dfrac{x}{\eta}\right)^{\beta-1}\mathrm{e}^{-\left(\frac{x}{\eta}\right)^{\beta}}, & x>0, \\ 0, & \text{其他} \end{cases}$	$\eta\Gamma\left(\dfrac{1}{\beta}+1\right)$	$\eta^2\left\{\Gamma\left(\dfrac{2}{\beta}+1\right)-\left[\Gamma\left(\dfrac{1}{\beta}+1\right)\right]^2\right\}$
瑞利分布	$\sigma>0$	$f(x)=\begin{cases} \dfrac{1}{\sigma^2}\mathrm{e}^{-x^2/(2\sigma^2)}, & x>0, \\ 0, & \text{其他} \end{cases}$	$\sqrt{\dfrac{\pi}{2}}\sigma$	$\dfrac{4-\pi}{2}\sigma^2$
β 分布	$\alpha>0$, $\beta>0$	$f(x)=\begin{cases} \dfrac{\Gamma(\alpha+\beta)}{\Gamma(\alpha)\Gamma(\beta)}x^{\alpha-1}(1-x)^{\beta-1}, & 0<x<1, \\ 0, & \text{其他} \end{cases}$	$\dfrac{\alpha}{\alpha+\beta}$	$\dfrac{\alpha\beta}{(\alpha+\beta)^2(\alpha+\beta+1)}$
对数正态分布	μ 为实数, $\sigma>0$	$f(x)=\begin{cases} \dfrac{1}{\sqrt{2\pi}\sigma x}\mathrm{e}^{-\frac{(\ln x-\mu)^2}{2\sigma^2}}, & x>0, \\ 0, & \text{其他} \end{cases}$	$\mathrm{e}^{\mu+\frac{\sigma^2}{2}}$	$\mathrm{e}^{2\mu+\sigma^2}(\mathrm{e}^{\sigma^2}-1)$
柯西分布	α 为实数, $\lambda>0$	$f(x)=\dfrac{1}{\pi}\cdot\dfrac{1}{\lambda^2+(x-a)^2}$	不存在	不存在
t 分布	$n\geqslant 1$	$f(x)=\dfrac{\Gamma\left(\frac{n+1}{2}\right)}{\sqrt{n\pi}\Gamma(n/2)}\left(1+\dfrac{x^2}{n}\right)^{-(n+1)/2}$	0	$\dfrac{n}{n-2}, n>2$
F 分布	n_1, n_2	$f(x)=\begin{cases} \dfrac{\Gamma[(n_1+n_2)/2]}{\Gamma(n_1/2)\Gamma(n_2/2)}\left(\dfrac{n_1}{n_2}\right)\left(\dfrac{n_1}{n_2}x\right)^{\frac{n_1}{2}-1} \cdot\left(1+\dfrac{n_1}{n_2}x\right)^{-(n_1+n_2)/2}, & x>0, \\ 0, & \text{其他} \end{cases}$	$\dfrac{n_2}{n_2-2}$, $n_2>2$	$\dfrac{2n_2^2(n_1+n_2-2)}{n_1(n_2-2)^2(n_2-4)}$, $n_2>4$

附表 2　泊松分布表

$$P\{\xi \geqslant x\} = 1 - F(x-1) = \sum_{r=x}^{\infty} \frac{e^{-\lambda}\lambda^r}{r!}$$

x	$\lambda=0.2$	$\lambda=0.3$	$\lambda=0.4$	$\lambda=0.5$	$\lambda=0.6$
0	1.000 000 0	1.000 000 0	1.000 000 0	1.000 000	1.000 000
1	0.181 269 2	0.259 181 8	0.329 680 0	0.393 469	0.451 188
2	0.017 523 1	0.036 936 3	0.061 551 9	0.090 204	0.121 901
3	0.001 148 5	0.003 599 5	0.007 926 3	0.014 388	0.023 115
4	0.000 056 8	0.000 265 8	0.000 776 3	0.001 752	0.003 358
5	0.000 002 3	0.000 015 8	0.000 061 2	0.000 172	0.000 394
6	0.000 000 1	0.000 000 8	0.000 004 0	0.000 014	0.000 039
7			0.000 000 2	0.000 001	0.000 003

x	$\lambda=0.7$	$\lambda=0.8$	$\lambda=0.9$	$\lambda=1.0$	$\lambda=1.2$
0	1.000 000	1.000 000	1.000 000	1.000 000	1.000 000
1	0.503 415	0.550 671	0.593 430	0.632 121	0.698 806
2	0.155 805	0.191 208	0.227 518	0.264 241	0.337 373
3	0.034 142	0.047 423	0.062 857	0.080 301	0.120 513
4	0.005 753	0.009 080	0.013 459	0.018 988	0.033 769
5	0.000 786	0.001 411	0.002 344	0.003 660	0.007 746
6	0.000 090	0.000 184	0.000 343	0.000 594	0.001 500
7	0.000 009	0.000 021	0.000 043	0.000 083	0.000 251
8	0.000 001	0.000 002	0.000 005	0.000 010	0.000 037
9				0.000 001	0.000 005
10					0.000 001

x	$\lambda=1.4$	$\lambda=1.6$	$\lambda=1.8$	$\lambda=2.0$	$\lambda=2.5$
0	1.000 000	1.000 000	1.000 000	1.000 000	1.000 000
1	0.753 403	0.798 103	0.834 701	0.864 665	0.917 915
2	0.408 167	0.475 069	0.537 163	0.593 994	0.712 703
3	0.166 502	0.216 642	0.269 379	0.323 324	0.456 187
4	0.053 725	0.078 813	0.108 708	0.142 877	0.242 424
5	0.014 253	0.023 682	0.036 407	0.052 653	0.108 822
6	0.003 201	0.006 040	0.010 378	0.016 564	0.042 021
7	0.000 622	0.001 336	0.002 569	0.004 534	0.014 187
8	0.000 107	0.000 260	0.000 562	0.001 097	0.004 247
9	0.000 016	0.000 045	0.000 110	0.000 237	0.001 140
10	0.000 002	0.000 007	0.000 019	0.000 046	0.000 277
11		0.000 001	0.000 003	0.000 008	0.000 062
12				0.000 001	0.000 013

续表

x	$\lambda=3.0$	$\lambda=3.5$	$\lambda=4.0$	$\lambda=4.5$	$\lambda=5.0$
0	1.000 000	1.000 000	1.000 000	1.000 000	1.000 000
1	0.950 213	0.969 803	0.981 684	0.988 891	0.993 262
2	0.800 852	0.864 112	0.908 422	0.938 901	0.959 572
3	0.576 810	0.679 153	0.761 897	0.826 422	0.875 348
4	0.352 768	0.463 367	0.566 530	0.657 704	0.734 974
5	0.184 737	0.274 555	0.371 163	0.467 896	0.559 507
6	0.083 918	0.142 386	0.214 870	0.297 070	0.384 039
7	0.033 509	0.065 288	0.110 674	0.168 949	0.237 817
8	0.011 905	0.026 739	0.051 134	0.086 586	0.133 372
9	0.003 803	0.009 874	0.021 363	0.040 257	0.068 094
10	0.001 102	0.003 315	0.008 132	0.017 093	0.031 828
11	0.000 292	0.001 019	0.002 840	0.006 669	0.013 695
12	0.000 071	0.000 289	0.000 915	0.002 404	0.005 453
13	0.000 016	0.000 076	0.000 274	0.000 805	0.002 019
14	0.000 003	0.000 019	0.000 076	0.000 252	0.000 698
15	0.000 001	0.000 004	0.000 020	0.000 074	0.000 226
16		0.000 001	0.000 005	0.000 020	0.000 069
17			0.000 001	0.000 005	0.000 020
18				0.000 001	0.000 005
19					0.000 001

附表 3　标准正态分布表

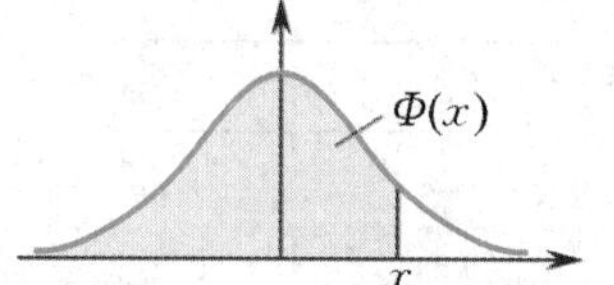

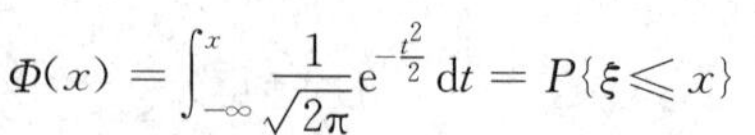

$$\Phi(x)=\int_{-\infty}^{x}\frac{1}{\sqrt{2\pi}}\mathrm{e}^{-\frac{t^2}{2}}\,\mathrm{d}t=P\{\xi\leqslant x\}$$

x	0	1	2	3	4	5	6	7	8	9
0.0	0.500 0	0.504 0	0.508 0	0.512 0	0.516 0	0.519 9	0.523 9	0.527 9	0.531 9	0.535 9
0.1	0.539 8	0.543 8	0.547 8	0.551 7	0.555 7	0.559 6	0.563 6	0.567 5	0.571 4	0.575 3
0.2	0.579 3	0.583 2	0.587 1	0.591 0	0.594 8	0.598 7	0.602 6	0.606 4	0.610 3	0.614 1
0.3	0.617 9	0.621 7	0.625 5	0.629 3	0.633 1	0.636 8	0.640 6	0.644 3	0.648 0	0.651 7
0.4	0.655 4	0.659 1	0.662 8	0.666 4	0.670 0	0.673 6	0.677 2	0.680 8	0.684 4	0.687 9
0.5	0.691 5	0.695 0	0.698 5	0.701 9	0.705 4	0.708 8	0.712 3	0.715 7	0.719 0	0.722 4
0.6	0.725 7	0.729 1	0.732 4	0.735 7	0.738 9	0.742 2	0.745 4	0.748 6	0.751 7	0.754 9
0.7	0.758 0	0.761 1	0.764 2	0.767 3	0.770 3	0.773 4	0.776 4	0.779 4	0.782 3	0.785 2
0.8	0.788 1	0.791 0	0.793 9	0.796 7	0.799 5	0.802 3	0.805 1	0.807 8	0.810 6	0.813 3
0.9	0.815 9	0.818 6	0.821 2	0.823 8	0.826 4	0.828 9	0.831 5	0.834 0	0.836 5	0.838 9
1.0	0.841 3	0.843 8	0.846 1	0.848 5	0.850 8	0.853 1	0.855 4	0.857 7	0.859 9	0.862 1
1.1	0.864 3	0.866 5	0.868 6	0.870 8	0.872 9	0.874 9	0.877 0	0.879 0	0.881 0	0.883 0
1.2	0.884 9	0.886 9	0.888 8	0.890 7	0.892 5	0.894 4	0.896 2	0.898 0	0.899 7	0.901 5
1.3	0.903 2	0.904 9	0.906 6	0.908 2	0.909 9	0.911 5	0.913 1	0.914 7	0.916 2	0.917 7
1.4	0.919 2	0.920 7	0.922 2	0.923 6	0.925 1	0.926 5	0.927 8	0.929 2	0.930 6	0.931 9
1.5	0.933 2	0.934 5	0.935 7	0.937 0	0.938 2	0.939 4	0.940 6	0.941 8	0.943 0	0.944 1
1.6	0.945 2	0.946 3	0.947 4	0.948 4	0.949 5	0.950 5	0.951 5	0.952 5	0.953 5	0.954 5
1.7	0.955 4	0.956 4	0.957 3	0.958 2	0.959 1	0.959 9	0.960 8	0.961 6	0.962 5	0.963 3
1.8	0.964 1	0.964 8	0.965 6	0.966 4	0.967 1	0.967 8	0.968 6	0.969 3	0.970 0	0.970 6
1.9	0.971 3	0.971 9	0.972 6	0.973 2	0.973 8	0.974 4	0.975 0	0.975 6	0.976 2	0.976 7
2.0	0.977 2	0.977 8	0.978 3	0.978 8	0.979 3	0.979 8	0.980 3	0.980 8	0.981 2	0.981 7
2.1	0.982 1	0.982 6	0.983 0	0.983 4	0.983 8	0.984 2	0.984 6	0.985 0	0.985 4	0.985 7
2.2	0.986 1	0.986 4	0.986 8	0.987 1	0.987 4	0.987 8	0.988 1	0.988 4	0.988 7	0.989 0
2.3	0.989 3	0.989 6	0.989 8	0.990 1	0.990 4	0.990 6	0.990 9	0.991 1	0.991 3	0.991 6
2.4	0.991 8	0.992 0	0.992 2	0.992 5	0.992 7	0.992 9	0.993 1	0.993 2	0.993 4	0.993 6
2.5	0.993 8	0.994 0	0.994 1	0.994 3	0.994 5	0.994 6	0.994 8	0.994 9	0.995 1	0.995 2
2.6	0.995 3	0.995 5	0.995 6	0.995 7	0.995 9	0.996 0	0.996 1	0.996 2	0.996 3	0.996 4
2.7	0.996 5	0.996 6	0.996 7	0.996 8	0.996 9	0.997 0	0.997 1	0.997 2	0.997 3	0.997 4
2.8	0.997 4	0.997 5	0.997 6	0.997 7	0.997 7	0.997 8	0.997 9	0.997 9	0.998 0	0.998 1
2.9	0.998 1	0.998 2	0.998 2	0.998 3	0.998 4	0.998 4	0.998 5	0.998 5	0.998 6	0.998 6
3	0.998 65	0.999 03	0.999 31	0.999 52	0.999 66	0.999 77	0.999 84	0.999 89	0.999 93	0.999 95
4	0.999 968	0.999 979	0.999 987	0.999 991	0.999 995	0.999 997	0.999 998	0.999 999	0.999 999	1.000 000

注：表中末两行为函数值 $\Phi(3.0),\Phi(3.1),\cdots,\Phi(3.9);\Phi(4.0),\Phi(4.1),\cdots,\Phi(4.9)$.

附表4　t 分布表

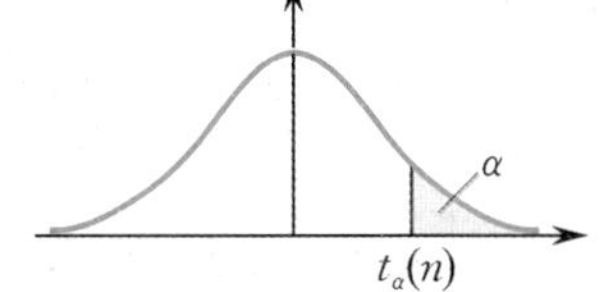

$$P\{\xi > t_\alpha(n)\} = \alpha$$

n	$\alpha=0.25$	$\alpha=0.10$	$\alpha=0.05$	$\alpha=0.025$	$\alpha=0.01$	$\alpha=0.005$
1	1.0000	3.0777	6.3138	12.7062	31.8207	63.6574
2	0.8165	1.8856	2.9200	4.3027	6.9646	9.9248
3	0.7649	1.6377	2.3534	3.1824	4.5407	5.8409
4	0.7407	1.5332	2.1318	2.7764	3.7469	4.6041
5	0.7267	1.4759	2.0150	2.5706	3.3649	4.0322
6	0.7176	1.4398	1.9432	2.4469	3.1427	3.7074
7	0.7111	1.4149	1.8946	2.3646	2.9980	3.4995
8	0.7064	1.3968	1.8595	2.3060	2.8965	3.3554
9	0.7027	1.3830	1.8331	2.2622	2.8214	3.2498
10	0.6998	1.3722	1.8125	2.2281	2.7638	3.1693
11	0.6974	1.3634	1.7959	2.2010	2.7181	3.1058
12	0.6955	1.3562	1.7823	2.1788	2.6810	3.0545
13	0.6938	1.3502	1.7709	2.1604	2.6503	3.0123
14	0.6924	1.3450	1.7613	2.1448	2.6245	2.9768
15	0.6912	1.3406	1.7531	2.1315	2.6025	2.9467
16	0.6901	1.3368	1.7459	2.1199	2.5835	2.9208
17	0.6892	1.3334	1.7396	2.1098	2.5669	2.8982
18	0.6884	1.3304	1.7341	2.1009	2.5524	2.8784
19	0.6876	1.3277	1.7291	2.0930	2.5395	2.8609
20	0.6870	1.3253	1.7247	2.0860	2.5280	2.8453
21	0.6864	1.3232	1.7207	2.0796	2.5177	2.8314
22	0.6858	1.3212	1.7171	2.0739	2.5083	2.8188
23	0.6853	1.3195	1.7139	2.0687	2.4999	2.8073
24	0.6848	1.3178	1.7109	2.0639	2.4922	2.7969
25	0.6844	1.3163	1.7081	2.0595	2.4851	2.7874
26	0.6840	1.3150	1.7056	2.0555	2.4786	2.7787
27	0.6837	1.3137	1.7033	2.0518	2.4727	2.7707
28	0.6834	1.3125	1.7011	2.0484	2.4671	2.7633
29	0.6830	1.3114	1.6991	2.0452	2.4620	2.7564
30	0.6828	1.3104	1.6973	2.0423	2.4573	2.7500
31	0.6825	1.3095	1.6955	2.0395	2.4528	2.7440
32	0.6822	1.3086	1.6939	2.0369	2.4487	2.7385
33	0.6820	1.3077	1.6924	2.0345	2.4448	2.7333
34	0.6818	1.3070	1.6909	2.0322	2.4411	2.7284
35	0.6816	1.3062	1.6896	2.0301	2.4377	2.7238
36	0.6814	1.3055	1.6883	2.0281	2.4345	2.7195
37	0.6812	1.3049	1.6871	2.0262	2.4314	2.7154
38	0.6810	1.3042	1.6860	2.0244	2.4286	2.7116
39	0.6808	1.3036	1.6849	2.0227	2.4258	2.7079
40	0.6807	1.3031	1.6839	2.0211	2.4233	2.7045
41	0.6805	1.3025	1.6829	2.0195	2.4208	2.7012
42	0.6804	1.3020	1.6820	2.0181	2.4185	2.6981
43	0.6802	1.3016	1.6811	2.0167	2.4163	2.6951
44	0.6801	1.3011	1.6802	2.0154	2.4141	2.6923
45	0.6800	1.3006	1.6794	2.0141	2.4121	2.6896

附表 5 χ^2 分布表

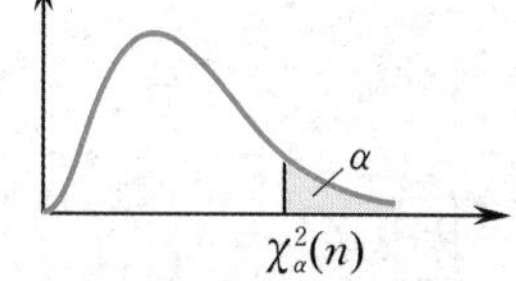

$$P\{\xi > \chi^2_\alpha(n)\} = \alpha$$

n	$\alpha=0.995$	$\alpha=0.99$	$\alpha=0.975$	$\alpha=0.95$	$\alpha=0.90$	$\alpha=0.75$
1	—	—	0.001	0.004	0.016	0.102
2	0.010	0.020	0.051	0.103	0.211	0.575
3	0.072	0.115	0.216	0.352	0.584	1.213
4	0.207	0.297	0.484	0.711	1.064	1.923
5	0.412	0.554	0.831	1.145	1.610	2.675
6	0.676	0.872	1.237	1.635	2.204	3.455
7	0.989	1.239	1.690	2.167	2.833	4.255
8	1.344	1.646	2.180	2.733	3.490	5.071
9	1.735	2.088	2.700	3.325	4.168	5.899
10	2.156	2.558	3.247	3.940	4.865	6.737
11	2.603	3.053	3.816	4.575	5.578	7.584
12	3.074	3.571	4.404	5.226	6.034	8.438
13	3.565	4.107	5.009	5.892	7.042	9.299
14	4.075	4.660	5.629	6.571	7.790	10.165
15	4.601	5.229	6.262	7.261	8.547	11.037
16	5.142	5.812	6.908	7.962	9.312	11.912
17	5.697	6.408	7.564	8.672	10.085	12.792
18	6.265	7.015	8.231	9.390	10.865	13.675
19	6.844	7.633	8.907	10.117	11.651	14.562
20	7.434	8.260	9.591	10.851	12.443	15.452
21	8.034	8.897	10.283	11.591	13.240	16.344
22	8.643	9.542	10.982	12.338	14.042	17.240
23	9.260	10.196	11.689	13.091	14.848	18.137
24	9.886	10.856	12.401	13.848	15.659	19.037
25	10.520	11.524	13.120	14.611	16.473	19.939
26	11.160	12.198	13.844	15.379	17.292	20.843
27	11.808	12.879	14.573	16.151	18.114	21.749
28	12.461	13.565	15.308	16.928	18.939	22.657
29	13.121	14.257	16.047	17.708	19.768	23.567
30	13.787	14.954	16.791	18.493	20.599	24.478
31	14.458	15.655	17.539	19.281	21.434	25.390
32	15.134	16.362	18.291	20.072	22.271	26.304
33	15.815	17.074	19.047	20.867	23.110	27.219
34	16.501	17.789	19.806	21.664	23.952	28.136
35	17.192	18.509	20.569	22.465	24.797	29.054
36	17.887	19.233	21.336	23.269	25.643	29.973
37	18.586	19.960	22.106	24.075	26.492	30.893
38	19.289	20.691	22.878	24.884	27.343	31.815
39	19.996	21.426	23.654	25.695	28.196	32.737
40	20.707	22.164	24.433	26.509	29.051	33.660
41	21.421	22.906	25.215	27.326	29.907	34.585
42	22.138	23.650	25.999	28.144	30.765	35.510
43	22.859	24.398	26.785	28.965	31.625	36.436
44	23.584	25.148	27.575	29.787	32.487	37.363
45	24.311	25.901	28.366	30.612	33.350	38.291

续表

n	$\alpha=0.25$	$\alpha=0.10$	$\alpha=0.05$	$\alpha=0.025$	$\alpha=0.01$	$\alpha=0.005$
1	1.323	2.706	3.841	5.024	6.635	7.879
2	2.773	4.605	5.991	7.378	9.210	10.597
3	4.108	6.251	7.815	9.348	11.345	12.838
4	5.385	7.779	9.488	11.143	13.277	14.860
5	6.626	9.236	11.071	12.833	15.086	16.750
6	7.841	10.645	12.592	14.449	16.812	18.548
7	9.037	12.017	14.067	16.013	18.475	20.278
8	10.219	13.362	15.507	17.535	20.090	21.955
9	11.389	14.684	16.919	19.023	21.666	23.589
10	12.549	15.987	18.307	20.483	23.209	25.188
11	13.701	17.275	19.675	21.920	24.725	26.757
12	14.845	18.549	21.026	23.337	26.217	28.299
13	15.984	19.812	22.362	24.736	27.688	29.819
14	17.117	21.064	23.685	26.119	29.141	31.319
15	18.245	22.307	24.996	27.488	30.578	32.801
16	19.369	23.542	26.296	28.845	32.000	34.267
17	20.489	24.769	27.587	30.191	33.409	35.718
18	21.605	25.989	28.869	31.526	34.805	37.156
19	22.718	27.204	30.144	32.852	36.191	38.582
20	23.828	28.412	31.410	34.170	37.566	39.997
21	24.935	29.615	32.671	35.479	38.932	41.401
22	26.039	30.813	33.924	36.781	40.289	42.796
23	27.141	32.007	35.172	38.076	41.638	44.181
24	28.241	33.196	36.415	39.364	42.980	45.559
25	29.339	34.382	37.652	40.646	44.314	46.928
26	30.435	35.563	38.885	41.923	45.642	48.290
27	31.528	36.741	40.113	43.194	46.963	49.645
28	32.620	37.916	41.337	44.461	48.278	50.993
29	33.711	39.087	42.557	45.722	49.588	52.336
30	34.800	40.256	43.773	46.979	50.892	53.672
31	35.887	41.422	44.985	48.232	52.191	55.003
32	36.973	42.585	46.194	49.480	53.486	56.328
33	38.058	43.745	47.400	50.725	54.776	57.648
34	39.141	44.903	48.602	51.966	56.061	58.964
35	40.223	46.059	49.802	53.203	57.342	60.275
36	41.304	47.212	50.998	54.437	58.619	61.581
37	43.383	48.363	52.192	55.668	59.892	62.883
38	43.462	49.513	53.384	56.896	61.162	64.181
39	44.539	50.660	54.572	58.120	62.428	65.476
40	45.616	51.805	55.758	59.342	63.691	66.766
41	46.692	52.949	56.942	60.561	64.950	68.053
42	47.766	54.090	58.124	61.777	66.206	69.336
43	48.840	55.230	59.304	62.990	67.459	70.616
44	49.913	56.369	60.481	64.201	68.710	71.893
45	50.985	57.505	61.656	65.410	69.957	73.166

附表6 F 分布表

$$P\{F(n_1,n_2)>F_\alpha(n_1,n_2)\}=\alpha$$

$\alpha=0.10$

n_2	n_1=1	2	3	4	5	6	7	8	9	10	12	15	20	24	30	40	60	120	∞
1	39.86	49.50	53.59	55.83	57.24	58.20	58.91	59.44	59.86	60.19	60.71	61.22	61.74	62.00	62.26	62.53	62.79	63.06	63.33
2	8.53	9.00	9.16	9.24	9.29	9.33	9.35	9.37	9.38	9.39	9.41	9.42	9.44	9.45	9.46	9.47	9.47	9.48	9.49
3	5.54	5.46	5.39	5.34	5.31	5.28	5.27	5.25	5.24	5.23	5.22	5.20	5.18	5.18	5.17	5.16	5.15	5.14	5.13
4	4.54	4.32	4.19	4.11	4.05	4.01	3.98	3.95	3.94	3.92	3.90	3.87	3.84	3.83	3.82	3.80	3.79	3.78	3.76
5	4.06	3.78	3.62	3.52	3.45	3.40	3.37	3.34	3.32	3.30	3.27	3.24	3.21	3.19	3.17	3.16	3.14	3.12	3.10
6	3.78	3.46	3.29	3.18	3.11	3.05	3.01	2.98	2.96	2.94	2.90	2.87	2.84	2.82	2.80	2.78	2.76	2.74	2.72
7	3.59	3.26	3.07	2.96	2.88	2.83	2.78	2.75	2.72	2.70	2.67	2.63	2.59	2.58	2.56	2.54	2.51	2.49	2.47
8	3.46	3.11	2.92	2.81	2.73	2.67	2.62	2.59	2.56	2.54	2.50	2.46	2.42	2.40	2.38	2.36	2.34	2.32	2.29
9	3.36	3.01	2.81	2.69	2.61	2.55	2.51	2.47	2.44	2.42	2.38	2.34	2.30	2.28	2.25	2.23	2.21	2.18	2.16
10	3.29	2.92	2.73	2.61	2.52	2.46	2.41	2.38	2.35	2.32	2.28	2.24	2.20	2.18	2.16	2.13	2.11	2.08	2.06
11	2.23	2.86	2.66	2.54	2.45	2.39	2.34	2.30	2.27	2.25	2.21	2.17	2.12	2.10	2.08	2.05	2.03	2.00	1.97
12	3.18	2.81	2.61	2.48	2.39	2.33	2.28	2.24	2.21	2.19	2.15	2.10	2.06	2.04	2.01	1.99	1.96	1.93	1.90
13	3.14	2.76	2.56	2.43	2.35	2.28	2.23	2.20	2.16	2.14	2.10	2.05	2.01	1.98	1.96	1.93	1.90	1.88	1.85
14	3.10	2.73	2.52	2.39	2.31	2.24	2.19	2.15	2.12	2.10	2.05	2.01	1.96	1.94	1.91	1.89	1.86	1.83	1.80
15	3.07	2.70	2.49	2.36	2.27	2.21	2.16	2.12	2.09	2.06	2.02	1.97	1.92	1.90	1.87	1.85	1.82	1.79	1.76
16	3.05	2.67	2.46	2.33	2.24	2.18	2.13	2.09	2.06	2.03	1.99	1.94	1.89	1.87	1.84	1.81	1.78	1.75	1.72
17	3.03	2.64	2.44	2.31	2.22	2.15	2.10	2.06	2.03	2.00	1.96	1.91	1.86	1.84	1.81	1.78	1.75	1.72	1.69
18	3.01	2.62	2.42	2.29	2.20	2.13	2.08	2.04	2.00	1.98	1.93	1.89	1.84	1.81	1.78	1.75	1.72	1.69	1.66
19	2.99	2.61	2.40	2.27	2.18	2.11	2.06	2.02	1.98	1.96	1.91	1.86	1.81	1.79	1.76	1.73	1.70	1.67	1.63

续表

n_2	n_1 1	2	3	4	5	6	7	8	9	10	12	15	20	24	30	40	60	120	∞
20	2.97	2.59	2.38	2.25	2.16	2.09	2.04	2.00	1.96	1.94	1.89	1.84	1.79	1.77	1.74	1.71	1.68	1.64	1.61
21	2.96	2.57	2.36	2.23	2.14	2.08	2.02	1.98	1.95	1.92	1.87	1.83	1.78	1.75	1.72	1.69	1.66	1.62	1.59
22	2.95	2.56	2.35	2.22	2.13	2.06	2.01	1.97	1.93	1.90	1.86	1.81	1.76	1.73	1.70	1.67	1.64	1.60	1.57
23	2.94	2.55	2.34	2.21	2.11	2.05	1.99	1.95	1.92	1.89	1.84	1.80	1.74	1.72	1.69	1.66	1.62	1.59	1.55
24	2.93	2.54	2.33	2.19	2.10	2.04	1.98	1.94	1.91	1.88	1.83	1.78	1.73	1.70	1.67	1.64	1.61	1.57	1.53
25	2.92	2.53	2.32	2.18	2.09	2.02	1.97	1.93	1.89	1.87	1.82	1.77	1.72	1.69	1.66	1.63	1.59	1.56	1.52
26	2.91	2.52	2.31	2.17	2.08	2.01	1.96	1.92	1.88	1.86	1.81	1.76	1.71	1.68	1.65	1.61	1.58	1.54	1.50
27	2.90	2.51	2.30	2.17	2.07	2.00	1.95	1.91	1.87	1.85	1.80	1.75	1.70	1.67	1.64	1.60	1.57	1.53	1.49
28	2.89	2.50	2.29	2.16	2.06	2.00	1.94	1.90	1.87	1.84	1.79	1.74	1.69	1.66	1.63	1.59	1.56	1.52	1.48
29	2.89	2.50	2.28	2.15	2.06	1.99	1.93	1.89	1.86	1.83	1.78	1.73	1.68	1.65	1.62	1.58	1.55	1.51	1.47
30	2.88	2.49	2.28	2.14	2.05	1.98	1.93	1.88	1.85	1.82	1.77	1.72	1.67	1.64	1.61	1.57	1.54	1.50	1.46
40	2.84	2.44	2.23	2.09	2.00	1.93	1.87	1.83	1.79	1.76	1.71	1.66	1.61	1.57	1.54	1.51	1.47	1.42	1.38
60	2.79	2.39	2.18	2.04	1.95	1.87	1.82	1.77	1.74	1.71	1.66	1.60	1.54	1.51	1.48	1.44	1.40	1.35	1.29
120	2.75	2.35	2.13	1.99	1.90	1.82	1.77	1.72	1.68	1.65	1.60	1.55	1.48	1.45	1.41	1.37	1.32	1.26	1.19
∞	2.71	2.30	2.08	1.94	1.85	1.77	1.72	1.67	1.63	1.60	1.55	1.49	1.42	1.38	1.34	1.30	1.24	1.17	1.00

$\alpha = 0.05$

n_2	n_1																		
	1	2	3	4	5	6	7	8	9	10	12	15	20	24	30	40	60	120	∞
1	161.4	199.5	215.7	224.6	230.2	234.0	236.8	238.9	240.5	241.9	243.9	245.9	248.0	249.1	250.1	251.1	252.2	253.3	254.3
2	18.51	19.00	19.16	19.25	19.30	19.33	19.35	19.37	19.38	19.40	19.41	19.43	19.45	19.45	19.46	19.47	19.48	19.49	19.50
3	10.13	9.55	9.28	9.12	9.01	8.94	8.89	8.85	8.81	8.79	8.74	8.70	8.66	8.64	8.62	8.59	8.57	8.55	8.53
4	7.71	6.94	6.59	6.39	6.26	6.16	6.09	6.04	6.00	5.96	5.91	5.86	5.80	5.77	5.75	5.72	5.69	5.66	5.63
5	6.61	5.79	5.41	5.19	5.05	4.95	4.88	4.82	4.77	4.74	4.68	4.62	4.56	4.53	4.50	4.46	4.43	4.40	4.36
6	5.99	5.14	4.76	4.53	4.39	4.28	4.21	4.15	4.10	4.06	4.00	3.94	3.87	3.84	3.81	3.77	3.74	3.70	3.67
7	5.59	4.74	4.35	4.12	3.97	3.87	3.79	3.73	3.68	3.64	3.57	3.51	3.44	3.41	3.38	3.34	3.30	3.27	3.23
8	5.32	4.46	4.07	3.84	3.69	3.58	3.50	3.44	3.39	3.35	3.28	3.22	3.15	3.12	3.08	3.04	3.01	2.97	2.93
9	5.12	4.26	3.86	3.63	3.48	3.37	3.29	3.23	3.18	3.14	3.07	3.01	2.94	2.90	2.86	2.83	2.79	2.75	2.71
10	4.96	4.10	3.71	3.48	3.33	3.22	3.14	3.07	3.02	2.98	2.91	2.85	2.77	2.74	2.70	2.66	2.62	2.58	2.54
11	4.84	3.98	3.59	3.36	3.20	3.09	3.01	2.95	2.90	2.85	2.79	2.72	2.65	2.61	2.57	2.53	2.49	2.45	2.40
12	4.75	3.89	3.49	3.26	3.11	3.00	2.91	2.85	2.80	2.75	2.69	2.62	2.54	2.51	2.47	2.43	2.38	2.34	2.30
13	4.67	3.81	3.41	3.18	3.03	2.92	2.83	2.77	2.71	2.67	2.60	2.53	2.46	2.42	2.38	2.34	2.30	2.25	2.21
14	4.60	3.74	3.34	3.11	2.96	2.85	2.76	2.70	2.65	2.60	2.53	2.46	2.39	2.35	2.31	2.27	2.22	2.18	2.13
15	4.54	3.68	3.29	3.06	2.90	2.79	2.71	2.64	2.59	2.54	2.48	2.40	2.33	2.29	2.25	2.20	2.16	2.11	2.07
16	4.49	3.63	3.24	3.01	2.85	2.74	2.66	2.59	2.54	2.49	2.42	2.35	2.28	2.24	2.19	2.15	2.11	2.06	2.01
17	4.45	3.59	3.20	2.96	2.81	2.70	2.61	2.55	2.49	2.45	2.38	2.31	2.23	2.19	2.15	2.10	2.06	2.01	1.96
18	4.41	3.55	3.16	2.93	2.77	2.66	2.58	2.51	2.46	2.41	2.34	2.27	2.19	2.15	2.11	2.06	2.02	1.97	1.92
19	4.38	3.52	3.13	2.90	2.74	2.63	2.54	2.48	2.42	2.38	2.31	2.23	2.16	2.11	2.07	2.03	1.98	1.93	1.88
20	4.35	3.49	3.10	2.87	2.71	2.60	2.51	2.45	2.39	2.35	2.28	2.20	2.12	2.08	2.04	1.99	1.95	1.90	1.84
21	4.32	3.47	3.07	2.84	2.68	2.57	2.49	2.42	2.37	2.32	2.25	2.18	2.10	2.05	2.01	1.96	1.92	1.87	1.81
22	4.30	3.44	3.05	2.82	2.66	2.55	2.46	2.40	2.34	2.30	2.23	2.15	2.07	2.03	1.98	1.94	1.89	1.84	1.78
23	4.28	3.42	3.03	2.80	2.64	2.53	2.44	2.37	2.32	2.27	2.20	2.13	2.05	2.01	1.96	1.91	1.86	1.81	1.76
24	4.26	3.40	3.01	2.78	2.62	2.51	2.42	2.36	2.30	2.25	2.18	2.11	2.03	1.98	1.94	1.89	1.84	1.79	1.73

续表

n_2	n_1																		
	1	2	3	4	5	6	7	8	9	10	12	15	20	24	30	40	60	120	∞
25	4.24	3.39	2.99	2.76	2.60	2.49	2.40	2.34	2.28	2.24	2.16	2.09	2.01	1.96	1.92	1.87	1.82	1.77	1.71
26	4.23	3.37	2.98	2.74	2.59	2.47	2.39	2.32	2.27	2.22	2.15	2.07	1.99	1.95	1.90	1.85	1.80	1.75	1.69
27	4.21	3.35	2.96	2.73	2.57	2.46	2.37	2.31	2.25	2.20	2.13	2.06	1.97	1.93	1.88	1.84	1.79	1.73	1.67
28	4.20	3.34	2.95	2.71	2.56	2.45	2.36	2.29	2.24	2.19	2.12	2.04	1.96	1.91	1.87	1.82	1.77	1.71	1.65
29	4.18	3.33	2.93	2.70	2.55	2.43	2.35	2.28	2.22	2.18	2.10	2.03	1.94	1.90	1.85	1.81	1.75	1.70	1.64
30	4.17	3.32	2.92	2.69	2.53	2.42	2.33	2.27	2.21	2.16	2.09	2.01	1.93	1.89	1.84	1.79	1.74	1.68	1.62
40	4.08	3.23	2.84	2.61	2.45	2.34	2.25	2.18	2.12	2.08	2.00	1.92	1.84	1.79	1.74	1.69	1.64	1.58	1.51
60	4.00	3.15	2.76	2.53	2.37	2.25	2.17	2.10	2.04	1.99	1.92	1.84	1.75	1.70	1.65	1.59	1.53	1.47	1.39
120	3.92	3.07	2.68	2.45	2.29	2.17	2.09	2.02	1.96	1.91	1.83	1.75	1.66	1.61	1.55	1.50	1.43	1.35	1.25
∞	3.84	3.00	2.60	2.37	2.21	2.10	2.01	1.94	1.88	1.83	1.75	1.67	1.57	1.52	1.46	1.39	1.32	1.22	1.00

$\alpha = 0.025$

n_2	n_1: 1	2	3	4	5	6	7	8	9	10	12	15	20	24	30	40	60	120	∞
1	647.8	799.5	864.2	899.6	921.8	937.1	948.2	956.7	963.3	368.6	976.7	984.9	993.1	997.2	1 001	1 006	1 010	1 014	1 018
2	38.51	39.00	39.17	39.25	39.30	39.33	39.36	39.37	39.39	39.40	39.41	39.43	39.45	39.46	39.46	39.47	39.48	39.49	39.50
3	17.44	16.04	15.44	15.10	14.88	14.73	14.62	14.54	14.47	14.42	14.34	14.25	14.17	14.12	14.08	14.04	13.99	13.95	13.90
4	12.22	10.65	9.98	9.60	9.36	9.20	9.07	8.98	8.90	8.84	8.75	8.66	8.56	8.51	8.46	8.41	8.36	8.31	8.26
5	10.01	8.43	7.76	7.39	7.15	6.98	6.85	6.76	6.68	6.62	6.52	6.43	6.33	6.28	6.23	6.18	6.12	6.07	6.02
6	8.81	7.26	6.60	6.23	5.99	5.82	5.70	5.60	5.52	5.46	5.37	5.27	5.17	5.12	5.07	5.01	4.96	4.90	4.85
7	8.07	6.54	5.89	5.52	5.29	5.12	4.99	4.90	4.82	4.76	4.67	4.57	4.47	4.42	4.36	4.31	4.25	4.20	4.14
8	7.57	6.06	5.42	5.05	4.82	4.65	4.53	4.43	4.36	4.30	4.20	4.10	4.00	3.95	3.89	3.84	3.78	3.73	3.67
9	7.21	5.71	5.08	4.72	4.48	4.32	4.20	4.10	4.03	3.96	3.87	3.77	3.67	3.61	3.56	3.51	3.45	3.39	3.33
10	6.94	5.46	4.83	4.47	4.24	4.07	3.95	3.85	3.78	3.72	3.62	3.52	3.42	3.37	3.31	3.26	3.20	3.14	3.08
11	6.72	5.26	4.63	4.28	4.04	3.88	3.76	3.66	3.59	3.53	3.43	3.33	3.23	3.17	3.12	3.06	3.00	2.94	2.88
12	6.55	5.10	4.47	4.12	3.89	3.73	3.61	3.51	3.44	3.37	3.28	3.18	3.07	3.02	2.96	2.91	2.85	2.79	2.72
13	6.41	4.97	4.35	4.00	3.77	3.60	3.48	3.39	3.31	3.25	3.15	3.05	2.95	2.89	2.84	2.78	2.72	2.66	2.60
14	6.30	4.86	4.24	3.89	3.66	3.50	3.38	3.29	3.21	3.15	3.05	2.95	2.84	2.79	2.73	2.67	2.61	2.55	2.49
15	6.20	4.77	4.15	3.80	3.58	3.41	3.29	3.20	3.12	3.06	2.96	2.86	2.76	2.70	2.64	2.59	2.52	2.46	2.40
16	6.12	4.69	4.08	3.73	3.50	3.34	3.22	3.12	3.05	2.99	2.89	2.79	2.68	2.63	2.57	2.51	2.45	2.38	2.32
17	6.04	4.62	4.01	3.66	3.44	3.28	3.16	3.06	2.98	2.92	2.82	2.72	2.62	2.56	2.50	2.44	2.38	2.32	2.25
18	5.98	4.56	3.95	3.61	3.38	3.22	3.10	3.01	2.93	2.87	2.77	2.67	2.56	2.50	2.44	2.38	2.32	2.26	2.19
19	5.92	4.51	3.90	3.56	3.33	3.17	3.05	2.96	2.88	2.82	2.72	2.62	2.51	2.45	2.39	2.33	2.27	2.20	2.13
20	5.87	4.46	3.86	3.51	3.29	3.13	3.01	2.91	2.84	2.77	2.68	2.57	2.46	2.41	2.35	2.29	2.22	2.16	2.09
21	5.83	4.42	3.82	3.48	3.25	3.09	2.97	2.87	2.80	2.73	2.64	2.53	2.42	2.37	2.31	2.25	2.18	2.11	2.04
22	5.79	4.38	3.78	3.44	3.22	3.05	2.93	2.84	2.76	2.70	2.60	2.50	2.39	2.33	2.27	2.21	2.14	2.08	2.00
23	5.75	4.35	3.75	3.41	3.18	3.02	2.90	2.81	2.73	2.67	2.57	2.47	2.36	2.30	2.24	2.18	2.11	2.04	1.97
24	5.72	4.32	3.72	3.38	3.15	2.99	2.87	2.78	2.70	2.64	2.54	2.44	2.33	2.27	2.21	2.15	2.08	2.01	1.94

续表

n_2	n_1=1	2	3	4	5	6	7	8	9	10	12	15	20	24	30	40	60	120	∞
25	5.69	4.29	3.69	3.35	3.13	2.97	2.85	2.75	2.68	2.61	2.51	2.41	2.30	2.24	2.18	2.12	2.05	1.98	1.91
26	5.66	4.27	3.67	3.33	3.10	2.94	2.82	2.73	2.65	2.59	2.49	2.39	2.28	2.22	2.16	2.09	2.03	1.95	1.88
27	5.63	4.24	3.65	3.31	3.08	2.92	2.80	2.71	2.63	2.57	2.47	2.36	2.25	2.19	2.13	2.07	2.00	1.93	1.85
28	5.61	4.22	3.63	3.29	3.06	2.90	2.78	2.69	2.61	2.55	2.45	2.34	2.23	2.17	2.11	2.05	1.98	1.91	1.83
29	5.59	4.20	3.61	3.27	3.04	2.88	2.76	2.67	2.59	2.53	2.43	2.32	2.21	2.15	2.09	2.03	1.96	1.89	1.81
30	5.57	4.18	3.59	3.25	3.03	2.87	2.75	2.65	2.57	2.51	2.41	2.31	2.20	2.14	2.07	2.01	1.94	1.87	1.79
40	5.42	4.05	3.46	3.13	2.90	2.74	2.62	2.53	2.45	2.39	2.29	2.18	2.07	2.01	1.94	1.88	1.80	1.72	1.64
60	5.29	3.93	3.34	3.01	2.79	2.63	2.51	2.41	2.33	2.27	2.17	2.06	1.94	1.88	1.82	1.44	1.67	1.58	1.48
120	5.15	3.80	3.23	2.89	2.67	2.52	2.39	2.30	2.22	2.16	2.05	1.94	1.82	1.76	1.69	1.61	1.53	1.43	1.31
∞	5.02	3.69	3.12	2.79	2.57	2.41	2.29	2.19	2.11	2.05	1.94	1.83	1.71	1.64	1.57	1.48	1.39	1.27	1.00

$\alpha = 0.01$

n_2 \ n_1	1	2	3	4	5	6	7	8	9	10	12	15	20	24	30	40	60	120	∞
1	4 052	4 999.5	5 403	5 625	5 764	5 859	5 928	5 982	6 022	6 056	6 106	6 157	6 209	6 235	6 261	6 287	6 313	6 639	6 366
2	98.50	99.00	99.17	99.25	99.30	99.33	99.36	99.37	99.39	99.40	99.42	99.43	99.45	99.46	99.47	99.47	99.48	99.49	99.50
3	34.12	30.82	29.46	28.71	28.24	27.91	27.67	27.49	27.35	27.23	27.05	26.87	26.69	26.60	26.50	26.41	26.32	26.22	26.13
4	21.20	18.00	16.69	15.98	15.12	15.21	14.98	14.80	14.66	14.55	14.37	14.20	14.02	13.93	13.84	13.75	13.65	13.56	13.46
5	16.26	13.27	12.06	11.39	10.97	10.67	10.46	10.29	10.16	10.05	9.89	9.72	9.55	9.47	9.38	9.29	9.20	9.11	9.02
6	13.75	10.92	9.78	9.15	8.75	8.47	8.26	8.10	7.98	7.87	7.72	7.56	7.40	7.31	7.23	7.14	7.06	6.97	6.88
7	12.25	9.55	8.45	7.85	7.46	7.19	6.99	6.84	6.72	6.62	6.47	6.31	6.16	6.07	5.99	5.91	9.82	5.74	5.65
8	11.26	8.65	7.59	7.01	6.63	6.37	6.18	6.03	5.91	5.81	5.67	5.52	5.36	5.28	5.20	5.12	5.03	4.95	4.86
9	10.56	8.02	6.99	6.42	6.06	5.80	5.61	5.47	5.35	5.26	5.11	4.96	4.81	4.73	4.65	4.57	4.48	4.40	4.31
10	10.04	7.56	6.55	5.99	5.64	5.39	5.20	5.06	4.94	4.85	4.71	4.56	4.41	4.33	4.25	4.17	4.08	4.00	3.91
11	9.65	7.21	6.22	5.67	5.32	5.07	4.89	4.74	4.63	4.54	4.40	4.25	4.10	4.02	3.94	3.86	4.78	3.69	3.60
12	9.33	6.93	5.95	5.41	5.06	4.82	4.64	4.50	4.39	4.30	4.16	4.01	3.86	3.78	3.70	3.62	3.54	3.45	3.36
13	9.07	6.70	5.74	5.21	4.86	4.62	4.44	4.30	4.19	4.10	3.96	3.82	3.66	3.59	3.51	3.43	3.34	3.25	3.17
14	8.86	6.51	5.56	5.04	4.69	4.46	4.28	4.14	4.03	3.94	3.80	3.66	3.51	3.43	3.35	3.27	3.18	3.09	3.00
15	8.68	6.36	5.42	4.89	4.56	4.32	4.14	4.00	3.89	3.80	3.67	3.52	3.37	3.29	3.21	3.13	3.05	2.96	2.87
16	8.53	6.23	5.29	4.77	4.44	4.20	4.03	3.89	3.78	3.69	3.55	3.41	3.26	3.18	3.10	3.02	2.93	2.84	2.75
17	8.40	6.11	5.18	4.67	4.34	4.10	3.93	3.79	3.68	3.59	3.46	3.31	3.16	3.08	3.00	2.92	2.83	2.75	2.65
18	8.29	6.01	5.09	4.58	4.25	4.01	3.84	3.71	3.60	3.51	3.37	3.23	3.08	3.00	2.92	2.84	2.75	2.66	2.57
19	8.18	5.93	5.01	4.50	4.17	3.94	3.77	3.63	3.52	3.43	3.30	3.15	3.00	2.92	2.84	2.76	2.67	2.58	2.49
20	8.10	5.85	4.94	4.43	4.10	4.87	3.70	3.56	3.46	3.37	3.23	3.09	2.94	2.86	2.78	2.69	2.61	2.52	2.42
21	8.02	5.78	4.87	4.37	4.04	3.81	3.64	3.51	3.40	3.31	3.17	3.03	2.88	2.80	2.72	2.64	2.55	2.46	2.36
22	7.95	5.72	4.82	4.31	3.99	3.76	3.59	3.45	3.35	3.26	3.12	2.98	2.83	2.75	2.67	2.58	2.50	2.40	2.31
23	7.88	5.66	4.76	4.26	3.94	3.71	3.54	3.41	3.30	3.21	3.07	2.93	2.78	2.70	2.62	2.54	2.45	2.35	2.26
24	7.82	5.61	4.72	4.22	3.90	3.67	3.50	3.36	3.26	3.17	3.03	2.89	2.74	2.66	2.58	2.49	2.40	2.31	2.21

续表

n_2	n_1																		
	1	2	3	4	5	6	7	8	9	10	12	15	20	24	30	40	60	120	∞
25	7.77	5.57	4.68	4.18	3.85	3.63	3.46	3.32	3.22	3.13	2.99	2.85	2.70	2.12	2.54	2.45	2.36	2.27	2.17
26	7.72	5.53	4.64	4.14	3.82	3.59	3.42	3.29	3.18	3.09	2.96	2.81	2.66	2.58	2.50	2.42	2.33	2.23	2.13
27	7.68	5.49	4.60	4.11	3.78	3.56	3.39	3.26	3.15	3.06	2.93	2.78	2.63	2.55	2.47	2.38	2.29	2.20	2.10
28	7.64	5.45	4.57	4.07	3.75	3.53	3.36	3.23	3.12	3.03	2.90	2.75	2.60	2.52	2.44	2.35	2.26	2.17	2.06
29	7.60	5.42	4.54	4.04	3.73	3.50	3.33	3.20	3.09	3.00	2.87	2.73	2.57	2.49	2.41	2.33	2.23	2.14	2.03
30	7.56	5.39	4.51	4.02	3.70	3.47	3.30	3.17	3.07	2.89	2.84	2.70	2.55	2.47	2.39	2.30	2.21	2.11	2.01
40	7.31	5.18	4.31	3.83	3.51	3.29	3.12	2.99	2.89	2.80	2.66	2.52	2.37	2.29	3.20	2.11	2.02	1.92	1.80
60	7.08	4.98	4.13	3.65	3.34	3.12	2.95	2.82	2.72	2.63	2.50	2.35	2.20	2.12	2.03	1.94	1.84	1.73	1.60
120	6.85	4.79	3.95	3.48	3.17	2.96	3.79	2.66	2.56	2.47	2.34	2.19	2.03	1.95	1.86	1.76	1.66	1.53	1.38
∞	6.63	4.61	3.78	3.32	3.02	2.80	2.64	2.51	2.41	2.32	2.18	2.04	1.88	1.79	1.70	1.59	1.47	1.32	1.00

$\alpha = 0.005$

n_2	n_1																		
	1	2	3	4	5	6	7	8	9	10	12	15	20	24	30	40	60	120	∞
1	16 211	20 000	21 615	22 500	23 056	23 437	23 715	23 925	24 091	24 224	24 426	24 630	24 836	24 940	25 044	25 148	25 253	25 359	25 465
2	198.5	199.0	199.2	199.2	199.3	199.3	199.4	199.4	199.4	199.4	199.4	199.4	199.4	199.5	199.5	199.5	199.5	199.5	199.5
3	55.55	49.80	47.47	46.19	45.39	44.84	44.43	44.13	43.88	43.69	43.39	43.08	42.78	42.62	42.47	42.31	42.15	41.99	41.83
4	31.33	26.28	24.26	23.15	22.46	21.97	21.62	21.35	21.14	20.97	20.70	20.44	20.17	20.03	19.89	19.75	19.61	19.47	19.32
5	22.78	18.31	16.53	15.56	14.94	14.51	14.20	13.96	13.77	13.62	13.38	13.15	12.90	12.78	12.66	12.53	12.40	12.27	12.14
6	18.63	14.54	12.92	12.03	11.46	11.07	10.79	10.57	10.39	10.25	10.03	9.81	9.59	9.47	9.36	9.24	9.12	9.00	8.88
7	16.24	12.40	10.88	10.05	9.52	9.16	8.89	8.68	8.51	8.38	8.18	7.97	7.75	7.56	7.53	7.42	7.31	7.19	7.08
8	14.69	11.04	9.60	8.81	8.30	7.95	7.69	7.50	7.34	7.21	7.01	6.81	6.61	6.50	6.40	6.29	6.18	6.06	5.95
9	13.61	10.11	8.72	7.96	7.47	7.13	6.88	6.69	6.54	6.42	6.23	6.03	5.83	5.73	5.62	5.52	5.41	5.30	5.19
10	12.83	9.43	8.08	7.34	6.87	6.54	6.30	6.12	5.79	5.85	5.66	5.47	5.27	5.17	5.07	4.97	4.86	4.75	4.64
11	12.23	8.91	7.60	6.88	6.42	6.10	5.86	5.68	5.54	5.42	5.24	5.05	4.86	4.76	4.65	4.55	4.44	4.34	4.23
12	11.75	8.51	7.23	6.52	6.07	5.76	5.52	5.35	5.20	5.09	4.91	4.72	4.53	4.43	4.33	4.23	4.12	4.01	3.90
13	11.37	8.19	6.93	6.23	5.79	5.48	5.25	5.08	4.94	4.82	4.64	4.46	4.27	4.17	4.07	3.97	3.87	3.76	3.65
14	11.06	7.92	6.68	6.00	5.56	5.26	5.03	4.86	4.72	4.60	4.43	4.25	4.06	3.96	3.86	3.76	3.66	3.55	3.44
15	10.80	7.70	6.48	5.80	5.37	5.07	4.85	4.67	4.54	4.42	4.25	4.07	3.88	3.79	3.69	3.58	3.48	3.37	3.26
16	10.58	7.51	6.30	5.64	5.21	4.91	4.69	4.52	4.38	4.27	4.10	3.92	3.73	3.64	3.54	3.44	3.33	3.22	3.11
17	10.38	7.35	6.16	5.50	5.07	4.78	4.56	4.39	4.25	4.14	3.97	3.79	3.61	3.51	3.41	3.31	3.21	3.10	2.98
18	10.22	7.21	6.03	5.37	4.96	4.66	4.44	4.28	4.14	4.03	3.86	3.68	3.50	3.40	3.30	3.20	3.10	2.99	2.87
19	10.07	7.09	5.92	5.27	4.85	4.56	4.34	4.18	4.04	3.93	3.76	3.59	3.40	3.31	3.21	3.11	3.00	2.89	2.78
20	9.94	6.99	5.82	5.17	4.76	4.47	4.26	4.09	3.96	3.85	3.68	3.50	3.32	3.22	3.12	3.02	2.92	2.81	2.69
21	9.83	6.89	5.73	5.09	4.68	4.39	4.18	4.01	3.88	3.77	3.60	3.43	3.24	3.15	3.05	2.95	2.84	2.73	2.61
22	9.73	6.81	5.65	5.02	4.61	4.32	4.11	3.94	3.81	3.70	3.54	3.36	3.18	3.08	2.98	2.88	2.77	2.66	2.55
23	9.63	6.73	5.58	4.95	4.54	4.26	4.05	3.88	3.75	3.64	3.47	3.30	3.12	3.02	2.92	2.82	2.71	2.60	2.48
24	9.55	6.66	5.52	4.89	4.49	4.20	3.99	3.83	3.69	3.59	3.42	3.25	3.06	2.97	2.87	2.77	2.66	2.55	2.43

续表

n_2	n_1 1	2	3	4	5	6	7	8	9	10	12	15	20	24	30	40	60	120	∞
25	9.48	6.60	5.46	4.84	4.43	4.15	3.94	3.78	3.64	3.54	3.37	3.20	3.01	2.92	2.82	2.72	2.61	2.50	2.38
26	9.41	6.54	5.41	4.79	4.38	4.10	3.89	3.73	3.60	3.49	3.33	3.15	2.97	2.87	2.77	2.67	2.56	2.45	2.33
27	9.34	6.49	5.36	4.74	4.34	4.06	3.85	3.69	3.56	3.45	3.28	3.11	2.93	2.83	2.73	2.63	2.52	2.41	2.29
28	9.28	6.44	5.32	4.70	4.30	4.02	3.81	3.65	3.52	3.41	3.25	3.07	2.89	2.79	2.69	2.59	2.48	2.37	2.25
29	9.23	6.40	5.28	4.66	4.26	3.98	3.77	3.61	3.48	3.38	3.21	3.04	2.86	2.76	2.66	2.56	2.45	2.33	2.21
30	9.18	6.35	5.24	4.62	4.23	3.95	3.74	3.58	3.45	3.34	3.18	3.01	2.82	2.73	2.63	2.52	2.42	2.30	2.18
40	8.83	6.07	4.98	4.37	3.99	3.71	3.51	3.35	3.22	3.12	2.95	2.78	2.60	2.50	2.40	2.30	2.18	2.06	1.93
60	8.49	5.79	4.73	4.14	3.76	3.49	3.29	3.13	3.01	2.90	2.74	2.57	2.39	2.29	2.19	2.08	1.96	1.83	1.69
120	8.18	5.54	4.50	3.92	3.55	3.28	3.09	2.93	2.81	2.71	2.54	2.37	2.19	2.09	1.98	1.87	1.75	1.61	1.43
∞	7.88	5.30	4.28	3.72	3.35	3.09	2.90	2.74	2.62	2.52	2.36	2.19	2.00	1.90	1.79	1.67	1.53	1.36	1.00

$\alpha = 0.001$

n_2	n_1																		
	1	2	3	4	5	6	7	8	9	10	12	15	20	24	30	40	60	120	∞
1	4 053†	5 000†	5 404†	5 625†	5 764†	5 859†	5 929†	5 981†	6 023†	6 056†	6 107†	6 158†	6 209†	6 235†	6 261†	6 287†	6 313†	6 340†	6 366†
2	998.5	999.0	999.2	999.2	999.3	999.3	999.4	999.4	999.4	999.4	999.4	999.4	999.4	999.5	999.5	999.5	999.5	999.5	999.5
3	167.0	148.5	141.1	137.1	134.6	132.8	131.6	130.6	129.9	129.2	128.3	127.4	126.4	125.9	125.4	125.0	124.5	124.0	123.5
4	74.14	61.25	56.18	53.44	51.71	50.53	49.66	49.00	48.47	48.05	47.41	46.76	46.10	45.77	45.43	45.09	44.75	44.40	44.05
5	47.18	37.12	33.20	31.09	27.75	28.84	29.16	27.64	27.24	26.92	26.42	25.91	25.39	25.14	24.87	24.06	24.33	24.06	23.79
6	35.51	27.00	23.70	21.92	20.81	20.03	19.46	19.03	18.69	18.41	17.99	17.56	17.12	16.89	16.67	16.44	16.21	15.99	15.57
7	29.25	21.69	18.77	17.19	16.21	15.52	15.02	14.63	14.33	14.08	13.71	13.32	12.93	12.73	12.53	12.33	12.12	11.91	11.70
8	25.42	18.49	15.83	14.39	13.49	12.86	12.40	12.04	11.77	11.54	11.19	10.84	10.48	10.30	10.11	9.92	9.73	9.53	9.33
9	22.86	16.39	13.90	12.56	11.7	11.13	10.70	10.37	10.11	9.89	9.57	9.24	8.90	8.72	8.55	8.37	8.19	8.00	7.81
10	21.04	14.91	12.55	11.28	10.48	9.92	9.52	9.20	8.96	8.75	8.45	8.13	7.80	7.64	7.47	7.30	7.12	6.94	6.76
11	19.69	13.81	11.56	10.35	9.58	9.05	8.66	8.35	8.12	7.92	7.63	7.32	7.01	6.85	6.68	6.52	6.35	6.17	6.00
12	18.64	12.97	10.80	9.63	8.89	8.38	8.00	7.71	7.48	7.29	7.00	6.71	6.40	6.25	6.09	5.93	5.76	5.99	5.42
13	17.81	12.31	10.21	9.07	8.35	7.86	7.49	7.21	6.98	6.80	6.52	6.23	5.93	5.78	5.63	5.47	5.30	5.14	4.97
14	17.14	11.78	9.73	8.62	7.92	7.43	7.08	6.80	6.58	6.40	6.13	5.85	5.56	5.41	5.25	5.10	4.94	4.77	4.60
15	16.59	11.34	9.34	8.25	7.57	7.09	6.74	6.47	6.26	6.08	5.81	5.54	5.25	5.10	4.95	4.80	4.64	4.47	4.31
16	16.12	10.97	9.00	7.94	7.27	6.81	6.46	6.19	5.98	5.81	5.55	5.27	4.99	4.85	4.70	4.54	4.39	4.23	4.06
17	15.72	10.66	8.73	7.68	7.02	6.56	6.22	5.96	5.75	5.58	5.32	5.05	4.78	4.63	4.48	4.33	4.18	4.02	3.85
18	15.38	10.39	8.49	7.46	6.81	6.35	6.02	5.76	5.56	5.39	5.13	4.87	4.59	4.45	4.30	4.15	4.00	3.84	3.67
19	15.08	10.16	8.28	7.26	6.62	6.18	5.85	5.59	5.39	5.22	4.97	4.70	4.43	4.29	4.14	3.99	3.84	3.68	3.51
20	14.82	9.95	8.10	7.10	6.46	6.02	6.69	5.44	5.24	5.08	4.82	4.56	4.29	4.15	4.00	3.86	3.70	3.54	3.38
21	14.59	9.77	7.94	6.95	6.32	5.88	5.56	5.31	5.11	4.95	4.70	4.44	4.17	4.03	3.88	3.74	3.58	3.42	3.26
22	14.38	9.61	7.80	6.81	6.19	5.76	5.44	5.19	4.99	4.83	4.58	4.33	4.06	3.92	3.78	3.63	3.48	3.32	3.15
23	14.19	9.47	7.67	6.69	6.08	5.65	5.33	5.09	4.89	4.73	4.48	4.23	3.96	3.82	3.68	3.53	3.38	3.22	3.05
24	14.03	9.34	7.55	6.59	5.98	5.55	5.23	4.99	4.80	4.64	4.39	4.14	3.87	3.74	3.59	3.45	3.29	3.14	2.97

续表

n_2	n_1																		
	1	2	3	4	5	6	7	8	9	10	12	15	20	24	30	40	60	120	∞
25	13.88	9.22	7.45	6.49	5.88	5.46	5.15	4.91	4.71	4.56	4.31	4.06	3.79	3.66	3.52	3.37	3.22	3.06	2.89
26	13.74	9.12	7.36	6.41	5.80	5.38	5.07	4.83	4.64	4.48	4.24	3.99	3.72	3.59	3.44	3.30	3.15	2.99	2.82
27	13.61	9.02	7.27	6.33	5.73	5.31	5.00	4.76	4.57	4.41	4.17	3.92	3.66	3.52	3.38	3.23	3.08	2.92	2.75
28	13.50	8.93	7.19	6.25	5.66	5.24	4.93	4.69	4.50	4.35	4.11	3.86	3.60	3.46	3.32	3.18	3.02	2.86	2.69
29	13.39	8.85	7.12	6.19	5.59	5.18	4.87	4.64	4.45	4.29	4.05	3.80	3.54	3.41	3.27	3.12	2.97	2.81	2.64
30	13.29	8.77	7.05	6.12	5.53	5.12	4.82	4.58	4.39	4.24	4.00	3.75	3.49	3.36	3.22	3.07	2.92	2.76	2.59
40	12.61	8.25	6.60	5.70	5.13	4.73	4.44	4.21	4.02	3.87	3.64	3.40	3.15	3.01	2.87	2.73	2.57	2.41	2.23
60	11.97	7.76	6.17	5.31	4.76	4.37	4.09	3.87	3.69	3.54	3.31	3.08	2.83	2.69	2.55	2.41	2.25	2.08	1.89
120	11.38	7.32	5.79	4.95	4.42	4.04	3.77	3.55	3.38	3.24	3.02	2.78	2.53	2.40	2.26	2.11	1.95	1.76	1.54
∞	10.83	6.91	5.42	4.62	4.10	3.74	3.47	3.27	3.10	2.96	2.74	2.51	2.27	2.13	1.99	1.84	1.66	1.45	1.00

注:† 表示要将所列数乘以 100.

习题参考答案

习　题　一

1. (1) $\Omega=\{1,2,3,4,5,6\}$；

(2) $\Omega=\{(1,2,3),(1,2,4),(1,2,5),(1,3,4),(1,3,5),(1,4,5),(2,3,4),(2,3,5),(2,4,5),(3,4,5)\}$；

(3) $\Omega=\{3,4,5,6,7,8,9,10\}$；

(4) 设数字 1 表示正品，数字 0 表示次品，则 $\Omega=\{(0,0),(1,0,0),(0,1,0),(1,1,0,0),(0,1,1,0),(1,0,1,0),(1,1,1,0),(1,1,0,1),(1,0,1,1),(0,1,1,1),(1,1,1,1)\}$.

2. 设数字 1 表示产品合格，数字 0 表示产品不合格，则 $\Omega=\{(1,1,1,1),(1,1,1,0),(1,1,0,1),(1,0,1,1),(0,1,1,1),(1,1,0,0),(1,0,1,0),(1,0,0,1),(0,1,1,0),(0,1,0,1),(0,0,1,1),(0,0,0,1),(0,0,1,0),(0,1,0,0),(1,0,0,0),(0,0,0,0)\}$. 若将这些样本点依次记为 $\omega_1,\omega_2,\cdots,\omega_{16}$，则有

$$A=\text{“正常出厂”}=\{\omega_1\};$$
$$B=\text{“再做检查”}=\{\omega_2,\omega_3,\omega_4,\omega_5\};$$
$$C=\text{“降级出厂”}=\{\omega_6,\omega_7,\omega_8,\omega_9,\omega_{10},\omega_{11}\};$$
$$D=\text{“不予出厂”}=\{\omega_{12},\omega_{13},\omega_{14},\omega_{15},\omega_{16}\}.$$

3. (1) $AB\overline{C}$； (2) A； (3) ABC； (4) $\overline{A}\,\overline{B}\,\overline{C}$； (5) $A\cup B\cup C$；

(6) $\overline{A}\,\overline{B}\,\overline{C}\cup A\overline{B}\,\overline{C}\cup\overline{A}B\overline{C}\cup\overline{A}\,\overline{B}C$； (7) $AB\cup BC\cup CA$； (8) $\overline{ABC}$；

(9) $A\overline{B}\,\overline{C}\cup\overline{A}B\overline{C}\cup\overline{A}\,\overline{B}C$； (10) $AB\overline{C}\cup A\overline{B}C\cup\overline{A}BC$.

4. (1) $\{4\}$； (2) $\{1,2,3,4\}$； (3) $\{1,2,3,5,6\}$； (4) $\{4,5,6\}$； (5) $\{1,4,5,6\}$.

5. (1) $B\cup AC$； (2) $(A-AB)\cup(B-BC)\cup(C-AC)\cup ABC$.

6. (1),(4),(5),(6),(7) 正确，其余均不正确.

7. 这两个结果都是依古典概率计算公式算得的. 因骰子是均匀的，故每次掷得哪一个点数应都是等可能的，所以有理由认为对于样本空间 Ω，其样本点是具等可能性的，即据此用古典概率计算公式算出的第一个结果 $p=\dfrac{6}{36}=\dfrac{1}{6}$ 是正确的，这个概率的意义是说明在做大量次数投掷一对均匀骰子的试验时，约有 $\dfrac{1}{6}$ 的试验结果是点数之和等于 7. 但是，对于 Ω_1 而言，其样本点的等可能性明显是不成立的，因此第二个结果 $p=\dfrac{1}{11}$ 是不正确的.

8. (1) $\dfrac{7}{27}$； (2) $\dfrac{5}{27}$； (3) $\dfrac{2}{3}$.

9. 0.3,0.6.

10. $\dfrac{A_{12}^4}{12^4}$.

11. (1) 0.48； (2) 0.216； (3) 0.096.

12. $\dfrac{3!\times 8!}{10!}$.

13. (1) $\dfrac{A_4^3}{4^3}$； (2) $\dfrac{1}{4^2}$.

14. (1) $\dfrac{C_5^2}{C_{10}^3}$； (2) $\dfrac{C_4^2}{C_{10}^3}$.

15. (1) $\dfrac{2^2}{6^2}$； (2) $\dfrac{4\times 2\times 2}{6^2}$.

16. (1) $\dfrac{C_2^2}{C_6^2}$； (2) $\dfrac{C_4^1 C_2^1}{C_6^2}$.

17. (1) $\dfrac{56}{825}$； (2) $\dfrac{8}{825}$； (3) $\dfrac{76}{825}$； (4) $\dfrac{749}{825}$； (5) $\dfrac{224}{825}$.

18. (1) $\dfrac{C_{13}^5 C_{13}^4 C_{13}^3 C_{13}^1}{C_{52}^{13}}$； (2) $\dfrac{(C_4^1)^4 C_{36}^9}{C_{52}^{13}}$.

19. $\dfrac{5}{9}$.

习 题 二

1. (1) 0.8； (2) 0.25； (3) 0.2； (4) $\dfrac{2}{3}$.

2. (1) 0.3； (2) 0.72； (3) 0.4； (4) 0.7.

3. $P(AB)\leqslant P(A)\leqslant P(A\cup B)\leqslant P(A)+P(B)$. 当 $A\subset B$ 时，第一个不等号成为等号；当 $B\subset A$ 时，第二个不等号成为等号；当 $AB=\varnothing$ 时，第三个不等号成为等号.

4. 略.(提示：
$$\begin{aligned}P((A\cup B)C)&=P(AC\cup BC)=P(AC)+P(BC)-P(ACBC)\\&=P(A)P(C)+P(B)P(C)-P(ABC)\\&=(P(A)+P(B))P(C)-P(AB)P(C)\\&=(P(A)+P(B)-P(AB))P(C)=P(A\cup B)P(C).)\end{aligned}$$

5. 0.832.

6. (1) $\dfrac{5}{18}$； (2) $\dfrac{2}{3}$； (3) $\dfrac{4}{7}$.

7. 0.6.

8. $P(B\mid A)=\dfrac{1}{10}, P(A\mid B)=\dfrac{1}{6}$.

9. $\dfrac{C_{20}^5 C_{15}^5 C_{10}^5}{C_{30}^5 C_{25}^{10}}$.

10. $\dfrac{b}{a+b}\cdot\dfrac{b+c}{a+b+c}\cdot\dfrac{a}{a+b+2c}$.

11. (1) 0.504； (2) 0.496.

12. (1) $\dfrac{7}{500}$； (2) $\dfrac{3}{7}$； (3) $\dfrac{297}{493}$.

13. (1) 0.054 5；(2) 0.174 3.

14. (1) $\frac{9}{250}$；(2) $\frac{9}{25}$；(3) $\frac{19}{250}$.

15. $\frac{686}{689}$.

16. (1) 0.726；(2) 0.242；(3) 0.032；(4) 0.968.

17. (1) 0.5；(2) 0,0.1,0.2,0.3,0.4；(3) 0.75.

18. 0.458.

19. 0.863 9.

20. (1) 0.757；(2) 0.982.

习　题　三

1. (1) 样本空间 $\Omega=\{$(中,中,中),(中,中,否),(中,否,中),(否,中,中),(中,否,否),(否,中,否),(否,否,中),(否,否,否)$\}=\{\omega_1,\omega_2,\omega_3,\omega_4,\omega_5,\omega_6,\omega_7,\omega_8\}$,这里以(中,中,否)表示第1,2次射击中命中目标而第3次未命中目标的结果,且以 ω_2 记这个样本点,其他也可做类似的解释.

   (2) ξ 的一切可能取值为 $\xi(\omega_1)=3,\xi(\omega_2)=\xi(\omega_3)=\xi(\omega_4)=2,\xi(\omega_5)=\xi(\omega_6)=\xi(\omega_7)=1$, $\xi(\omega_8)=0$,所以 ξ 的分布律为

ξ	0	1	2	3
P	0.027	0.189	0.441	0.343

2. 废品数为随机变量,记作 ξ,为求其概率分布,先求出其一切可能取值,即为 0,1,2,3. 再分别算出 ξ 取这些值的概率,即得概率分布:$P\{\xi=0\}=\frac{9}{12}$,$P\{\xi=1\}=\frac{3}{12}\times\frac{9}{11}$,$P\{\xi=2\}=\frac{3}{12}\times\frac{2}{11}\times\frac{9}{10}$,$P\{\xi=3\}=\frac{3}{12}\times\frac{2}{11}\times\frac{1}{10}\times\frac{9}{9}$.

3. 对于取后不放回的情况,设废品数为 ξ,则 ξ 的一切可能取值为 0,1,2,且 $P\{\xi=0\}=\frac{C_8^3}{C_{10}^3}$,$P\{\xi=1\}=\frac{C_8^2C_2^1}{C_{10}^3}$,$P\{\xi=2\}=\frac{C_8^1C_2^2}{C_{10}^3}$;对于取后放回的情况,设废品数为 η,则 η 的一切可能取值为 0,1,2,3,且 $P\{\eta=0\}=\left(\frac{8}{10}\right)^3$,$P\{\eta=1\}=3\times\frac{2}{10}\times\left(\frac{8}{10}\right)^2$,$P\{\eta=2\}=3\times\left(\frac{2}{10}\right)^2\times\frac{8}{10}$,$P\{\eta=3\}=\left(\frac{2}{10}\right)^3$.

4. 设合格品数为 ξ,则 ξ 的分布律为

ξ	0	1	2	…	n	…
P	p	qp	q^2p	…	q^np	…

   这里 $q=1-p$.

5. 设击中目标的次数为 ξ,则 ξ 的分布律为

ξ	0	1	2
P	$(1-p_1)(1-p_2)$	$p_1(1-p_2)+p_2(1-p_1)$	p_1p_2

6. (1) $a=1$； (2) $a=\frac{1}{2}$.

7. $P\{\xi=k\}=\left(\frac{1}{4}\right)^{k-1}\times\frac{3}{4}(k=1,2,\cdots),p=\frac{1}{5}$.

8. 每个错别字均以概率 $p=\frac{1}{500}$ 出现在某一页上，而以概率 $q=\frac{499}{500}$ 不出现在该页上，由于各错别字是否出现在该页上是相互独立的，故该页上的错别字数 $\xi\sim B\left(100,\frac{1}{500}\right)$.

9. 由于只关心 AB 血型的人数，故其他血型可不予区分，即此时每个人的血型只有两种可能结果：AB 型或非 AB 型，且任取一人的血型为 AB 型的概率为 $p=0.05$. 因此，问题可描述为成功概率为 0.05 的 10 重伯努利试验，即 AB 血型的人数 $\xi\sim B(10,0.05)$.

10. (1) 0.204 8； (2) 0.942 1； (3) 0.262 7； (4) 0.057 9.

11. (1) 0.027； (2) 0.163.

12. (1) 用 ξ 表示一小时内用秤的售货员数，则 $\xi\sim B\left(4,\frac{1}{4}\right)$，故有 $P\{\xi=0\}=\left(\frac{3}{4}\right)^4$，$P\{\xi=1\}=C_4^1\times\frac{1}{4}\times\left(\frac{3}{4}\right)^3$，$P\{\xi=2\}=C_4^2\times\left(\frac{1}{4}\right)^2\times\left(\frac{3}{4}\right)^2$. 这就看出有 $P\{\xi\leqslant 2\}\approx 0.949\,2$，即同时用秤的人数不超过 2 的概率接近 0.95，故可配备 2 台秤，这样既不致使秤过度闲置，也不致常因秤不够而影响业务；
    (2) $(1-0.949\,2)\times 8=0.406\,4$(小时).

13. 任取 1 件产品为次品的概率是 $\frac{1}{10}$，任取 10 件产品的次品率是在这 10 件产品中次品出现的频率，两者是有区别的，可计算出任取 10 件产品中有 1 件为次品的概率是 $p=C_{10}^1\times\frac{1}{10}\times\left(\frac{9}{10}\right)^9\approx 0.387\,4$. 这就看出，如果经常任取 10 件产品检查，则约有 38.74% 的概率会遇到有 1 件次品的情况.

14. (1) 2 次，对应概率约为 0.296 5； (2) 约 0.744 7.

15. (1) 约 0.033 7； (2) 约 0.993 3； (3) 5 件，对应概率约为 0.175 5.

16. (1) 0.017 5； (2) 4.（提示：用泊松分布近似代替二项分布，查表可得.）

17. 约 0.87.（提示：用泊松分布近似代替二项分布.）

18. 约 1.055 6.

19. (1) $a=\frac{1}{15}$； (2) $\frac{3}{5}$；
    (3)

η	-1	0	3	8
P	$\frac{1}{5}$	$\frac{7}{30}$	$\frac{1}{5}$	$\frac{11}{30}$

    (4) $E(\eta)=E(\xi^2-1)=(-1)\times\frac{1}{5}+0\times\frac{7}{30}+3\times\frac{1}{5}+8\times\frac{11}{30}=\frac{10}{3}$.

20. $-0.2,2.8,13.4,2.76$.

21. $\frac{1}{2}$.

22. 5.126 万元.

习 题 四

1. $F(x)=\begin{cases}0, & x<0,\\ 0.027, & 0\leqslant x<1,\\ 0.216, & 1\leqslant x<2,\\ 0.657, & 2\leqslant x<3,\\ 1, & x\geqslant 3.\end{cases}$ 图形略.

2.

ξ	0	$\frac{1}{2}$	1
P	$\frac{1}{10}$	$\frac{2}{5}$	$\frac{1}{2}$

3.

η	0	1	4
P	$\frac{1}{6}$	$\frac{1}{2}$	$\frac{1}{3}$

$$F_\eta(x)=\begin{cases}0, & x<0,\\ \dfrac{1}{6}, & 0\leqslant x<1,\\ \dfrac{2}{3}, & 1\leqslant x<4,\\ 1, & x\geqslant 4.\end{cases}$$

4. $P\{\xi=1.2\}=0, P\{\xi>0.5\}=\dfrac{2}{3}, a=\dfrac{1}{6}, b=0, c=\dfrac{1}{3}, r=0, s=\dfrac{1}{3}, t=\dfrac{2}{3}, u=1.$

5. $A=1, B=-1.$

6. (1) $\dfrac{1}{\pi}$； (2) $\dfrac{1}{3}$； (3) $F(x)=\begin{cases}0, & x<-1,\\ \dfrac{1}{2}+\dfrac{1}{\pi}\arcsin x, & -1\leqslant x<1,\\ 1, & x\geqslant 1.\end{cases}$

7. (1) $\dfrac{1}{2}$； (2) $1-\dfrac{1}{2}\mathrm{e}^{-1}\approx 0.816\,1$； (3) $F(x)=\begin{cases}\dfrac{1}{2}\mathrm{e}^{x}, & x<0,\\ 1-\dfrac{1}{2}\mathrm{e}^{-x}, & x\geqslant 0.\end{cases}$

8. $\sqrt{\dfrac{\pi}{2}}\sigma, \left(2-\dfrac{\pi}{2}\right)\sigma^2, \mathrm{e}^{-\frac{\pi}{4}}.$

9. 设事件 A 在 1 000 次独立重复试验中发生 ξ 次，则 $\xi\sim B(1\,000, 0.5)$，可求出 $E(\xi)=500$，$D(\xi)=250$，于是有

$$P\{450\leqslant\xi\leqslant 550\}=P\{|\xi-500|\leqslant 50\}\geqslant 1-\frac{250}{50^2}=0.9.$$

10. 易知 $\xi\sim B(10\,000, 0.7)$，可求出 $E(\xi)=7\,000, D(\xi)=2\,100$，于是有

$$P\{6\,800\leqslant\xi\leqslant 7\,200\}=P\{|\xi-E(\xi)|\leqslant 200\}\geqslant 1-\frac{D(\xi)}{200^2}=0.947\,5.$$

11. 设至少应生产 n 件，其中合格品件数为 ξ，则 $\xi\sim B(n, 0.8)$，可求出 $E(\xi)=0.8n, D(\xi)=$

$0.16n$,于是有

$$P\left\{0.76 \leqslant \frac{\xi}{n} \leqslant 0.84\right\} = P\{|\xi - 0.8n| \leqslant 0.04n\} \geqslant 1 - \frac{0.16n}{(0.04n)^2} = 1 - \frac{100}{n}.$$

为了保证 $P\left\{0.76 \leqslant \frac{\xi}{n} \leqslant 0.84\right\} \geqslant 0.9$,则有 $1 - \frac{100}{n} \geqslant 0.9$,解得 $n \geqslant 1\,000$,故至少应生产 1 000 件产品.

12. $a = \sqrt[4]{0.1} \approx 0.562$.

13. (1) 因为 $f(x) = F'(x) = \begin{cases} 2Ax, & 0 \leqslant x < 1, \\ 0, & \text{其他}, \end{cases}$ 所以由 $\int_{-\infty}^{+\infty} f(x)\mathrm{d}x = 1$ 有 $\int_0^1 2Ax\,\mathrm{d}x = 1$,

解得 $A = 1$;

(2) $f(x) = \begin{cases} 2x, & 0 \leqslant x < 1, \\ 0, & \text{其他}; \end{cases}$

(3) $P\{0.3 < \xi < 0.7\} = F(0.7) - F(0.3) = 0.7^2 - 0.3^2 = 0.4$.

14. 设乘客的到站时刻为 8 点 ξ 分,则 $\xi \sim U(0,60)$. 又设该乘客的候车时间为 η,则有

$$\eta = \begin{cases} 5 - \xi, & 0 \leqslant \xi \leqslant 5, \\ 25 - \xi, & 5 < \xi \leqslant 25, \\ 55 - \xi, & 25 < \xi \leqslant 55, \\ 60 - \xi + 5, & 55 < \xi \leqslant 60, \end{cases}$$

由此算得 $E(\eta) = 11.7(\mathrm{min})$.

15. 设商品货源有 x_0(单位:t),收益为 η(单位:万元),则

$$\eta = \begin{cases} 3x_0, & \xi \geqslant x_0, \\ 3\xi - (x_0 - \xi), & \xi < x_0. \end{cases}$$

由此算得 $x_0 = 3\,500(\mathrm{t})$.

16. 因 $F(x)$ 单调、连续,且取值于$[0,1]$,故当 $y \leqslant 0$ 时,$P\{\eta \leqslant y\} = 0$;当 $y \geqslant 1$ 时,$P\{\eta \leqslant y\} = 1$;当 $y \in (0,1)$ 时,$P\{\eta \leqslant y\} = P\{F(\xi) \leqslant y\} = P\{\xi \leqslant F^{-1}(y)\} = F(F^{-1}(y)) = y$. 因此,$\eta$ 的分布函数和密度函数分别为

$$F_\eta(y) = \begin{cases} 0, & y \leqslant 0, \\ y, & 0 < y < 1, \\ 1, & y \geqslant 1, \end{cases} \quad f_\eta(y) = \begin{cases} 1, & 0 < y < 1, \\ 0, & \text{其他}. \end{cases}$$

17. 1 只电子管在 150 h 内损坏的概率为

$$P\{\xi < 150\} = \int_{-\infty}^{150} f(t)\mathrm{d}t = \int_{100}^{150} \frac{100}{t^2}\mathrm{d}t = 100\left(\frac{1}{100} - \frac{1}{150}\right) = \frac{1}{3},$$

所以 3 只电子管在 150 h 内没有 1 只损坏的概率为 $\left(1 - \frac{1}{3}\right)^3 = \frac{8}{27}$,全部损坏的概率为 $\left(\frac{1}{3}\right)^3 = \frac{1}{27}$.

18. 由正态分布的对称性可以看出,$x_4 - 60 = -(x_1 - 60)$,$x_3 - 60 = -(x_2 - 60)$. 因为 $\Phi\left(\frac{x_3 - 60}{3}\right) = \frac{38 + 24 + 7}{7 + 24 + 38 + 24 + 7} = 0.69$,查附表 3 得 $\frac{x_3 - 60}{3} \approx 0.496$,故 $x_3 \approx$

61.488. 因为 $\Phi\left(\frac{x_4-60}{3}\right)=\frac{24+38+24+7}{7+24+38+24+7}=0.93$,查附表3得 $\frac{x_4-60}{3}\approx 1.474$,故 $x_4\approx 64.422$. 于是,算得 $x_2=120-x_3\approx 58.512$, $x_1=120-x_4\approx 55.578$.

19. $\sigma=3$.

20. 0.869 8.

21. 根据棣莫弗-拉普拉斯定理, $P\{6\,800\leqslant\xi\leqslant 7\,200\}=P\left\{\left|\frac{\xi-7\,000}{\sqrt{2\,100}}\right|\leqslant\frac{200}{\sqrt{2\,100}}\right\}\approx 2\Phi\left(\frac{200}{\sqrt{2\,100}}\right)-1\approx 0.999$,这个结果当然比用切比雪夫不等式估计得更好,因为切比雪夫不等式只用到了 ξ 的数学期望及方差的信息,而棣莫弗-拉普拉斯定理更用到了 ξ 服从二项分布的信息.

22. 根据棣莫弗-拉普拉斯定理,要使 $P\left\{0.76\leqslant\frac{\xi}{n}\leqslant 0.84\right\}=P\{0.76n\leqslant\xi\leqslant 0.84n\}=P\left\{\left|\frac{\xi-0.8n}{0.4\sqrt{n}}\right|\leqslant\frac{0.04n}{0.4\sqrt{n}}\right\}\approx 2\Phi(0.1\sqrt{n})-1\geqslant 0.9$,则需 $\Phi(0.1\sqrt{n})\geqslant 0.95$,查附表3得 $0.1\sqrt{n}\geqslant 1.65$,解得 $n\geqslant 272.25$,即 n 至少为273件. 这个结果比用切比雪夫不等式估计得更好. 即便如此,当随机变量只有数学期望及方差的信息而无概率分布方面的信息时,切比雪夫不等式仍是有价值的方法.

23. 0.606 5, $\frac{1-F(s+5)}{1-F(s)}$.

24. 因为 ξ 的分布函数为 $F(x)=\begin{cases}1-\mathrm{e}^{-2x}, & x\geqslant 0,\\ 0, & x<0,\end{cases}$ 当 $x\geqslant 0$ 时, $y=1-\mathrm{e}^{-2x}$ 的反函数是 $x=-\frac{\ln(1-y)}{2}$,所以 η 的分布函数为

$$F_\eta(y)=P\{\eta\leqslant y\}=P\{1-\mathrm{e}^{-2\xi}\leqslant y\}=\begin{cases}0, & y<0,\\ P\left\{\xi\leqslant-\frac{1}{2}\ln(1-y)\right\}=y, & 0\leqslant y<1,\\ 1, & y\geqslant 1,\end{cases}$$

即 η 的密度函数为 $f_\eta(y)=\begin{cases}1, & 0<y<1,\\ 0, & \text{其他}.\end{cases}$ 本题是第16题的一个特例.

25. 27.48元.

习　题　五

1.

ξ	η		
	0	1	2
0	0.006 4	0.019 2	0.014 4
1	0.051 2	0.153 6	0.115 2
2	0.102 4	0.307 2	0.230 4

2.

ξ_1	ξ_2	
	0	1
0	0.1	0.1
1	0.8	0

3.

ξ_1	ξ_2		
	-1	0	1
-1	0	$\frac{1}{4}$	0
0	$\frac{1}{4}$	0	$\frac{1}{4}$
1	0	$\frac{1}{4}$	0

$P\{\xi_1=\xi_2\}=0.$

4. (1) $A=12$； (2) $F(x,y)=\begin{cases}(1-\mathrm{e}^{-3x})(1-\mathrm{e}^{-4y}), & x>0,y>0,\\ 0, & \text{其他};\end{cases}$

(3) $(1-\mathrm{e}^{-9})(1-\mathrm{e}^{-16})$.

5. $f_\xi(x)=\begin{cases}1+x, & -1\leqslant x\leqslant 0,\\ 1-x, & 0<x\leqslant 1,\\ 0, & \text{其他}.\end{cases}$

6. (1) $A=\frac{1}{\pi^2},B=C=\frac{\pi}{2}$； (2) $f(x,y)=\frac{6}{\pi^2}\cdot\frac{1}{4+x^2}\cdot\frac{1}{9+y^2}$；

(3) $f_\xi(x)=\frac{2}{\pi}\cdot\frac{1}{4+x^2},f_\eta(y)=\frac{3}{\pi}\cdot\frac{1}{9+y^2}$.

7. (1) $C=\frac{1}{3}$；

(2) $F(x,y)=\begin{cases}0, & x<0\text{ 或 }y<0,\\ \frac{1}{3}x^2y\left(x+\frac{y}{4}\right), & 0\leqslant x<1,0\leqslant y<2,\\ \frac{1}{3}x^2(2x+1), & 0\leqslant x<1,y\geqslant 2,\\ \frac{1}{12}y(4+y), & x\geqslant 1,0\leqslant y<2,\\ 1, & x\geqslant 1,y\geqslant 2;\end{cases}$

(3) $f_\xi(x)=\begin{cases}2x^2+\frac{2}{3}x, & 0\leqslant x\leqslant 1,\\ 0, & \text{其他},\end{cases}$ $f_\eta(y)=\begin{cases}\frac{1}{3}+\frac{1}{6}y, & 0\leqslant y\leqslant 2,\\ 0, & \text{其他};\end{cases}$

(4) 当 $0\leqslant y\leqslant 2$ 时，$f_{\xi|\eta}(x\mid y)=\begin{cases}\frac{6x^2+2xy}{2+y}, & 0\leqslant x\leqslant 1,\\ 0, & \text{其他};\end{cases}$

当 $0\leqslant x\leqslant 1$ 时，$f_{\eta|\xi}(y\mid x)=\begin{cases}\frac{3x+y}{6x+2}, & 0\leqslant y\leqslant 2,\\ 0, & \text{其他}.\end{cases}$

8. (1) 当 $y>0$ 时,$f_{\xi|\eta}(x\mid y)=\begin{cases}2\mathrm{e}^{-2x}, & x>0,\\ 0, & \text{其他},\end{cases}$

当 $x>0$ 时,$f_{\eta|\xi}(y\mid x)=\begin{cases}\mathrm{e}^{-y}, & y>0,\\ 0, & \text{其他};\end{cases}$

(2) $1-\mathrm{e}^{-4}$.

9. (1) 因为当 $0<x<1$ 时,$f_{\eta|\xi}(y\mid x)=\begin{cases}\dfrac{1}{1-x}, & x<y<1,\\ 0, & \text{其他},\end{cases}$ 所以

$$f(x,y)=f_\xi(x)f_{\eta|\xi}(y\mid x)=\begin{cases}\dfrac{1}{1-x}, & 0<x<y<1,\\ 0, & \text{其他};\end{cases}$$

(2) $f_\eta(y)=\begin{cases}-\ln(1-y), & 0<y<1,\\ 0, & \text{其他};\end{cases}$ (3) $\ln 2$.

10. (1) $F_\xi(x)=\begin{cases}1-\mathrm{e}^{-0.5x}, & x>0,\\ 0, & x\leqslant 0,\end{cases}$ $F_\eta(y)=\begin{cases}1-\mathrm{e}^{-0.5y}, & y>0,\\ 0, & y\leqslant 0;\end{cases}$

(2) $f(x,y)=\begin{cases}0.25\mathrm{e}^{-0.5(x+y)}, & x>0,y>0,\\ 0, & \text{其他},\end{cases}$

$f_\xi(x)=\begin{cases}0.5\mathrm{e}^{-0.5x}, & x>0,\\ 0, & x\leqslant 0,\end{cases}$

$f_\eta(y)=\begin{cases}0.5\mathrm{e}^{-0.5y}, & y>0,\\ 0, & y\leqslant 0;\end{cases}$

(3) 是; (4) $\mathrm{e}^{-0.1}$.

11. (1) $C=2$;

(2) $f_\xi(x)=\begin{cases}3x^2, & 0\leqslant x\leqslant 1,\\ 0, & \text{其他},\end{cases}$ $f_\eta(y)=\begin{cases}1+2y-3y^2, & 0\leqslant y\leqslant 1,\\ 0, & \text{其他};\end{cases}$ (3) 否;

(4) $\dfrac{1}{3}$.

12. (1) $f(x,y)=\begin{cases}\mathrm{e}^{-(x+y)}, & x>0,y>0,\\ 0, & \text{其他};\end{cases}$ (2) $1-\mathrm{e}^{-1}$.

13. $0.8,0.1,0.16,0.09,-0.08,-\dfrac{2}{3}$.

14. (1) 0,2; (2) 0; (3) 不相关,也不独立.

15. (1) $\dfrac{5}{12},\dfrac{5}{12},\dfrac{11}{144},\dfrac{11}{144},-\dfrac{1}{144},\dfrac{5}{36}$; (2) 不独立,但相关.

16. 相互独立,$E(\xi\eta)=E(\xi)E(\eta)=4$.

17. $\sqrt{\dfrac{2}{\pi}},1-\dfrac{2}{\pi}$.

18. (1) $E(\zeta)=\dfrac{1}{3},D(\zeta)=\dfrac{1}{9}D(\xi)+\dfrac{1}{4}D(\eta)+2\mathrm{Cov}\left(\dfrac{\xi}{3},\dfrac{\eta}{2}\right)=3$; (2) $\rho_{\xi\zeta}=0$;

(3) 因 (ξ,ζ) 服从二维正态分布,即它们不相关与它们相互独立是等价的,故 ξ 与 ζ 相

互独立.

19. $f(z)=\frac{1}{2\pi}\left[\Phi\left(\frac{\pi+\mu-z}{\sigma}\right)-\Phi\left(\frac{-\pi+\mu-z}{\sigma}\right)\right]$.

20. $f(z)=\begin{cases}0, & z\leqslant 0,\\ \frac{1}{2}, & 0<z\leqslant 1,\\ \frac{1}{2z^2}, & z>1.\end{cases}$

习　题　六

1. $P\{\xi_1=x_1,\xi_2=x_2,\cdots,\xi_n=x_n\}=q^{\sum\limits_{i=1}^{n}x_i-n}p^n$.

2. $f(x_1,x_2,\cdots,x_n)=(2\pi\sigma^2)^{-\frac{n}{2}}\left(\prod\limits_{i=1}^{n}x_i\right)^{-1}\mathrm{e}^{-(2\sigma^2)^{-1}\sum\limits_{i=1}^{n}(\ln x_i-\mu)^2}$.

3. (1)

年龄 ξ	15	16	17	18	19
频数 n_i	2	8	15	4	1

(2) $\bar{\xi}=16.8$(岁),$s^2=0.786$(岁)^2； (3) 图形略； (4) 图形略.

4. (1)

环数 ξ	10	9	8	7	6	5	4
频率 $\frac{n_i}{n}$	$\frac{1}{18}$	$\frac{3}{18}$	0	$\frac{8}{18}$	$\frac{4}{18}$	$\frac{1}{18}$	$\frac{1}{18}$

(2) $F_n(x)=\begin{cases}0, & x<4,\\ \frac{1}{18}, & 4\leqslant x<5,\\ \frac{2}{18} & 5\leqslant x<6,\\ \frac{6}{18}, & 6\leqslant x<7,\\ \frac{14}{18}, & 7\leqslant x<8,\\ \frac{14}{18}, & 8\leqslant x<9,\\ \frac{17}{18}, & 9\leqslant x<10,\\ 1, & x\geqslant 10.\end{cases}$ 图形略.

5. (1),(4),(5) 不是统计量,因为含有未知数 σ,(2),(3),(6) 是统计量.

6. $\bar{\xi}=80.02$(J),$s^2=5.7\times10^{-4}$(J)^2.

7. $\bar{\xi}=26.85$,$s^2=4.892$.

8. 略.

9. $E(\bar{\xi})=0$,$D(\bar{\xi})=\frac{1}{3n}$.

10. (1) $E(\bar{\xi})=\mu$,$D(\bar{\xi})=\frac{\sigma^2}{n}$,$E(S^2)=\sigma^2$；

(2) $E(\bar{\xi})=p, D(\bar{\xi})=\frac{p(1-p)}{n}, E(S^2)=p(1-p)$.

11. 0.829 3.

12. 0.1.

13. (1) 12.592,21.666； (2) 2.681 0,1.859 5； (3) 4.24,0.300 3.

14. (1) 33.196； (2) 55.758； (3) 1.943 2； (4) 2.98； (5) −1.812 5.

15. 略.

16. (1) 略； (2) 略； (3) $\frac{n}{a}, \frac{n}{a^2}$.

17. $c=\sqrt{\frac{3}{2}}$.

18. 略.

19. 略.

习　题　七

1. $\hat{\theta}=\frac{1}{8}(2-\bar{\xi})$.

2. $\hat{\theta}=3\bar{\xi}$.

3. $\hat{\theta}=\sqrt{\frac{2}{\pi}}\,\bar{\xi}$.

4. $\hat{a}=\frac{\bar{\xi}}{2}, \hat{b}=\sqrt{3}\tilde{S}-\frac{\bar{\xi}}{2}$.

5. $\hat{\mu}=\bar{\xi}=1\ 476(\mathrm{h}), \hat{\sigma}^2=\tilde{s}^2=6\ 198.56(\mathrm{h})^2$.

6. 都是 $\bar{\xi}$.

7. $\frac{1}{\bar{\xi}}$.

8. $-\frac{n}{\sum_{i=1}^{n}\ln x_i}, \frac{\bar{\xi}}{1-\bar{\xi}}$.

9. 1 147 h.

10. $\hat{\mu}=0.805$(辆)$, \hat{\sigma}^2=0.831$(辆)^2.

11. $\hat{\mu}=1\ 147(\mathrm{h}), \hat{\sigma}^2=7\ 579(\mathrm{h})^2$.

12. 略.

13. $K=\frac{1}{2(n-1)}$.

14. 略.

15. $D(\hat{\mu}_1)=\frac{5}{9}, D(\hat{\mu}_2)=\frac{5}{8}, D(\hat{\mu}_3)=\frac{1}{2}$. 由此可见, $\hat{\mu}_3$ 估计得最好.

16. $\hat{\mu}_2$ 估计得最好.

17. $c_1=\frac{1}{3}, c_2=\frac{2}{3}$.

18. (1) (1 249.4,1 268.6); (2) (1 244.2,1 273.8).
19. (1) σ^2 的置信区间为(44.52,280.87),σ 的置信区间为(6.67,16.76);
    (2) σ^2 的置信区间为(35.83,252.43),σ 的置信区间为(5.99,15.89).
20. 随机调查游客人数不少于 385 人.$\left(提示:利用 P\left\{\left|\frac{\bar{\xi}-\mu}{\sigma/\sqrt{n}}\right|<\frac{50}{\sigma/\sqrt{n}}\right\}\geqslant 0.95 去求解 n.\right)$
21. (1) (−0.002,0.006); (2) (−0.001 5,0.005 5).
22. (1) (0.14,20.9); (2) (0.176,12.168).
23. $\left(\bar{\xi}-u_{\frac{\alpha}{2}}\frac{\sigma}{\sqrt{n}},\bar{\xi}+u_{\frac{\alpha}{2}}\frac{\sigma}{\sqrt{n}}\right)$.

习 题 八

1. 当 $\alpha=0.05$ 时,拒绝 $H_0:\mu=32.05$;当 $\alpha=0.01$ 时,接受 $H_0:\mu=32.05$.
2. 拒绝 H_0.
3. (1) 拒绝 H_0; (2) 接受 H_0.
4. 接受 H_0.
5. 可以认为没有显著提高.
6. (1) 可以认为灌装量符合标准; (2) 可以认为灌装精度在标准范围内.
7. 可以认为有显著差异.
8. 可以认为标准差为 9 s.
9. (1) 可以认为包装机工作正常; (2) 可以认为包装机工作正常.
10. (1) 可以认为标准差 $\sigma=5$(g); (2) 可以认为标准差 $\sigma=5$(g).
11. 可以认为两个工厂生产的塑料的平均强度不相等.
12. (1) 接受 H_0; (2) 接受 H_0.
13. 可以认为两种配方下的拉断伸长率服从不同的分布.(提示:先检验 $\sigma_1^2=\sigma_2^2$,再检验 $\mu_1=\mu_2$.)
14. 可以认为平均重量相等.
15. (1) 可以认为两台车床生产的零件外径的精度存在显著差异;
    (2) 可以认为两台车床生产的零件外径的精度存在显著差异.
16. (1) 可以认为处理后的含脂率的均值有显著降低;
    (2) 可以认为处理前后的含脂率的标准差无显著差异.
17. 可以认为服从泊松分布.
18. 可以认为这颗骰子是匀称的.
19. 可以认为星期一的缺勤人数是其他工作日的缺勤人数的两倍.

参考文献

[1] 王梓坤. 概率论基础及其应用[M]. 北京：北京师范大学出版社，2018.

[2] 陈希孺. 概率论与数理统计[M]. 合肥：中国科学技术大学出版社，2009.

[3] 张奠宙，刘萍，张东鸿，等. 大千世界的随机现象[M]. 南宁：广西教育出版社，1999.

[4] 伯杰. 统计决策论及贝叶斯分析：第 2 版[M]. 贾乃光，译. 北京：中国统计出版社，1998.

[5] 费勒. 概率论及其应用：第 3 版：第 1 卷[M]. 胡迪鹤，译. 北京：人民邮电出版社，2014.

[6] 埃维森，格根. 统计学：基本概念与方法[M]. 吴喜之，程博，柳林旭，等译. 北京：高等教育出版社，2000.

[7] 帕普里斯，佩莱. 概率、随机变量与随机过程：第 4 版[M]. 2 版. 保铮，冯大政，水鹏朗，译. 西安：西安交通大学出版社，2012.

[8] 罗斯. 概率论基础教程：第 9 版[M]. 童行伟，梁宝生，译. 北京：机械工业出版社，2014.

[9] 王雁斌. 好看的数学故事：概率与统计卷[M]. 上海：华东师范大学出版社，2021.

[10] SPIEGEL M R，SCHILLER J J，SRINIVASAN R A. Schaum's outline of probability and statistics[M]. 4th ed. New York：McGraw Hill，2012.

图书在版编目(CIP)数据

概率论与数理统计/郝志峰编著. —北京：北京大学出版社，2021.12
ISBN 978-7-301-32814-9

Ⅰ. ①概… Ⅱ. ①郝… Ⅲ. ①概率论—高等学校—教材 ②数理统计—高等学校—教材
Ⅳ. ①O21-44

中国版本图书馆 CIP 数据核字(2021)第 274235 号

书　　　名	概率论与数理统计 GAILÜLUN YU SHULI TONGJI
著作责任者	郝志峰　编著
责 任 编 辑	潘丽娜
标 准 书 号	ISBN 978-7-301-32814-9
出 版 发 行	北京大学出版社
地　　　址	北京市海淀区成府路 205 号　100871
网　　　址	http://www.pup.cn
电 子 信 箱	zpup@pup.cn
新 浪 微 博	@北京大学出版社
电　　　话	邮购部 010-62752015　发行部 010-62750672　编辑部 010-62752021
印 刷 者	湖南省众鑫印务有限公司
经 销 者	新华书店
	787 毫米×1092 毫米　16 开本　13.5 印张　328 千字
	2021 年 12 月第 1 版　2021 年 12 月第 1 次印刷
定　　　价	45.00 元